나노 과학에 관심 있는 모든 이들을 위한 안내서

나노세계로 보는 과학의 빅 아이디어

The Big Ideas
Of Nanoscale Science & Engineering
A Guidebook For Secondary Teachers

Shawn Y. Stevens · LeeAnn M. Sutherland · Joseph S. Krajcik 지음
정대홍 · 우현승 · 손미현 · 신남수 옮김

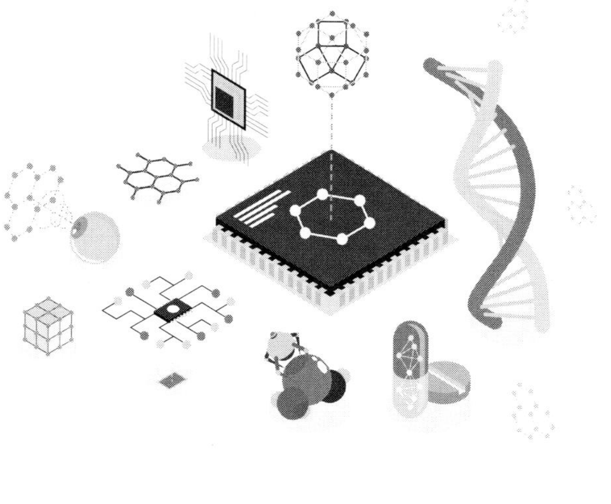

NSTApress
National Science Teachers Association
자유아카데미

감사의 글

이 책은 일종의 '합의 문서'이며, 많은 사람의 노력 덕에 완성될 수 있었다. 먼저, 가장 중요하게 감사를 표하고 싶은 분은 SRI International의 Patricia Schank으로, 나노과학과 나노기술에 대한 주요 학습 목표를 찾는 워크숍(Nanoscale Learning Goals Workshop, 2006년 6월, Menlo Park, California)을 조직, 개최하였으며 그 결과에 대한 초고를 작성하는 데 일조했다.

Nora Sabelli 또한 SRI Internatioanal 인사로서 워크숍을 준비하고 이 책의 틀을 비롯한 광범위한 편집 의견을 제시하는 등 모든 과정에서 많은 도움을 주었다.

미시간 대학(U. of Michigan)의 Molly Yunker, Chris Quintana, César Delgado, Ramez Elgammal과 SRI International의 Tina Sanford, Anders Rosenquist도 함께 워크숍의 초기 결과를 wiki에 정리하고 이후 심의 과정을 도와주었다.

본 NSF 프로그램의 전직 사무관인 Carole Stearns과 현직 사무관인 Robert Gibbs에게도 이 과정을 지원해 준 것에 대해 고맙다는 말을 전한다.

2006년 6월 워크숍을 비롯해 그 이후 워크숍에 참석했던 분들에게도 감사의 말을 전한다. 우리가 제시한 질문과 학습 목표를 신중하게 살펴보고 열정적인 논의를 통해 이 책의 초석이 될 수 있는 제안을 해주었다.

빅 아이디어에 담긴 내용을 정의하기 위해 노스웨스턴 대학(Northwestern University)의 구성원들이 많은 도움을 주었다. 특히, 13~16학년급 빅 아이디어를 찾고 확인하는 일을 해준 Northwestern 대학의 Thomas Mason에게 특별히 고마움을 표하고 싶다. 그가 열정적으로 관련 내용을 정의해 주었기에 우리는 빅 아이디어 정의에 집중할 수 있었다. 퍼듀 대학(Purdue University)의 Nicholas Giordano는 광범위한 편집 의

견을 주었으며 빅 아이디어의 내용을 정의하려고 애쓸 때 많은 조언을 해주었다. 퍼듀 대학의 George Bodner, 일리노이 대학(U. of Illinois, Urbana-Champaign)의 Richard Braatz, 일리노이 대학(U. of Illinois, Chicago)의 Carmen Lilley, 노스웨스턴 대학의 Greg Light, 미시간 대학(U. of Michigan)의 Morten Lundsgaard, 글렌브룩 노스 고등학교(Glenbrook North High School, Northbrook, Illinois)의 Nate Unterman 모두 이 책을 집필하는 데 있어 각자의 전문 지식과 조언을 아끼지 않았다.

좋은 의견 제시를 통해 도움을 주신 분들에게도 고맙다는 말을 전한다. 특히, 아리조나 주립대학교(Arizona State University)의 Center for Nanotechnology in Society 소속 Clark Miller는 과학과 기술과 사회 사이의 관계에 대한 논의를 명확하게 하는 데 도움을 주었다. 퍼듀 대학의 Kelly Hutchinson, 미시간 대학의 Shanna Daly, César Delgado, Harold Short, Gina Ney, 그리고 록펠러 대학(Rockefeller University)의 Alexa Mattheyses는 원고 작성 과정에서 도움이 되는 많은 의견들을 제시해주었다.

이 문서가 나오기까지 많은 피드백을 받았다. 하지만 여기에 제시된 결론은 모든 참여자가 지지하고 보증하는 것이 아닐 수 있으며, 궁극적으로 저자가 내린 것임을 밝혀둔다. 이 작업은 National Science Foundation의 지원을 받았다(SGER, grant number ESI0608936; National Center for Learning and Teaching in Nanoscale Science and Engineering, grant number 0426328).

차례

Section 01 아홉 가지 빅 아이디어

Section 02 나노과학기술을 7~12학년 교육과정에 융합하기

Section 03 다음 단계

서문

나노 규모 과학과 공학(nanoscale science & engineering, 나노과학기술*)은 새로 생긴 학문영역이다. 나노 규모 세계의 정의에 이견이 없지는 않지만, 일반적으로 **나노 규모(nanoscale)****는 높이-너비-길이 중 적어도 한 개의 치수(dimension)가 1~100 나노미터인 물질을 포함하는 것으로 정의된다. 새롭고 정교한 도구로 과학자들은 얼마 전까지만 해도 예측할 수 없던 방식으로 이 나노 규모 세계를 탐색하고 이해하고 있다. 이 규모에서 물질은 다른 규모에서 볼 수 없던 신기하고 때론 예상하지 못한 성질을 나타낸다. 나노과학기술 연구는 이 규모에서 나타나는 물질의 성질과 거동***의 발견에 기초하여 건강과 환경, 농업, 식품, 물, 에너지의 지속가능성 등과 같은 다양한 영역에서 광범위한 사회적 함의를 갖는 새로운 생산물과 기술, 정보를 창조하기 위한 전략으로까지 빠르게 발전하고 있다.

나노과학기술 연구 결과의 발견, 기술, 정보를 이해하기 위해서는 높은 수준의 과학 소양이 요구된다. 학생일 때는 물론이고 성인이 되어 고도의 기술 사회에서 소임을 수행하기 위해서도 이와 같은 역량을 갖출 필요가 있다. 이러한 사회에서 우리는 급격한 과학적 진보에 대해 이해하고 의사결정을 내려야 한다. 교육에서의 국가 및 지역사회의 지도자는 과학과 공학 지식을 갖춘 시민을 폭넓게 양성해서 이 같은 사회적 수요를 충족하고, 경제적 번영을 지속하게 할 새로운 발견과 혁신에서 우세를 확보해야 한다.

이 책은 과학적 지식을 갖춘 시민을 위한 더 큰 사회적 요구의 맥락에서 나노과학

---

* 한국에서 더 보편적으로 사용되는 '나노과학기술'로 번역하였다.

** nano scale에서 nano는 10^{-9}을 뜻하는 수식어이고, scale은 규모, 척도, 크기에 해당하는 용어로 이 책에서는 맥락에 따라 규모(일부 척도)로 번역하였다.

*** 역자 주: 물질의 거동은 물질의 움직임에 의해서 나타나는 성질을 뜻하는 것으로 물질의 상, 온도 및 압력에 대한 성질 등을 포함한다.

기술을 다루는 동시에 과학을 교육하는 전통적인 방법이자 신뢰받는 시스템인 학교라는 작은 영역에 초점을 맞추었다. 새롭게 생성되는 나노과학기술 영역의 빅 아이디어(big idea)는 과학교육에 대한 새로운 접근법을 요구하는데, 이 책에서 그린 밑그림으로 여기에 다가가기 위한 논의와 논쟁을 지속할 수 있을 것이다. 이 책은 먼저 교사와 중·고등학년 과학교육에 관심이 있는 사람들을 위한 교재이다. 그러나 교실에서 나노과학기술을 학생들에게 소개할 때 가장 중요한 역할을 하는 것은 교사이므로, 교사는 나노과학기술의 내용을 이해하고 그것을 가르치는 교과에 융합해 넣을 줄 알아야 한다. 나노과학기술을 별도의 교과로 여겨서는 안 되며 나노 규모에서 일어나는 모든 교과의 과학으로 보아야 한다. 이러한 나노과학기술의 간학문적 속성 때문에 교사는 나노과학기술의 핵심적인 개념이 어떻게 교과를 넘어 연결되는지 배울 필요가 있다. 더불어 나노과학기술 내용은 새로운 교수학습 전략이 필요할 수 있다. 이 일은 단순히 나노과학기술 사례를 현재 수업에 추가하거나 나노과학기술 모듈을 현 교육과정에 끼워 넣는 것보다 훨씬 복잡하다.

이 책은 나노 규모 과학과 공학을 어떻게 가르쳐야 하는지에 대한 교수학습 방법, 수업계획, 활동, 특정한 전략을 제공하지 않으며, 나노과학기술을 위한 교육과정 순서를 기술하지도 않는다. 대신 나노과학의 개념과 현재 교육과정 사이의 연결점을 논의하고 나노과학기술에 관련된 전통적인 과학 내용을 다루는 새 방법을 논의한다. 교사의 기초적인 나노과학 내용, 지식, 기술을 발달시키는 데 도움을 주고 교사가 교실에서 나노과학기술을 효율적으로 융합할 수 있도록 설계되었으므로 중등교사에게 하나의 참고자료가 되어 나노과학기술 연구 개발을 통해 얻은 흥미롭고 새로운 발견과 응용을 이해하는 데 도움을 줄 수 있다. 이는 곧 학생들을 21세기 과학교육에 진정으로 끌어들이는 일로 발전할 것이다.

역자 서문

이 책의 원제는 『The Big Ideas of Nanoscale Science & Engineering』으로 직역하면 '나노 규모 과학과 공학의 빅 아이디어'이며, "A Guidebook of Secondary Teachers"라는 부제목이 붙어 있다. 중등 (과학) 교사를 위해 집필된 이 책의 취지는 첨단과학기술의 한 영역인 나노과학기술을 과학 교사가 이해하고 기존 과학 과목에 융합하여 학생들의 이해를 돕게 하는 것이다. 하지만 역자들은 이 책이 더 넓은 독자층, 즉 고등학생, 과학 교사, 예비교사뿐만 아니라 이공계에서 과학을 전공할 대학생에게까지 적용될 수 있다고 판단하였다. 또한 원서에서 추구하는 나노과학기술에 대한 이해뿐 아니라 기존 과학(생물, 물리, 화학)에 나노 과학을 접목하면서 과학 전반을 관통, 이해할 수 있기에 책의 제목을 '나노세계로 보는 과학의 빅 아이디어'로 결정하였다.

나노 규모의 과학과 공학은 다양한 영역을 포함하는 방대한 학문이다. 과학자와 공학자들은 중고등학교 학생들이 나노과학기술이 미래의 삶을 이끌 중요한 과학의 한 분야임을 실감하길 바란다. 하지만 나노과학 연구를 하고 있는 역자가 학교에서 실제로 강의를 해본 바에 따르면 학생의 수준과 가르치고자 하는 내용 사이에는 큰 간극이 있었다. 이 책은 이 간극을 극복할 수 있는 방향성과 해결점을 제공한다. 본문은 매우 넓은 영역의 나노과학기술을 관통하는 9개의 핵심 아이디어를 선정하고, 선정 배경, 관련 지식, 다른 과학 분야와의 연계성, 교육과정과의 관련성 등을 통합적인 관점에서 서술하고 있다.

제시된 9개의 빅 아이디어를 읽다 보면 저자들의 통찰력에 놀라지 않을 수 없다. 다루는 내용은 분명 나노과학기술에 대한 소재와 현상인데, 읽는 중간중간 "아! 과학이 이런 것이구나!"라는 감탄이 절로 나온다.

1. 크기와 규모	4. 양자 효과	7. 도구와 장치
2. 물질의 구조	5. 크기 의존 성질	8. 모델과 시뮬레이션
3. 힘과 상호작용	6. 자기 조립	9. 과학, 기술, 사회

고등학교 교사에게 이 책은 현재 가르치고 있는 과학이 현실의 과학기술 연구 및 산업 현장과 어떻게 연결되는지 알려주는 체계적인 지침서가 될 수 있을 것이다. 특히 과학 영재학교, 과학고등학교, 과학중점고등학교 등 과학을 조금 '날것으로' 가르쳐야 하는 교사들에게 큰 도움이 될 수 있다. 역자는 나노과학을 하는 과학자로서 과학 영재학교 및 과학고등학교 R&E 지도 및 심사를 수없이 경험해왔다. 재능과 흥미로 무장한 학생들이 어려운 연구 주제를 다루면서도 정작 실제 핵심에는 다가가지 못하는 모습에 볼 때마다 안타까웠는데, 이 책은 이를 해결해줄 매우 우아하고 직접적인 방법을 제안하고 있다.

이공계 진학을 희망하는 고등학생에게도 이 책을 권하고 싶다. 이 책을 읽은 고등학생은 교실에서 배운 과학이 현실에서 어떻게 활용되는지 구체적인 예시를 통해 알게 됨으로써 깊은 이해력을 기를 수 있을 것이다. 또한 교과서에 충분히 설명되지 않은 탓에 단순 암기로 지나갔던 많은 과학 내용을 몇 가지 관통 개념으로 연결할 수 있으며 어떠한 맥락을 가진다는 사실을 배울 수 있다. 이는 자연계열, 의학계열, 공학계열 등 이공계를 전공하는 학부생들에게도 동일하게 적용된다. 대부분의 학부 교육에서 나노과학기술을 본격적으로 다루기보다는 개론적으로 다룬다는 현실을 고려할 때 이 책이 제시하는 9가지 빅 아이디어를 잘 이해한다면 전공 학문을 수학하는 데에 큰 도움이 될 것이다.

이 책의 원서가 집필될 때만 해도 나노과학기술은 이제 막 발달하기 시작한 참이었다. 이 책을 번역하는 지금, 나노과학기술은 어느덧 현실로 자리 잡았으며 융합하지 않으면 더이상 경쟁력을 유지할 수 없는 세상이 되었다. 이공계 진학을 희망하는 고등학생, 학부생, 그리고 교사들이 이 책을 통해 얻은 흥미롭고 새로운 발견과 응용을 이해하여 21세기 과학을 선도할 수 있기를 기대한다.

서론

7~12학년 교육에서 나노과학기술의 중요성

나노과학과 나노 기술에 관한 신생 분야는 나노 규모(예 10^{-9}~10^{-7}미터 또는 1~100나노미터) 물질의 고유한 성질을 이용하여 새로운 제품과 기술을 창조해 모든 사회에 광범위한 영향을 끼칠 것으로 예상된다. 나노 규모 과학과 공학(nanoscale science & engineering, 나노과학기술) 연구는 과학과 공학의 학문 분야들을 가로질러 물질을 연구, 조절, 합성하기 때문에 나노과학기술 연구자들은 매우 다양한 범위의 현상을 탐색한다. 전자, 제약, 미용, 섬유를 포함한 많은 산업에서는 제품의 향상을 위해 나노 기술을 도입하고 있다. 시장에 나와 있는 제품의 예로는 투명한 아연 산화물 기반의 선크림, 긁힘에 강한 자동차 페인트, 때 묻지 않는 의류 등을 들 수 있다. 과학기술 분야 대통령 자문회(President's Council of Advisors on Science and Technology, PCAST)의 기술자문단은 2020년까지 나노 기술은 물 정화, 의료 진단, 표적 약물 치료, 태양광 전지 분야에까지 기여할 것으로 예측한다. 우리는 나노 규모 과학기술의 진보면에서 흥미로운 시대에 살고 있다.

사회 구성원 개별과 집단의 수요

나노의학품의 가치에 대해서는 논쟁이 거의 없지만, 암 환자, 과학자, 자연보호주의자는 특정 나노 규모 물질(이하 '나노 물질'로 번역함)이 환경과 개인의 건강에 심각한 부작용을 유발할 수 있다고 경고하고 있다. 나노 규모의 사물은 매우 작기 때문에 생물학적 장벽을 넘어갈 수 있다. 그렇다 보니 선크림에 사용되는 아연 산화물과 치아 보철물로 사용되어 온 금과 같이 익숙한 물질들이 나노 규모로 있으면 덩어리진 형태일 때와는 다르게 생명체에 영향을 미칠 수도 있다. 달리 말하자면, 나노과학기술로 인한 혜택에도 불구하고 적절한 보건과 환경에 대한 우려가 존재하는 셈이다.

혜택과 위험에 대한 균형 잡힌 이해는 꼭 필요하다. 혜택과 위험을 분석하고 평가할 필요가 있으므로 과학적인 소양을 갖춘 시민은 적절한 정보를 가지고 기술의 발전을 바라볼 수 있어야 한다. 과학을 활용하면서 현명한 의사결정을 내리려면 시민들은 모든 과학적 진보로부터의 결과와 함의를 고려할 수 있어야 한다. 과학자나 공학자가 되는 학생은 많지 않겠지만, 그럼에도 과학자와 공학자가 수행하는 일에 대한 의사결정에 참여하게 된다. 전산화된 데이터 저장과 관련된 사생활 보호에 대한 우려로부터 줄기세포 연구에 이르기까지, 각자의 생활에서 과학과 기술에 관련된 이슈들에 직면하고 있다. 시민들은 적어도 대중매체나 인터넷에 올라온 과학 기반의 기사를 읽고 이해할 수 있어야 하며 과학 기반의 이슈 주변의 정치적 수들을 이해할 수 있어야 한다.

나노과학기술과 관련된 개념들을 이해하는 것은 과학적 소양과 의사결정 능력을 키우기 위해서만이 아니라 개인과 국가의 번영을 위해서도 필요하다. 이 글을 작성할 시점(2009년)에 과학과 공학적 기술을 갖춘 미국 노동자의 수요는 그 외의 나머지 노동력과 비교해서 다섯 배나 빠르게 증가하고 있다(Foley and Hersam, 2006). 미국의 경제 번영은 기술의 성장과 연계되어 증가하는 중이다. 미래 직업이 요구하는 역량은 기술 기반의 기능일 것이다. 과학자, 공학자, 정치 집단은 2020년까지 나노기술로부터 파생된 기술과 제품이 매년 10조 달러 이상 세계 경제에 기여할 것으로 예측한다(Roco and Bainbridge, 2001). 이 나라의 나노 기술 부문을 지원하기 위해서는 나노 규모 과학과 공학에 지식을 갖춘 인력이 거의 백만 명 정도 필요할 것이다(Roco, 2003).

미래 경제 번영과 윤리적 의사결정 능력은 분명 고도의 기술 사회에서 활약하고 미래 지식의 생산에 필요한 지식을 갖추고 있는 사람이 얼마나 많은지에 달려 있다. 이러한 조건은 학교에서부터 준비하지 않으면 달성되기 어려울 것이다. 이 '준비'야말로 이 책의 핵심이다.

과학과 기술에 관련된 직업이 급증하는 만큼 이 분야와 관련된 교육은 필수적이다. 성장 분야에 대해 교육이 되어야만 학생들은 취업 기회를 잡을 수 있을 것이다. 이는 나노과학기술 교육이 대학에서 진로를 결정하기 훨씬 이전인 중학교와 고등학교에서 시작되어야 함을 의미한다. 과학, 기술, 공학, 수학 교육(STEM education)에 역사적으로 덜 노출된 학생들이 STEM 관련 학문을 전공하게 되기까지의 연결 시스템을 재검토하는 일이 시급하다. 과학교육은 학생들이 진보된 기술을 사용하는 것만이 아니라 만들어가는 과정에도 참여할 수 있도록 하는 방향으로 실시되어야 한다. 이는 특히 세계 경제에서 그러하다. 미국이 STEM 교육에 관심을 덜 가진 것은 오랫동안 교육의 큰 문제로 인식되어 왔는데(Foley and Hersam, 2006; Schmidt, Wang, & McKnight, 2005), 전통적인 교육 방법이 계속해서 미국 학교의 운영방식을 지배하고 교실에 제공된다면 이 문제는 더욱 악화될 것이다.

학생들이 살아가는 세상이 교육의 변화를 요구하고 있다는 사실에는 의심의 여지가 없다. 따라서 이 책은 과학교육자에게 나노 규모 과학과 공학을 소개한다.

무엇이 빅 아이디어(big idea)인가?

'빅 아이디어'란 어느 학문의 중심이 되거나 기본이 된다고 여겨지는 개념이다. 생명과학에서 어떤 빅 아이디어는 이 학문의 기본이 되지만 화학에서는 그렇지 않을 수 있다. 하지만 다른 빅 아이디어 중에는 학문 간의 경계를 넘어 넓은 범위의 현상을 설명할 수 있게 하는 간학문적(interdisciplinary) 성격의 개념도 있다. 어느 과학 학문에서든 학생들은 중요한 개념을 무수히 접할 수 있지만, 그중에서도 빅 아이디어로 간주되는 것은 그 학문의 핵심이다. 빅 아이디어는 학생들의 장기적 이해 발달을 위한 틀을 만들어 주는데, 이로부터 교사와 학생은 7~12학년 교육과정 안의 개념들을 다시 살펴보고 개념적 이해를 형성하게 된다. 그 과정에서 이해는 점진적으로 더 정제되고 발달하며 정교해진다. 어느 학문에서든 빅 아이디어는 미래에 더 전문화된 학습이 이루어질 수 있는 토대를 만들어 준다. 이 책은 나노과학기술의 빅 아이디어를 접목해 넣을 현행 교육 틀을 수용하는 속에서 나노과학기술의 빅 아이디어에 초점을 맞추고 있다.

현재 미국 학교에서의 과학교육

국제 사회와 비교해 보면 미국 학생들의 과학 지식 성취 수준은 다른 개발국 학생들보다 못하다(Schmidt, Wang, & McKnight, 2005). STEM 교육의 빅 아이디어를 학생들이 이해하도록 돕지 못한 미국 학교의 실패는 STEM 분야로 진입하고 과학과 기술의 국가적 지도력을 확보할 아이들을 양성하지 못한 것으로 이어졌다. 아무런 개입을 하지 않는다면 이 간극은 기술의 활용이 늘어나고 기술에 의존하는 사회가 되어갈수록 더욱 커질 것이다. 그중에서도 가장 안타까운 점은 이 나라 어디에서도 과학을 잘하는 아이들을 찾아보기가 힘들다는 사실이다(Lynch, 2000; Grigg, Lauko, & Bockway, 2006). 국가의 모든 젊은이에게 어떻게 양질의 과학 교수를 제공할 것인가는 반드시 성취해야 할 도전과제이다. 도전과제 중 일부는 교육과정 자체에서 논의될 수 있다.

TIMSS(Third International Mathematics and Science Study) 연구에 따르면 교육과정의 통합적 연계성은 학생들의 학습을 예측하는 주요 인자이다(Schmidt, Wang, McKnight, 2005). 미국의 교육과정을 국제적 기준에서 학생 수월성이 높은 국가의 교육과정과 비교했을 때, 미국 교육과정에 한 학년 내는 물론 몇 학년에 걸쳐서 연계성이 결여되었다는 사실이 학생들의 성취도 실패의 주요 원인으로 드러났다. 불행히도 과학교육과정을 안내하는 대부분의 표준 문서들은 학생들이 주요 개념을 깊고 통합적으로 확실히 이해하도록 돕기보다는 다루어야 할 개념의 집합에 초점을 맞추었다. 하나의 개념을 깊이 있게 학습하는 방법보다 넓은 영역의 개념을 피상적으로 학습하는 방법이 선호되는 이유는 과학 내용을 평가하는 시험 방식의 부담 때문이다. 이 같은 방법은 너무 많은 개념을 다루다 보니 학생들은 개념들 사이의 관계를 파악하기 힘들어하고, 현상의 예측과 설명에 적용하지도 못한다. 대신에 학생들은 개별적인 사실들을 암기하기에 바쁘며, 그러고도 시험 시간에 수천 개의 사실 중 정답을 맞히지 못하면 실패하고 만다. 더불어 표준 문서들은 모든 개념을 동일하게 중요하다고 보는 경향이 있다. 물질의 입자 모형, 고전 역학, 자연 선택, 판구조론 등 교육과정에서 더욱 강조하고 오랜 시간 동안 전략적으로 개념 이해를 할 필요가 있는 빅 아이디어가 무엇인지 인지하지 못하는 실정이다.

통합적으로 연계된 과학교육과정의 개발 전략

통합적으로 연계된 교육과정은 교과 내와 사이의 현상을 설명할 수 있는 빅 아이디어를 깊고 의미 있게 이해하도록 학생들에게 도움을 줄 수 있다. 통합적 연계성은 학습자가 개념들을 통합적으로 이해할 수 있도록 지원하기 위한 교수와 평가의 일관성 및 정돈된 개념의 순서를 의미한다(Schmidt, Wang, McKnight, 2005; Swartz et al, 2008). 하지만 다수의 국가, 주, 지역 표준을 다루려고 하다 보니 미국의 과학교육과정 자료를 통합 및 연계된 행태로 개발하기가 여의찮으며 학생들이 과학을 통합적이고 연계적으로 이해하는 데도 방해가 되고 있다.

소수의 결정적인 빅 아이디어를 중심으로 교육과정의 통합성과 연계성을 이루어내기 위해서 교육과정 개발자와 교육자는 우선 그 결정적인 빅 아이디어가 무엇인지 반드시 알아야 한다. 이 목표를 향한 첫걸음으로 2006년 미국 내 과학자, 공학자, 교육자, 학습전문가 대표 집단이 함께 모여 나노 규모 과학과 공학의 빅 아이디어를 정했다(부록 A와 B 참조). 이 책은 나노과학기술에 관한 개념 중 어떤 것을 빅 아이디어라고 불러야 할지, 또 그중 어떤 것을 7~12학년 과학 교실에 도입해야 하는지에 대한 대표자 집단의 합의된 내용을 다루었다.

나노과학기술은 나노 규모에서의 과학과 공학 모든 분야를 나타낸다. 이 책에 기술된 나노과학기술의 빅 아이디어는 나노과학과 나노 기술에만 관련된 것이 아니라 더 넓은 영역의 과학에도 해당한다. 즉, 나노과학기술의 빅 아이디어는 국가 표준 문서(AAAS, 1993; NRC, 1996)에 정의되었듯 물질의 구조, 크기와 규모, 모델과 시뮬레이션 등의 예와 같이 일반적인 과학적 소양을 쌓는 데 결정적인 다양한 개념을 포함한다. 사실 나노과학기술의 빅 아이디어를 모든 과학의 빅 아이디어 중 일부로 보는 사람이 많다. 나노과학기술의 간학문적 속성은 전통적인 과학 내용에 대해 우리가 생각하는 방식과 가르치는 방식을 재구성할 기회를 준다. 특히, 나노과학기술은 나노과학기술의 개념들을 간학문적 형태로 다루는 과정에서 과학 학문 간의 경계를 제거할 기회를 준다. 이를테면 우리는 나노과학기술의 빅 아이디어를 과학교육과정의 통합적 연계성을 이룰 기반으로 본다.

이 책의 독자

교실에서 나노과학기술을 다루고자 하거나 나노과학기술과 그 가능성을 더 잘 알고 싶어 하는 7~12학년 과학 교사들이 이 책을 사용하여 학생들을 과학에 끌어들이고 주요한 과학 개념을 깊게 이해시키며 평생 학습하는 자세를 길러주었으면 한다. 이 책은 나노과학기술을 어떻게 가르쳐야 하는지 규정하려 들지 않았으며 다른 교재(예 Jones et al. 2007)에서 찾을 수 있는 특정 나노과학기술 주제를 위한 활동과 강의를 기술하지 않았다. 이 책에서 얻은 정보를 통해 교사는 나노과학기술의 지식과 기술을 향상시키고, 가르치고 있는 과학 교과 과정에 나노과학기술을 접목할 수 있을 것이다. 과학 자료 제공자와 과학 코디네이터도 아마 이 책으로 학교와 교육청 수준에서 교육과정의 형태를 바꿀 가능성에 대한 가치를 발견할지도 모른다.

이 책의 체계

1부인 〈아홉 가지 빅 아이디어〉는 이 책의 기반이다. 1부의 각 장에서 나노과학기술의 빅 아이디어를 하나씩 소개, 정의하고 각 개념에 담긴 내용을 상세히 설명할 것이다. 그리고 이에 대해 워크숍에 참여한 과학자들이 어떻게 합의에 도달했는지 기술한 뒤 하나의 개념을 빅 아이디어로 정의하는 것에 대한 근거를 제시한다. 각

장은 또한 학문 간 연결을 기술하는 여러 가지 사례를 담고 있으며, 각각의 빅 아이디어가 현행 7~12학년 과학교육과정과 어떤 관계를 갖는지 논의하고 있다.

2부인 〈나노과학기술을 7~12학년 교육과정에 융합하기〉에서는 각 장이 9개의 빅 아이디어로 분해되어 있다. 각 장에서 해당 빅 아이디어를 위한 학습 목표가 제시되고 통합 및 연계된 교육과정을 개발하기 위해 이 학습 목표를 어떻게 사용할 것인지가 설명되어 있다. 교사들은 내용 정보에 대한 확신이 없는 경우 1부에 기술된 각 빅 아이디어의 내용 장을 참조할 수 있다. 2부에서는 각 빅 아이디어를 학습하는 데 필요한 선수 지식, 선행 학습, 학생들이 가지고 있는 오개념을 찾아 기술한다. 더불어 나노과학기술 내용을 교실에서 맥락에 맞도록 사용할 현상들과 교사가 논의와 평가를 위해 사용할 질문들을 목록으로 제시한다. 마지막으로 각 빅 아이디어의 내용을 국가 교육과정과 관련지어(AAAS, 1993; NRC, 1996) 둘 사이의 유사성과 누락된 것을 드러낸다.

3부인 〈다음 단계〉에서는 나노과학기술을 교육받은 시민양성에 있어 학교가 어떤 도전과제에 당면할지에 대해서 논의한다.

✚ 참고문헌

American Association for the Advancement of Science (AAAS). 1993. Benchmarks for science literacy. New York: Oxford University Press.

Foley, E. T., and M. C. Hersam. 2006. Assessing the need for nanotechnology education reform in the United States. Nanotechnology Law & Business 3

(4): 467–484.

Grigg, W., M. Lauko, and D. Brockway. 2006. The nation's report card: Science 2005. Washington, DC: U. S. Department of Education, National Center for Education Statistics (U.S. Government Printing Office).

Jones, M. G., M. R. Falvo, A. R. Taylor, and B. P. Broadwell. 2007. Nanoscale science: Activities for grades 6–12. Arlington, VA: NSTA Press.

Lynch, S. S. 2000. Equity and science education reform. Hillsdale, NJ: Lawrence Erlbaum Associates.

National Research Council (NRC). 1996. National science education standards. Washington, DC: National Academy Press.

President's Council of Advisors on Science and Technology (PCAST). 2005. The national nanotechnology at five years: Assessment and recommendations of the National Nanotechnology Advisory Panel. www.nano-and-society.org/NELSI/entity/us_govt/NNI.html

Roco, M. C. 2003. National nanotechnology initiative to advance broad societal goals. MRS Bulletin 28:416–417.

Roco, M. C., and W. Bainbridge. 2001. Society implications of nanoscience and nanotechnology. Arlington, VA: National Science Foundation.

Schmidt, W. H., H. C. Wang, and C. C. McKnight. 2005. Curriculum coherence: An examination of U.S. mathematics and science content standards from an international perspective. Journal of Curriculum Studies 37 (5): 525–559.

Swartz, Y., A. Weizman, D. Fortus, J. Krajcik, and B. Reiser. 2008. The IQWST experience: Using coherence as a design principle for a middle school science curriculum. Elementary School Journal 109 (2): 199–219.

Section 01

아홉 가지 빅 아이디어

The Big Ideas of Nanoscale Science & Engineering

Chapter 01 • 기초적 과학 내용

Chapter 02 • 기본적인 과학 내용의 응용

Chapter 03 • 나노과학기술을 한 발 앞으로

Chapter 04 • 나노과학기술과 사회

서론

나노 규모 과학과 기술의 아홉 가지 빅 아이디어에 대한 기초적 과학 내용

1부에서는 나노 규모의 과학과 공학(Nanoscale Science Egineering: 이하 나노과학기술)에 대한 빅 아이디어(big Idea)를 제시하고, 각각의 빅 아이디어에 담긴 과학 내용과 이것이 나노과학기술 내에서 기초 개념이 될 수 있는지에 대한 타당성을 논의한다.

부록 A에 기술된 절차에 따라 빅 아이디어들을 찾고 정교화하고 심의하였다. 요약하자면, 2006년과 2007년 미국 전역에서 여러 분야의 과학자, 과학교육가, 과학교사가 나노과학기술의 빅 아이디어에 대한 논의와 논쟁을 거친 후 결정을 내리기 위해 일련의 워크숍에 소집되었다. 워크숍은 다음의 세 가지 목적으로 개최되었다: (1) 무엇이 빅 아이디어인가에 대한 합의된 의견 도출, (2) 나노과학기술을 교실에 도입하는 과정에서 발생할 수 있는 문제점 제기, (3) 교육가, 연구자, 교육과정 개발자들이 사용할 수 있는 '합의 문서'(이 책)의 생성.

1차 워크숍은 2006년 6월 캘리포니아주 멘로파크(Menlo park)에서 열렸다. 국가과학재단(NSF)이 후원한 나노 규모 학습 목표 워크숍은 SRI International과 국가 나노과학기술 교수-학습센터(National Center for Learning and Teaching, NCLT)의 공동 수행으로 3일 동안 진행되었다(부록 B에 참가자 명단 참고). 이 워크숍에서 합의된 6개의 빅 아이디어는 사회적 합의도출과정의 일부로서 국내외 워크숍과 학술대회에서 발표되고 논의되었다. 빅 아이디어의 목록에 변화가 생겼고, 최종적으로 워싱턴 D.C에서 열린 NSF의 2007 K-12 및 비형식 나노과학기술 워크숍에서 9개의 빅 아이디어로 합의하였다. 9가지 빅 아이디어는 다음과 같다.

1. 크기와 규모	4. 양자 효과	7. 도구와 장치
2. 물질의 구조	5. 크기 의존 성질	8. 모델과 시뮬레이션
3. 힘과 상호작용	6. 자기 조립	9. 과학, 기술, 사회

이 아홉 가지 빅 아이디어는 근본적으로 13~16학년 학습자용으로 확인된 나노과학기술의 빅 아이디어와 일치한다(Wansom et al., 2009). 그러나 이 책은 7학년에서 12학년 과학 교사와 관련된 빅 아이디어에 관한 것이다.

빅 아이디어를 합의하기까지 따른 주된 어려움은 빅 아이디어와 관련된 내용 대부분이 이미 과학교육과정에 존재한다는 것이었다. 따라서 초기 워크숍 이후의 발표와 토론 참가자들은 나노과학기술의 빅 아이디어를 '새로운 것'으로 여기거나 **과학교육표준**(National Science Education Standards, 이하 NSES; NRC, 1996) 및 **Benchmarks for Science Literacy**(이하 Benchmarks: AAAS, 1993)에 제시된 것과 분리하여 정의할 필요가 있다고 보지는 않았다. 어떤 빅 아이디어가 '새로운 것'이 아니라고 할지라도, 나노과학기술 교과 맥락에서 명료하게 표현함으로써 빅 아이디어는 더 보편화되고 과학 교과에 두루 더 명확하게 적용될 수 있을 것이다. 예를 들면, 자연 발생한 것(단백질, DNA)이든 제작된 것(나노입자, 나노선, 나노기계 등)이든 나노 규모 물체 사이의 상호작용에 지배적인 힘은 원자 간 상호작용에 지배적인 힘과 같은 유형이다. 그러므로 물질의 구조와 물질이 어떻게 서로 붙어있는지에 대한 견고한 기초 지식은 나노 물질의 행동과 성질을 이해하는 데에 필수적이다.

1부에서는 각각의 빅 아이디어(예 〈크기와 규모〉)를 명확하게 검토하고, 그것이 중요한 이유 및 현재 과학교육과정과의 관련성을 기술한다. 빅 아이디어에 대한 논의는 자세히 다루지 않고 나노과학기술에 대한 빅 아이디어를 소개하는 정도이다.

✚ 참고문헌

American Association for the Advancement of Science (AAAS). 1993. *Benchmarks for science literacy.* New York: Oxford University Press.

National Research Council (NRC). 1996. *National science education standards.* Washington, DC: National Academy Press.

Wansom, S., T. O. Mason, M. C. Hersam, D. Drane, G. Light, R. Cormia, S. Y. Stevens, and G. Bodner. 2009. A rubric for post-secondary degree programs in nanoscience and nanotechnology. *International Journal for Engineering Education* 25 (3): 615–627.

Chapter

01 기초적 과학 내용

이 단원에서 소개하는 네 가지 빅 아이디어는 기본적인 과학 내용을 대표하는 것으로, 〈그림 1.1〉에 나타났듯 각 빅 아이디어는 서로 연관되어 있다. 크기는 나노 규모를 정의하고 고전 역학, 양자 역학, 일반상대성 등 물리적 모델들은 다른 규모에서 물질의 거동을 설명하기 때문에 크기와 규모(size and scale)의 개념은 다른 과학 내용의 빅 아이디어와 연결되어 있다. 양자 역학은 작은 규모에서 물질이 어떻게 행동하는지 설명하는 데 필요하다. 예를 들면, 전자의 거동(물질의 구조)에 대한 양자 역학 모델은 나노 규모에서 물질의 상호작용(힘과 상호작용)을 이해하는 데 필수적

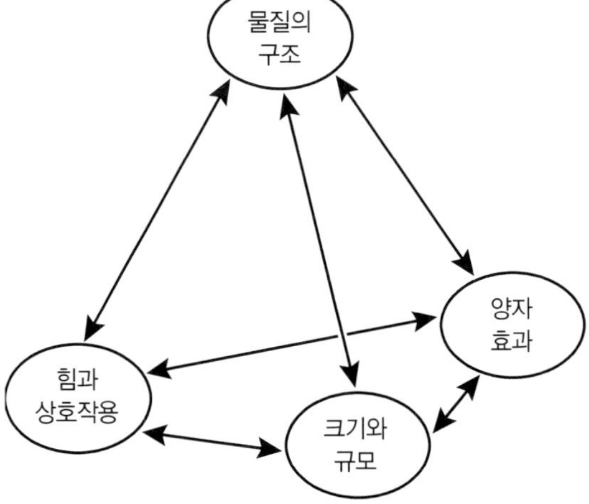

그림 1.1 나노과학기술 과학 내용에 대한 빅 아이디어 사이의 관계

이다. 즉, 물질의 구조와 물질이 상호작용하는 방식은 서로 불가분 연결되어 있다.

과학 내용에 대한 빅 아이디어 중 어느 것도 독립적이지 않으며 각기 다른 빅 아이디어는 서로 지식 정보를 주고받는다. 이 책의 저술을 위해 빅 아이디어들에서 내용을 어떻게 나눌지 선택할 필요가 있었으며, 이를 빅 아이디어 간의 연결성, 관련된 내용, 실사례가 되는 현상, 그리고 학습 목표를 찾는 과정을 거쳐 결정하였다.

첫 번째 빅 아이디어 – 크기와 규모

크기와 구조 형태에 관련된 요소(예 크기, 규모, 모양, 비율, 차원)로 물질을 묘사하거나 그 행동을 예상할 수 있다.

크기와 규모에 대하여

크기는 사물의 펼쳐진 정도나 덩어리의 양으로 정의된다. 모든 사물은 1, 2, 3차원으로 정의될 수 있는 크기를 갖는다. 물체의 크기는 길이(예 미터, 피트, 마일)나 면적(예 제곱미터, 에이커), 부피(예 입방미터, 리터, 갤런)와 같은 기하학적 성질의 규모로 정의된 기준 물체나 기준 표준(예 전통적으로 정의된 단위)으로 비교하여 나타낸다. 각각의 기하학적 성질은 크기의 자릿수가 크게 차이 날 정도로 다양한 값들을 가질 수 있다(AAAS, 1993).

그래서 때로는 넓은 크기 범위를 '규모'나 '세계'(예 거시 세계, 미시 세계, 나노세계, 원자 세계)로 나누는 것이 유용한데, 해당하는 세계의 측정 단위뿐만 아니라 대표 또는 표석이 되는 물체(Tretter et al., 2006), 그 세계에 접근하도록 해주는 도구, 그 세계 물질의 거동을 묘사하는 모델 등으로 이 세계의 특징을 나타낼 수 있다. 〈그림 1.2〉는 이러한 크기 세계의 대략 범위와 그에 해당하는 특징들을 나타낸다.

이처럼 우주를 개념적으로 여러 크기의 세계로 나누면 쉽게 이해하기에는 도움이 될 수 있다. 하지만 실제 세계는 분절되어 있지 않으며 연속적인 것으로 보아야 더 정확하고, 이렇게 나누는 경계가 명확하지도 않다. 예를 들면, 나노 규모는 일반

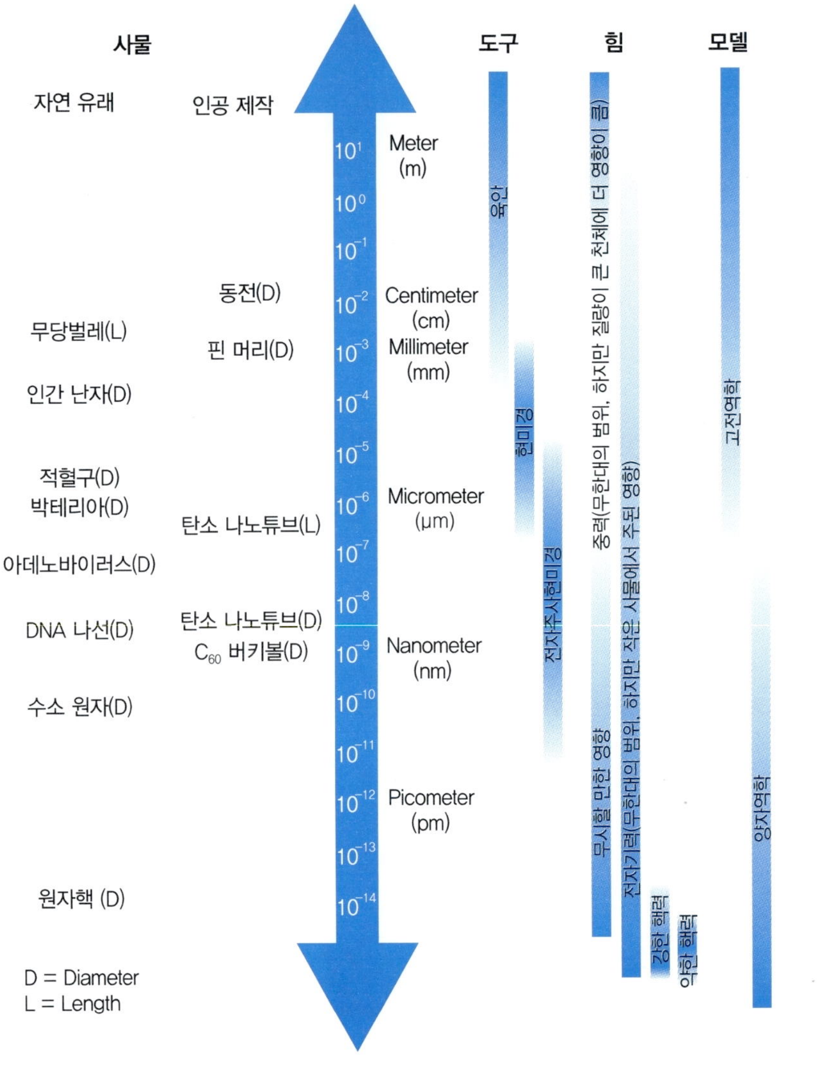

그림 1.2 일반적으로 사용되는 규모와 대표적 사물, 지배적인 힘, 관련 도구, 가장 유용한 물리학 법칙을 나타낸다.

출처: Adapted from Figure 2-S9 NanoSense Size Matters Unit(*http://nanosense.org/activities/sizematters/index.html*)

적으로 숫자상 1~100나노미터로서 정의된다(Roco, 2004). 이 범위는 물질의 측면에서 덩어리 물질[1]과 개별 원자나 분자 사이의 전이 영역으로 고려된다. 하지만 단백

1 bulk material를 덩어리 물질로 번역한다. 이는 나노 규모보다 크며 거시적 성질을 띠는 크기의 물질 형태를 지칭한다.

질 및 DNA 분자는 종종 나노세계에서 표석이 되는 나노 규모의 사물로 여겨진다. 그러므로 규모와 세계는 절대적이고 엄격한 분류라기보다 크기에 대한 안내 정도로 사용되어야 한다.

크기와 규모의 어떤 측면은 나노과학기술과 특히 관련이 크다. 가장 근본적인 것은 나노 규모를 정의하고 나노 규모가 다른 규모(예 거시 세계, 세포의 세계, 원자, 분자)와는 어떻게 관련되어 있는지를 정하는 것이다. 그뿐만 아니라 규모와 모양의 변화는 나노과학기술에서 중요한 역할을 한다.

규모 정하기와 비례의 원칙

물체의 크기를 두 배로 키우는 것은 표면적과 부피에 불균등하게 영향을 미친다. 예를 들어, 정육면체의 한 면의 길이를 두 배로 늘리면 부피는 8배가 되지만 표면적은 단지 4배가 된다. 〈그림 1.3〉은 이러한 경향성을 보여준다. 그러므로 어떤 성질

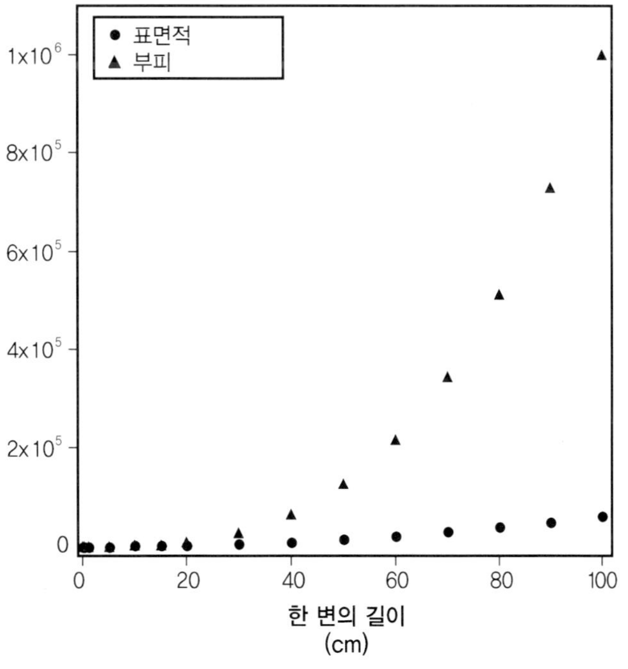

그림 1.3 한 면의 길이에 대한 정육면체의 표면적과 부피의 비교

(예 열용량, 질량)이 부피에 의존한다면, 그 성질은 면적에 의존하는 성질(예 표면적 식히기, 다공성)보다 더 빠르게 변화할 것이다. 사람들이 뜨거운 감자를 더 빨리 식히기 위해 작게 자른 조각들을 넓게 펼쳐 놓는 이유는 이 개념을 이해하고 있기 때문이다. 규모는 모든 성질에 동등하게 영향을 미치는 것이 아니므로 규모의 변화는 일반적으로 어떤 시스템이 작동하는 방식에 영향을 미친다. 예를 들어, 만약 사슴이 코끼리 크기로 자란다면 다리가 부러지고 말 것이다. 왜냐하면 사슴의 질량은 부피에 비례하지만 다리 힘은 뼈의 횡단 면적에 의해서만 증가하기 때문이다(Haldane, 1926).

모양

모양도 표면적과 부피 사이의 비례관계에 영향을 미친다. 부피는 같지만 10×10×10 cm^3 정육면체는 1×10×100 cm^3 사각 프리즘과는 다른 성질들을 가질 것이다. 정육면체의 표면적은 넓적하게 펴진 사각 프리즘의 표면적의 27%에 불과하다. 〈표 1.1〉은 1×1×1 cm^3 크기의 정육면체 1,000개의 배열을 달리함에 따라 부피-대-표면적 비(S/V)[2]가 어떻게 변하는지 나타내고 있다. 이와 마찬가지로 부피 100 mm^3인 물체는 정육면체이면 표면적이 ~129 mm^2이고, 사면체이면 ~155 mm^2, 구이면 ~104 mm^2이다. 구는 항상 최소 부피-대-표면적 비를 가지는데, 이것은 비눗방울과 같은 사물이 왜 구형인지에 대한 이유가 된다.

표 1.1 사각 프리즘의 모양이 부피-대-표면적 비에 미치는 영향

차원 치수(cm)	표면적(cm^2)	부피(cm^3)	S/V(cm^{-1})
10×10×10	600	1000	0.60
20×10×5	700	1000	0.70
50×10×2	1240	1000	1.24
100×10×1	2220	1000	2.22

S/V: 부피-대-표면적 비(surface-to-volume ratio = Surface / Volume)

2 S/V 비는 부피-대-표면 비 또는 부피-대-표면적 비라고 부른다.

따라서 크기와 규모는 길이, 면적, 부피, 모양과 같은 기하학적 성질의 측정과 관련된 개념도 포함하며, 접두사나 과학적 표기법을 사용해서 나타낼 수 있다. 또한 이러한 개념을 각각의 차원에서 측정하거나 정의하는 지식 또한 중요하다. 길이(1차원), 면적(2차원), 부피(3차원)는 길이 변화에 따라 불균등하게 변한다. 이러한 차이는 모든 규모에서 물질의 성질, 행동, 기능에 영향을 주는데, 나노 규모에서는 더욱 영향이 크다.

이것이 왜 빅 아이디어인가?

크기와 규모(기하구조)[3]의 개념은 과학을 이해하는 인식 체계의 한 부분을 형성하고, 나노과학기술의 맥락 안에서 나노 규모 자체를 정의한다. 과학자들은 주로 규모(예 원자-, 나노- 마크로-)로 정의되는 '세계'에서 과학을 하는 경향이 있다. 크기로 정의된 세계의 개념은 크기가 비슷한 물체의 유형과 이러한 물체가 어떻게 행동하는지를 설명하고 예측하는 안내의 역할을 한다. 그뿐만 아니라, 이 세계는 물체를 측정하고 관찰하는 데 필요한 기구에 의해서 정의될 수 있다. 예를 들면, 세포의 세계는 일반적으로 **마이크로 규모**(microscale)로 정의된다. 이 규모에서는 물체를 관찰하기 위해 광학 현미경(microscope)이 필요하다. 광학 현미경의 해상도 한계는 최대 0.2 μm, 즉 200 nm인데, 이는 200 nm보다 더 작은 물체는 측정할 수 없음을 의미한다. 이것은 현미경으로 측정할 수 있는 최저 한계를 대략 정의하며 최대 한계는 맨눈으로 볼 수 있는 것(약 0.05~0.1 mm 또는 50~100 μm)이다. 일반적으로 나노 규모는 어떤 시스템 또는 물질의 세 차원 크기 중 적어도 어느 한 차원의 크기가 1에서 100나노미터 사이가 되는 경우를 포함하는 것으로 정의된다. 이 범위에서는 현상을 관찰하고 측정하기 위해 다른 도구[예 주사 탐침 현미경(SPM), 주사 전자 현미경(SEM)]가 필요하다.

---

3 최근 문헌에는 이러한 빅 아이디어에서 포함된 많은 개념을 언급하기 위해 '크기와 규모'라는 용어를 사용하고 있다. 모양도 크기와 마찬가지로 물체의 특성을 나타내고 S/V 비에 영향을 줄 수 있으므로 모양 또한 이 장에 포함되었다. 이 빅 아이디어는 이러한 요소를 동시에 아우르는 '크기와 기하구조'라는 용어를 사용하는 것이 더 적절해 보이지만, 이 분야에서 사용된 용어의 일관성을 위해 '크기와 규모'를 사용한다.

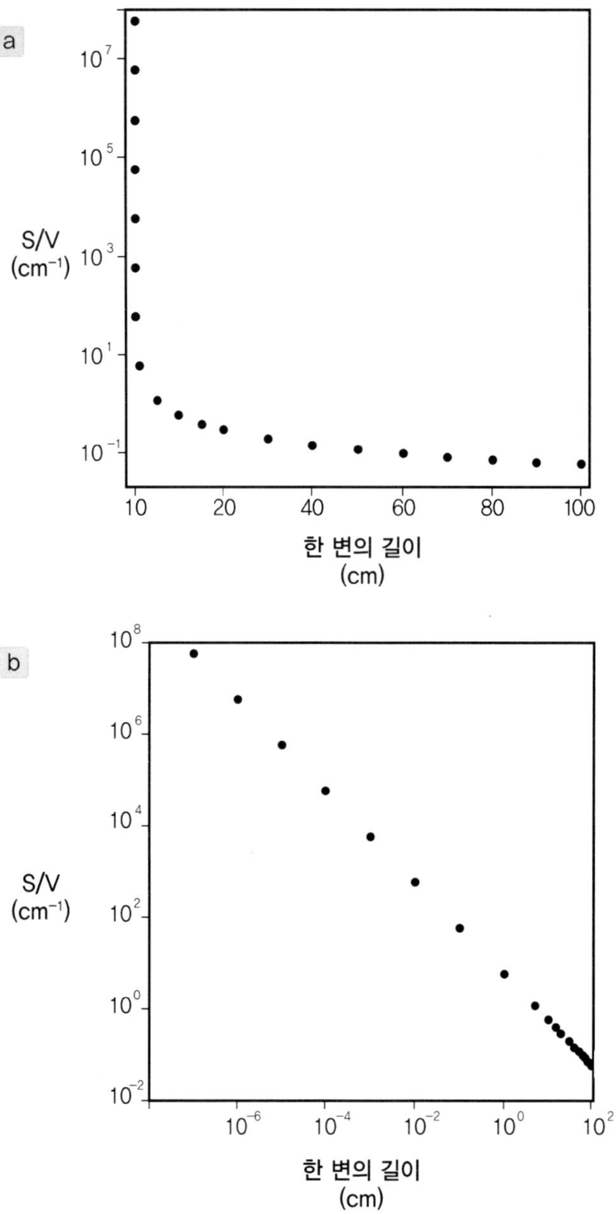

그림 1.4 정육면체 한 변의 길이에 대한 부피-대-표면적 비(S/V)
(a) 선형 그래프 (b) 로그 그래프

규모는 현상을 설명할 때 중요하다. 사람들은 고전 물리로 쉽게 설명되는 세계에서 일어나는 거시적인 경험(맨눈으로 보이는)을 기반으로 하여 현상을 예상한다. 그러나 사물 또는 물질의 크기 및 질량이 나노 규모를 거쳐 원자 규모로까지 변하면 고전 역학으로는 물질의 거동을 예측할 수 없게 된다. 원자 규모 또는 원자보다 작은 규모에서는 물질의 거동을 설명하기 위해 양자 역학을 도입해야 한다. 물질이 덩어리 형태와 개별 원자, 분자 형태 사이에서 변할 때 양자 효과는 더욱 중요해진다.

또한 물질 간 상호작용을 지배하는 힘도 규모에 의존한다. 상호작용에는 모든 힘이 관여하지만, 중력은 일반적으로 거시적 규모에서, 전자기력은 나노-와 원자-규모에서, 그리고 원자보다 작은 규모에서는 강한 핵력이 지배적으로 관여한다. 그러므로 물체의 규모를 알면 물체가 어떻게 행동하는지 예측하는 데 도움이 된다(〈힘과 상호작용〉, 〈양자 효과〉에 기술된 자세한 논의 참조).

크기가 조금만 변해도 면적에서는 상대적으로 큰 변화가 있고 부피에서는 더 큰 변화가 생긴다. 부피-대-표면적 비는 물체의 크기에 반비례한다(〈그림 1.4 a, b〉). 부피-대-표면적 비가 변하면 사물 또는 시스템의 기능이나 행동하는 방식이 변한다. 통나무가 타는 속도는 같은 부피의 나뭇가지가 타는 속도보다 훨씬 느리다. 인체 내부에서 소장이 영양분을 흡수하는 작업은 수백만 개의 융털 덕분에 매우 효과적으로 일어난다. 나노 규모에서 나타나는 물질의 수많은 특성은 크기에 따른 부피-대-표면적 비 효과 때문에 나타난다. 예를 들면, 부착성은 노출된 표면적의 크기에 따라 달라진다. 일상에서 흔히 볼 수 있는 예로, 고운 가루 설탕은 플라스틱 계량컵 벽면에 잘 붙지만 거친 설탕은 그렇지 않다(이 주제는 2장의 〈크기 의존 성질〉에서 더 자세하게 논의된다).

크기와 규모 관련 요인들은 나노 규모에서 이루어지는 연구 및 개발을 진보시키고 이에 관한 여러 측면을 이해하는 것과 연결되어 있다. 크기와 규모(그리고 기하구조)는 나노세계 탐구에 사용되는 도구로서뿐만 아니라 나노 규모에서 물질의 거동에 대한 개념 이해를 증진하는 데에도 결정적인 역할을 한다.

7~12학년 교육과정과의 연계성

수학은 크기와 규모(그리고 기하학)의 큰 영역이다. Program Standard C에서는 나노과학기술을 다음과 같이 언급하고 있다: "과학 프로그램은 과학 공부를 할 때 수학 사용 능력을 증진하고 수학에 대한 이해를 향상시킬 수 있도록 수학 프로그램과 조화를 이루어야 한다(NRC, 1996, p.214)." Benchmarks for Sciency Literacy(AAAS, 1993)에서는 규모를 과학의 모든 학습에 걸쳐 의미가 있는 네 개의 일반적인 주제 중 하나로 보고 있다. 실제로 크기와 규모 관련 개념은 천문학, 화학, 물리학, 기하학에 대해 이해하는 결정적 요소이며, 자연과학을 넘어 지리학과 역사까지 확장된다.

표준화된 측정 단위와 수치는 모든 교과 영역에서 의사소통하는 데 필요하다. 역사, 지질학, 그리고 천문학에서의 연대기는 개인의 인생 경험보다 훨씬 거대하다. 지리학에서 지도의 규모는 지도에 나타난 사물에 대한 상대적 크기를 나타낸다. 이러한 규모의 상대적 크기는 매우 크기 때문에 과학적 표기법은 매우 크거나 작은 숫자들을 나타내는 유용한 수단이 된다. 과학적 표기법을 도입하면 물체의 크기를 크기 자릿수로 분류할 수 있다. 이러한 주제는 일반적으로 수학의 영역에 해당하지만, 과학 내용과 연계하면 수학과 과학 각각을 더 잘 이해하는 데 도움이 된다(NRC, 1996; Judson and Swada, 2000).

하지만 크기와 규모는 단순히 학문적 개념만은 아니고 학생들의 일상생활에도 영향을 미친다. 예를 들어, 평소보다 많은 인원이 먹을 요리를 준비한다면 사람 수에 비례하여 재료를 늘리고 조리법을 조절해야 한다. 목적지에 도착하기까지 걸리는 시간과 거리를 측정하는 데에는 지도의 규모가 필요하다. 학생들은 학교 안팎에서 경험을 쌓아가면서, 수치와 단위를 주변의 세상과 연결하기 시작할 것이다. 이렇게 함으로써 학생들은 상대적인 양과 크기를 측정하는 기술을 발달시킬 수 있다.

학생들이 부피-대-표면적 비에 대한 개념을 과학에 적용하기 위해서는 수학의 도움을 많이 받아야 한다. 면적과 부피, 그리고 그것을 어떻게 계산하는지에 대한 이해뿐만 아니라 비율과 비례에 대해서도 배워야 한다. 교사가 수학을 과학 현상과 연계할 때 맥락을 살펴볼 수 있게 한다면, 학생들은 자료를 입력하면 답이 나오는 식과는 다른 방식으로 수학을 볼 수 있을 것이다(NRC, 1996). 학생들은 실질적인 과학 자료를 이용해서 수학을 비이상적인 문제[4]에 적용하는 경험을 하게 되는데, 이

4 비이상적인 문제나 데이터는 '실제적'이고 불완전하다. 반면, 이상적인 수학 문제들은 완벽하게 작동하는 데이터를 주로 사용한다. 예를 들면, 계산은 전체 숫자나 완벽하게 떨어지는 숫자를 나타낸다.

는 국가수학표준교사위원회(NCTM, 1989)의 입장과도 연결된다. 수학적 기술을 연결하여 자료를 분석하고 정리함으로써 과학을 서술적으로만 연구하는 것을 막는다(NRC, 1996, pp. 214-218).

나노 규모는 학생들의 일상 경험과 떨어져 있으므로, 학생들은 이 추상적인 영역을 배우면서 크기와 규모에 관한 탄탄한 지식을 과학자들과 비슷하게 사용할 수 있다. 성장해가면서 우리는 우리 자신의 신체를 참고한다는 직관적인 방법으로 물체의 크기를 먼저 배운다. 그 후에 형식적, 비형식적 학습 경험을 사용하여 측정 단위, 표면적, 부피, 과학적 표기법의 의미를 이해하게 된다. 일상 세계로부터 연장하여 나노 규모를 추론하는 작업은 이 같은 개념 도구를 사용하지 않고는 불가능할 것이다. 그러므로 크기와 규모와 관련된 개념은 나노세계를 이해하는 인식적 체계의 중요한 부분을 형성한다.

두 번째 빅 아이디어 – 물질의 구조

> 물질은 빌딩 블록[5]으로 구성되어 있는데, 이 빌딩 블록은 종종 위계 구조를 형성한다. 원자는 다른 원자와 상호작용하여 분자를 형성한다. 더 높은 수준의 구조물은 원자, 분자 또는 나노 규모 구조물이 상호작용하여 나노 규모 조립체와 구조물을 형성한 것이다.

물질의 구조에 대하여

원자론은 원자라는 개별 단위체로 물질이 구성된다는 모델이다. 100종이 조금 넘은 원자들이 모든 물질을 만든다. 원자의 종류와 원자 배열이 물질의 종류를 결정하고 물질의 성질에 영향을 미친다. 예를 들면, 탄화수소는 탄소 원자와 수소 원자만을 사용한 조합으로 이루어진 물질군이다. 이 물질군의 화합물들은 같은 종의 원

5 역자 각주: 빌딩 블록은 물질을 이루는 개별 단위를 말한다. 작은 분자의 경우 원자가 빌딩 블록이고, 큰 단백질의 경우 개별 아미노산 분자들이 빌딩 블록에 해당한다.

표 1.2 펜테인과 네오펜테인의 물리적 성질 비교(참고 문헌: Weast, 1976)

	화학식	끓는점(℃)	녹는점(℃)
펜테인	$CH_3(CH_2)_3CH_3$	36.1	−129.7
네오펜테인	$C(CH_3)_4$	9.5	−16.6

자들로 구성되어 있어서 많은 물성이 유사하다. 그러나 물질의 성질은 원자의 배열에도 영향을 받는다. 예를 들면, 펜테인과 네오펜테인은 둘 다 5개의 탄소 원자와 12개의 수소 원자로 이루어졌지만, 원자 배열이 달라서 다른 성질을 띤다(〈표 1.2〉). 이와 비슷하게 나노 규모 구조물 및 조립체를 구성하는 빌딩 블록의 종류와 배열이 그 기능과 성질에 영향을 미친다.

원자 간 상호작용의 유형과 세기는 원자의 전자 배치에 따라 결정된다. 예를 들면, 전자 수 증가는 London 분산력의 세기에 영향을 미치고, 이에 따라 관련 물질의 성질에도 영향을 미친다. 〈표 1.3〉은 원자 질량의 증가에 따른 비활성 기체의 녹는점과 끓는점의 경향을 보여준다. 다른 예는 원자의 전기 음성도이다. 전기 음성도는 원자가 전자를 받아들이는 경향성으로, 그 원자가 참여하는 상호작용의 유형에 영향을 미친다. 상반된 전기 음성도를 가진 원자들(예 비금속 원자와 금속 원자)은 이온 형태의 전기적 힘을 통해 상호작용하는 경향이 있고, 반면 비슷한 전기 음성도를 가진 비금속 원자들은 공유 결합 형태의 전기적 힘을 통해 상호작용하는 경향이 있다. 마찬가지로, 나노 규모 구조물과 조립체를 구성하는 빌딩 블록(원자, 분

표 1.3 비활성 기체의 끓는점과 녹는점 비교(참고 문헌: Weast, 1976)

원소		원자량	녹는점(℃)	끓는점(℃)
헬륨	He	4.003	< −272.2	−268.9
네온	Ne	20.179	−248.7	−246.0
아르곤	Ar	39.948	−189.2	−185.7
크립톤	Kr	83.80	−156.6	−152.3
제논	Xe	131.29	−111.7	−108.1
라돈	Rn	~222	−78	−61.8

자, 나노 규모 조립체 등)의 종류와 성질은 빌딩 블록 사이의 상호작용하는 방식에 영향을 준다. 이러한 개념은 〈힘과 상호작용〉에서 깊이 있게 논의한다.

빌딩 블록의 전기적 힘과 운동은 나노-, 원자-, 분자 규모에서 조립체나 구조물의 형성과 그 기능에 필수적이다. 모든 원자는 끊임없는 무작위 운동을 하는데, 그 운동은 시스템의 열에 의존하므로 열운동이라고도 한다. 모든 물질을 구성하는 원자가 끊임없는 움직인다는 원리는 나노 규모에서 중요한 의미가 있다. 열운동이 분자 규모에서 일어나기 때문에 그 효과는 거시적 규모에서는 보이지 않는다. 예를 들어, 통나무가 강을 따라 흘러가는 동안 물 분자는 끊임없이 통나무와 충돌할 것이다. 하지만 통나무가 너무 크기 때문에 물 분자의 무작위 충돌은 통나무의 운동에 아무런 영향을 미치지 않는다. 만약 통나무가 10억분의 일 정도로 작다면(나노 규모), 물 분자의 무작위 충돌은 통나무의 움직임이나 궤도에 영향을 줄 것이다. 그러므로 나노 규모 현상에서 열운동은 더욱 중요한 요인이 된다. 그뿐만 아니라, 나노 규모 물체에 포함된 원자의 수는 매우 작아서 개별 원자의 운동이 그 물체 전체의 성질과 거동에 영향을 준다. 이러한 개념은 제1장의 〈힘과 상호작용〉과 제2장의 〈크기 의존 성질〉과 〈자기 조립〉에서 더 구체적으로 다룰 것이다.

이것이 왜 빅 아이디어인가?

원자와 덩어리 수준($\geq 10^{-7}$ m) 물질의 거동과 구조에 대해서는 과학자들이 상대적으로 잘 이해하고 있었지만, 이 두 규모 사이에서 전이가 일어날 때 물질이 어떻게 행동하는지에 대한 지식은 제한적이었다. 그러다 최근에 개발된 도구들 덕분에 연구자들은 이전에는 접근하지 못했던 이 전이 영역, 즉 나노 규모 영역에 접근할 수 있게 되었으며, 물질의 구조와 거동에 대해 새롭게 이해할 수 있게 되었다.

원자론과 운동론은 물질의 행동과 구조를 이해하는 데 있어서 기본이 된다. 실제로, 저명한 물리학자 리처드 파인만(Richard Feynman)은 다음과 같이 말했다.

> 만약 어떤 대재앙이 발생하여 모든 과학적 지식이 파괴되고 단지 하나의 문장만이 다음 세대로 전달될 수 있다고 생각해 보자. 어떤 진술이 가장 적은 단어로 가

장 많은 정보를 담아낼 수 있을 것인가? 나는 그것이 모든 물질이 원자(끊임없이 주위를 움직이고 조금 떨어져서는 서로를 끌어당기지만 더 가까우면 서로 반발하는 작은 입자)로 이루어져 있다는 원자가설(또는 원자적 사실, 또는 뭐라고 부르는 간에)일 것이라고 믿는다.

–Feynman, 1996, p. 4

원자론과 운동론은 무수한 현상들을 설명하는데, 이러한 개념을 철저히 이해하지 못하면 나노 규모를 포함한 어떤 규모에서 물질의 거동과 구조를 충분히 이해할 수 없다.

모든 규모에서 물질의 거동과 성질을 이해하기 위해서는 빌딩 블록의 구조와 성질을 이해해야 한다. 원자들에서 보이는 공통된 성질은 나노 규모에서 관찰되는 물질의 일부 성질과 관련이 있다. 특히 (a) 원자와 분자가 끊임없이 무작위 운동을 한다는 것, (b) 원자와 분자 사이의 상호작용을 지배하는 힘은 본질적으로 전기적인 힘이라는 것이 그러하다. 이러한 두 가지 성질은 분자 규모와 나노 규모 모두에서 조립체의 형성과 기능에 필수적이다.

나노 규모에서 관찰되는 재미있는 성질 중 몇 가지는 구성 원자의 특별한 성질과 관련이 있다. 한 가지 예는 탄소의 다른 형태들, 즉 동소체라고 하는 것이다(〈그림 1.5〉). 순수한 탄소의 형태는 전통적으로 다이아몬드, 흑연, 그리고 석탄이라고 가르친다.[6] 각각의 형태에서 탄소 원자는 서로 다르게 상호작용하고, 그 결과 매우 다른 성질의 물질이 된다(〈표 1.4〉). 다이아몬드는 각 탄소 원자가 다른 네 개의 탄소 원자와 상호작용하여 만들어진 3차원 그물구조이다(〈그림 1.5 a〉). 다이아몬드는 절연체이며 가장 단단한 물질 중 하나로 알려져 있다(모스경도 10). 흑연에서 각 탄소 원자는 세 개의 다른 탄소 원자와 결합한다. 탄소 원자는 6개 원자로 이루어진 탄소 고리의 단일층을 형성하며, 이 단일층은 겹겹이 쌓여 있다(〈그림 1.5 b〉). 흑연은 상대적으로 무른 물질이고(모스경도 2) 전도체이다. 석탄에 대한 가장 최근 모델은

6 이들 형태의 탄소 각각은 나노 규모 형태를 가지고 있다. Adamant와 diamondoid는 근본적으로 다이아몬드 분자로 나노 규모 구조물이다. Polyaromatic hydrocarbon(PAH)는 흑연의 개별 분자이고, carbon nanofoam은 무정형 탄소 형태이다.

앞의 두 상호작용 유형이 혼합된 것으로 보고 있다.

다른 종류의 탄소 동소체도 있는데, 이들은 나노 규모 구조물이다. 버키볼 또는 벅민스터플러렌으로 알려진 속이 빈 구형 분자는 탄소 원자 60개로 구성된 작은 축구공과 매우 닮았다(〈그림 1.5 c〉). 그러나 자연계에서 탄소 70, 76, 84개를 포함하는 구조도 소량 발견되고 있다. 버키볼 입자 하나는 아마 다이아몬드보다 단단하겠

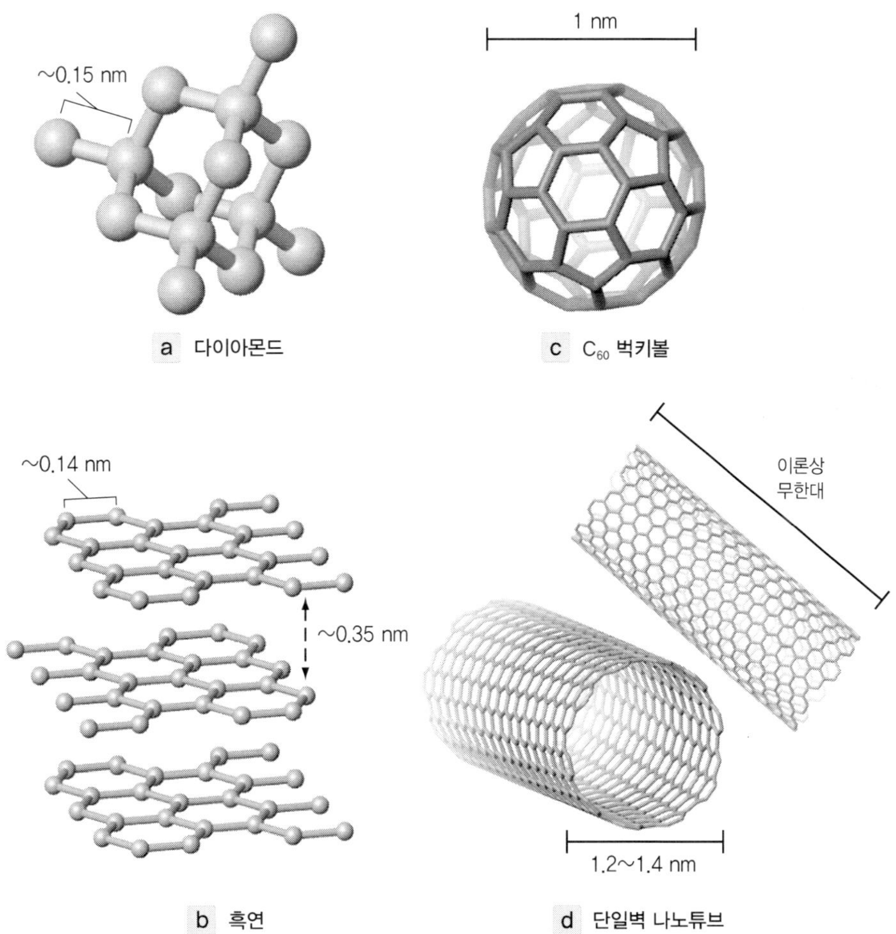

그림 1.5 탄소의 몇 가지 동소체
(a) 다이아몬드를 만드는 탄소 원자의 공유 결합 그물조직의 일부 (b) 흑연에 배열된 탄소 원자의 세 층의 일부 (c) C_{60} 풀러렌 (d) 단일벽의 탄소 나노튜브

출처: Images were created using MOLMOL (Koradi, Billeter, and Wüthrich, 1996). Coordinates for (a) (b), and (c) were obtained from *www.nyu.edu/pages/mathmol/library*. Coordinates for the carbon nanotube were generated at *http://k.1asphost.com/tubeasp/tubeASP.asp*.

표 1.4 탄소 동소체의 몇 가지 물리적 성질 비교

	다이아몬드	흑연	C_{60} 버키볼	탄소 나노튜브
밀도 (g/cm³)	3.51[a]	2.25[a]	~1.65[a]	1.33~1.40[b] (형태에 따라 다름)
전기전도도	절연체	전도체	반도체	반도체 (대체로)
열전도도 (W/cm·K)	23.2[a]	(내열 흑연)[a] 19.6 (판에 평행) 0.00579 (판에 수직)	자료 없음	> 2[c]
경도 (모스경도계)	10[a]	~1[a]	개별 ~10 덩어리 1~2	자료 없음
부피 탄성률 (G Pa)	1200[e]	207[e]	18[e]	1000~1300[d] (형태에 따라 다름)

[a] Weast, 1976
[b] Gao, Cagin, and Goddard, 1997
[c] Che, Cagin, and Goddard, 2000
[d] Dujardin et al., 1998
[e] Sussex Fullerene Group n.d.

지만, 이들로 이루어진 덩어리 물질에서는 상대적으로 무르다. 버키볼은 현재 윤활유나 초전도체를 위한 분야를 포함하여 몇 가지 응용 연구가 진행 중이다. 다른 동소체는 탄소 나노튜브인데, 이것은 구조적으로 버키볼과 관련이 있다. 탄소 나노튜브는 육각형 모양 철조망의 튜브 형태와 비슷한 원통형 플러렌이다(〈그림 1.5 d〉). 탄소 나노튜브는 높은 전기전도성, 열 저항성과 같은 특별한 성질을 지니는데, 가장 강하고 단단한 물질 중 하나로 알려져 있다. 탄소 원자의 특별한 성질 때문에 각각의 독특한 성질을 갖는 다양한 구조가 가능하다.

어떤 구조물이나 물질의 빌딩 블록을 이해하는 것은 그 물질의 작용과 성질을 이해하는 데 중요하다. 예를 들어, 단백질은 모든 살아있는 유기체 내에서 중요한 기능을 수행하는 나노 규모 실체이다. 아미노산이라 불리는 스무 개의 다른 분자가 단백질의 빌딩 블록이다. 단백질은 수백 개의 아미노산으로 이루어진 긴 사슬로 구성된다. 단백질이 수백 개의 빌딩 블록, 즉 아미노산으로 구성되어 있다고 하더라

도, 하나의 빌딩 블록, 즉 하나의 아미노산이 전체 단백질의 기능과 구조에 영향을 미치는 것은 흔한 일이다.

혈액에서 산소를 운반하는 적혈구의 구성 성분인 헤모글로빈은 단백질을 구성하는 단 하나의 빌딩 블록이 어떻게 단백질의 기능을 변화시키는지를 보여주는 고전적인 예이다. 헤모글로빈은 네 개의 아미노산 사슬로 구성되어 있는데, 이들은 상호작용하여 특정 기능을 갖는 하나의 구조를 형성한다(〈그림 1.6 a〉). 알파(α)와 베타(β) 두 유형의 아미노산 사슬이 헤모글로빈의 부분을 이룬다. 하나의 헤모글로빈 분자에는 α-사슬 두 개와 β-사슬 두 개가 있다. α-사슬은 141개의 아미노산으로, β-사슬은 146개의 아미노산으로 구성된다. β-사슬에서 양전하를 띠는 아미노산인 글루탐산 한 개가 중성 아미노산인 발린(〈그림 1.6 a, b〉)으로 바뀌면 전체 단백질의 구조와 기능이 바뀐다. 이렇게 변형된 단백질은 산소가 결합하였을 때는 원래의 구조와 기능을 유지한다. 하지만 산소가 제거되면, 그 교체된 아미노산이 단백질의 다른 부분과 상호작용하는 방식이 변하기 때문에 단백질의 전체 구조가 변한다. 헤모글로빈은 길고 딱딱하게 변하고 긴 섬유조직으로 중합되어 적혈구가 낫 모양을 띠게 된다(Finch et al., 1973). 길어진 적혈구는 유동성이 적고 혈관 벽을 따라 잘 흐르지 못하며 종종 응집해서 혈관을 막는다. 이 같은 헤모글로빈 단백질의 아미노산 서열에서 단 하나의 변화(글루탐산에서 발린으로)는 겸형 적혈구 빈혈증의 원인이 된다. 헤모글로빈의 예에서 보듯이, 빌딩 블록과 전체의 구조와 기능 사이에 관계를 이해하는 것은 매우 중요하다.

하나의 물질이 여러 기능을 가지도록 하는 계층적 구조는 자연 물질에서는 흔하다(Viney and Bell, 2004). 이미 언급한 것처럼 아미노산과 아미노산 사슬이 단백질을 만든다. 핵산은 원자들의 체계적인 집합(분자)으로 서로 연결되어 긴 사슬을 만들고, 사슬들은 서로 결합하여 이중 나선 구조의 DNA 및 RNA 구조를 형성한다. 〈그림 1.7〉은 뼈, 치아의 법랑질, 그리고 조개의 나노 규모 구조물을 나타내고 있다(Gao et al., 2003). 치아 법랑질을 구성하는 바늘 모양 결정의 지름은 대략 15~20 nm이고 길이는 약 1 μm이다. 뼈와 이의 상아질을 만드는 판 모양 결정은 두께 2~4 nm에 길이는 100 nm까지 크고 콜라겐 조직에 묻혀 있다. 조개를 만드는 물질인 진주층은 벽돌과 같이 서로 꽉 끼어 있는 판 모양 결정으로 이루어져 있다. 이 결정은

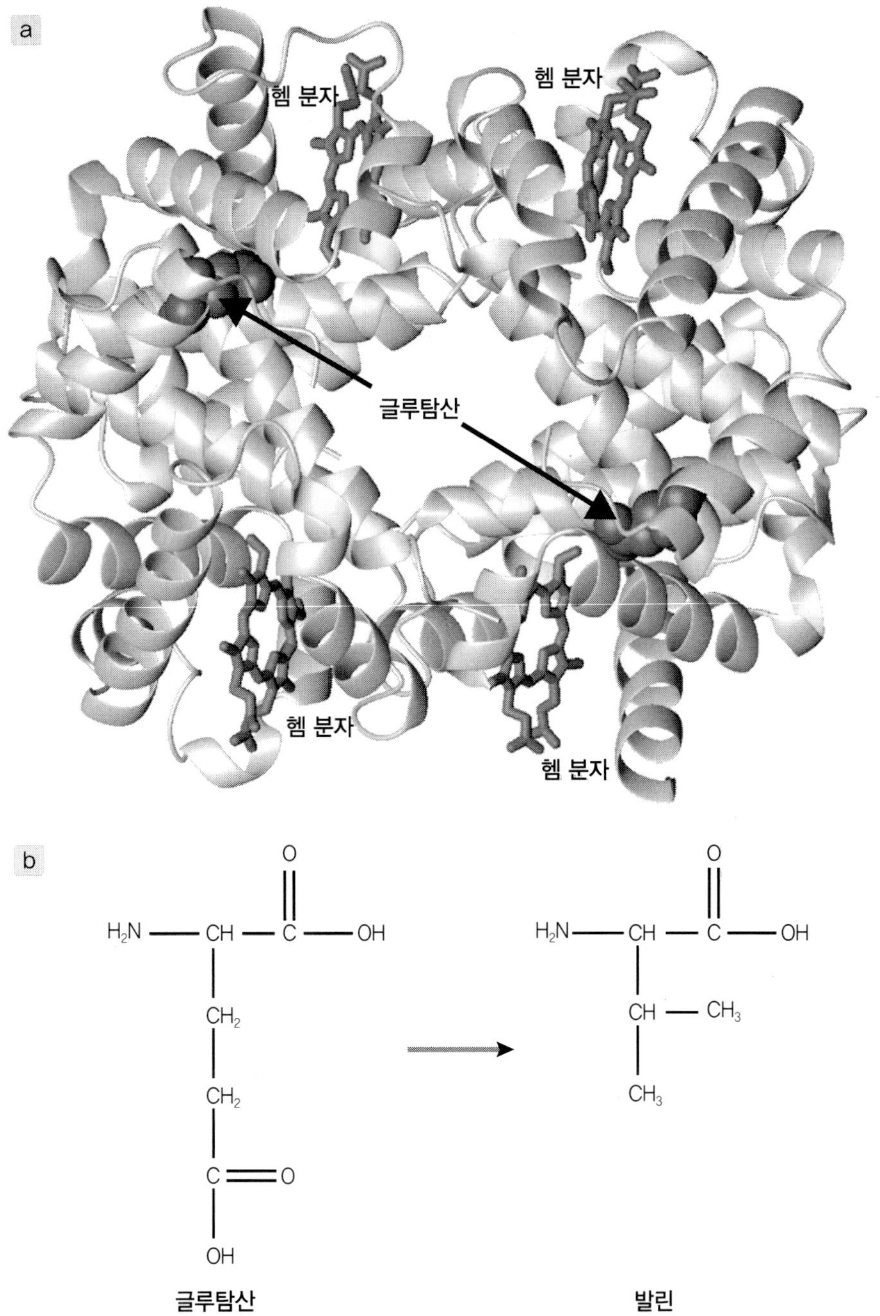

그림 1.6 (a) 네 개 헴 분자가 결합한 야생형 헤모글로빈의 펩타이드 골격 (b) 발린과 글루탐산의 구조와 구성 비교

출처 (a): 1gzx (the code for the structure of the molecule in the figure) is from RCSB Protein Data Bank; image created using MOLMOL (Koradi, Billeter, and Wüthrich, 1996).

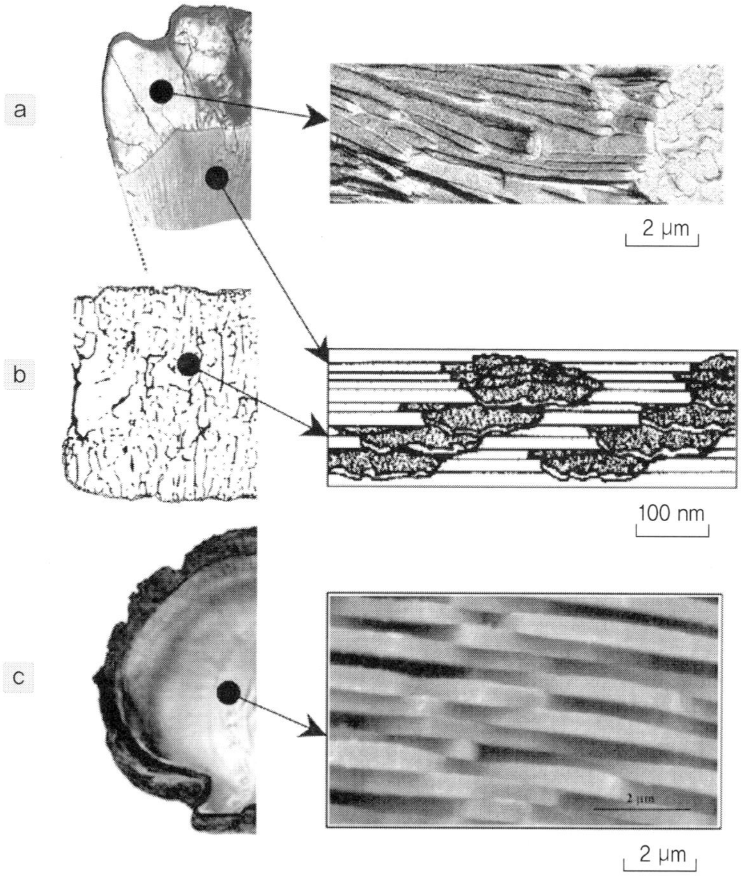

그림 1.7 생물체의 경조직에 대한 거시 규모와 나노 규모 구조의 이미지
(a) 치아 법랑질 (b) 상아질 또는 뼈 (c) 진주층(조개)

출처: Reprinted with permission from Gao, H., B. Ji, I. L. Jäger, E. Arzt, and P. Fratzel. 2003. *Proceedings of the National Academy of Sciences, USA* 100 (10): 5597–5600. Copyright 2003 National Academy of Sciences, U.S.A. PNAS is not responsible for the accuracy of this translation.

주로 200~500 nm 두께에 길이는 최대 수천 나노미터이다. 나노 규모 구조물은 구조적 결함에 대한 저항력을 가지고 있어서 최적의 길이를 유지할 수 있다(Gao et al., 2003). 과학자와 공학자는 나노 물질을 조작하고 제작하기 위한 더 나은 수단을 개발하므로, 나노 규모 빌딩 블록을 사용함으로써 이러한 구조적 장점을 활용할 수 있을 것이다.

수십억 년 동안 자연이 수행한 '연구'를 통해 세상을 형성하고 조절하는 매우 복잡한 자연계 물질, 시스템 및 과정은 지극히 넓은 범위에서 최적화되었다. 나노과학기술 연구의 주요 영역 중 하나는 생체모방기술을 포함하는데, 이는 자연계의 생물학적 물질의 모습을 모방하여 새로운 물질을 제작하고 설계하는 것과 관련이 있다. 자연계 물질은 몇 가지 이로운 점이 있다. 즉, 재생 가능한 자원으로 만들어지고, 우리 주변의 비슷한 온도와 물이 있는 환경에서 합성되며, 생물체에 의해 분해되어 지속가능성을 유지하는 데 큰 장점이 있다(Viney and Bell, 2004). 뼈(생광물화), 치아 법랑질, 거미줄의 실, 근육섬유는 최근에 집중적으로 연구되고 있는 몇 안 되는 예이다. 예를 들면, 고관절 대체 수술과 같은 의료 처치 방법에 대한 보다 영구적이고 더 나은 대안으로 과학자와 공학자는 뼈를 재건하거나 비계(scaffolding, 임시 구조물)로 제조된 물질을 사용하여 뼈와 비슷한 물질을 만들기 위해 노력하고 있다(Jones and Hench, 2003; Li, 2003).

나노 물질의 흥미로운 성질을 학생들이 이해하기 위해서는 나노 물질의 빌딩 블록(원자, 분자 그리고 나노 규모 구조물과 조립체)의 구조와 기능에 대한 깊은 이해가 선행되어야 한다.

7~12학년 교육과정과의 연계성

물질의 구조와 관련된 많은 내용이 현재 국가과학표준에 포함되어 있다. 이것은 나노 규모 물체와 물질들의 거동과 성질을 이해하는 데 중요한 토대가 된다. 나노 물질은 원자, 분자 또는 다른 나노 규모 물체로 이루어져 있고 따라서 같은 원리들이 많이 적용된다.

빌딩 블록과 최종 생성물(예 구조물, 물질, 조립체)의 기능과 구조 사이의 관계는 화학을 넘어 다른 학문으로 확대될 수 있다. 헤모글로빈의 예는 생물과 생화학 수업에서 학생들이 유전학과 단백질을 배울 때 적절하다. 계층적 구조에 대한 개념은 또한 여러 학문에 사용될 수 있다. 작고 정해진 수의 빌딩 블록은 단백질, RNA, DNA를 만들고, 이들은 다시 다양한 성분들과 조합하여 더 복잡한 구조를 형성해서 생명을 유지하는 기능을 수행하거나 조절한다. 계층적 구조를 포함하는 생광물화의 과정은 연구하는 현상에 따라 화학, 생물, 지질학, 공학과 관련되어 있다. 하나의 개념을 여러 현상에 적용하는 것은 학생들이 이해한 내용을 새로운 상황으로 넓혀나가면서 기본 원리를 이해하는 데 도움을 준다.

세 번째 빅 아이디어 – 힘과 상호작용

물체 간의 모든 상호작용은 여러 종류의 힘으로 기술되지만, 어느 힘이 더 영향이 큰지는 규모에 따라 달라진다. 나노 규모에서 지배적인 힘은 다양한 세기를 갖는 여러 종류의 전기적 힘이다.

힘과 상호작용에 관하여

다음의 네 가지 기본 힘으로 모든 상호작용을 설명한다: 중력, 전자기력, 강한 핵력, 약한 핵력. 거시 규모에서는 중력(질량을 가진 물체끼리 서로 잡아당기는 힘)이 지배적이다. 전기적 전하로부터 유도된 힘은 전자기력의 한 부분으로서, 일반적으로 나노 규모와 원자 규모에서 지배적이다. 화학 결합과 생체 분자 인식이 그 예이다. 원자핵이 서로 붙어 있을 수 있게 만드는 강한 핵력은 실제 원자보다 작은 규모($\sim 10^{-15}$ m 길이 규모)에서 영향력이 더 크다. 약한 핵력도 베타붕괴나 핵반응처럼 원자보다 작은 규모에서 일어나는 현상과 관련된다.

연속분포의 전기적 힘

나노 규모나 원자 규모에서 작은 물체(예 원자, 분자, 나노입자 등)는 다양한 방식으로 상호작용하는데, 이들 사이에는 전기적인 힘이 지배적이다. 이러한 전기적 힘은 나노 규모, 원자 규모 물체 사이에서 나타나는 상호작용을 설명하는 수많은 힘을 만들고, 그 힘의 세기는 관련된 개체에 의존한다. 알짜 인력은 구성 성분들을 당기고 붙들어서 안정한 화합물을 형성한다.

정전기적 인력이라고 불리는 이러한 전기적인 힘은 대부분 정전하 사이에 발생하며, 그 크기는 쿨롱의 법칙으로 설명된다. 정전기적 인력은 몇 가지 유형이 있다. 이

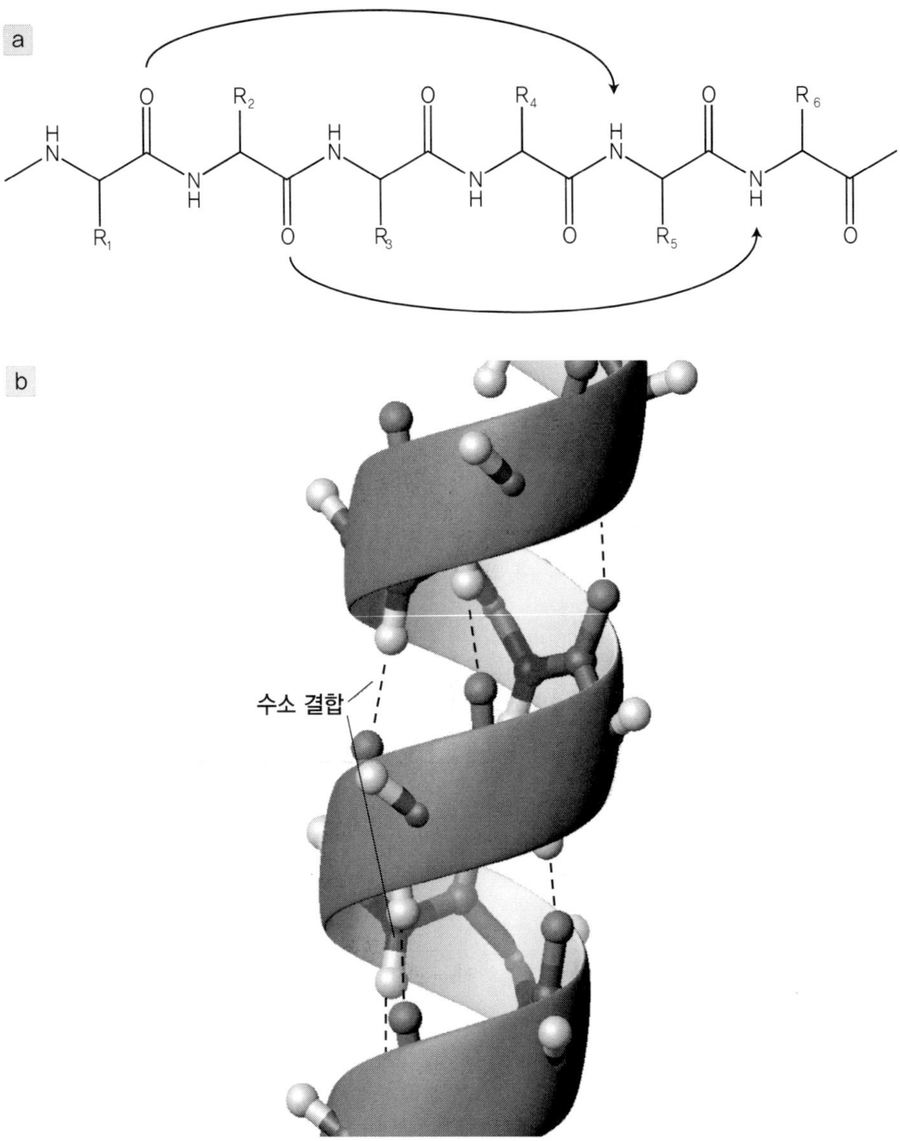

그림 1.8 (a) *i*번과 *i*+4번의 아미노산 간의 수소 결합 형태는 알파나선 폴리펩타이드를 안정화한다. R은 아미노산을 의미한다. (b) 알파 나선을 나타낸 그림. 점선은 수소 결합을 나타낸다.

출처: This image was created using MOLMOL (Koradi, Billeter, and Wüthrich, 1996).

온 간 상호작용은 정수의 전하를 갖는 이온 사이에 발생한다. 이 상호작용은 염을 구성하는 이온들 사이의 상호작용(즉, 이온 결합)에서 가장 흔히 나타난다. 다른 예로는 주로 '염다리'라 불리는 생분자들 사이에 또는 내부에 존재하는 전하를 띤 아미노산 사이의 상호작용을 들 수 있다. 쌍극자-쌍극자 상호작용은 분자 안에서 양전하와 음전하가 불균등하게 분포하여 생긴 부분 전하들 사이에 생기는 것으로, 이온 간 상호작용보다 약하다. 수소 결합은 쌍극자-쌍극자 상호작용의 한 유형으로 전기 음성도가 높은 원자(일반적으로 산소, 질소, 플루오르)에 붙은 수소 원자와 고립전자쌍을 가진 음전하의 원자 사이에 발생한다.

수소 결합은 주로 분자 간의 힘으로 묘사하는데, 생체 분자와 같은 큰 분자 내부에서도 중요한 구조적 역할을 한다. 예를 들면, 단백질은 알파 나선형과 베타 병풍형으로 알려진 아미노산 사슬로 구성되어 있다. 알파 나선은 이름이 나타내는 것처럼 나선형 아미노산 사슬로 구성되는데, 〈그림 1.8〉에서 볼 수 있듯이 이 사슬은 i 번째 아미노산의 카르보닐기(C=O)와 사슬을 따라 아미노산 4개가 떨어져 있는 아미드(i+4)의 수소 원자(NH) 사이의 수소 결합으로 안정화된다. 베타 병풍 구조는 〈그림 1.9〉에 나타낸 것처럼 수소 결합으로 함께 붙어있는 아미노산으로 길게 확장된 줄기로 이루어져 있다. DNA와 RNA 염기쌍 사이의 수소 결합은 이중 나선 구조를 유지하는 데 중요하다.

공유 결합은 두 원자 간 발생하는 인력과 반발력이 균형을 이룰 때 하나 이상의 전자쌍을 공유하는 것이다. 이러한 상호작용은 전기 음성도가 비슷한 비금속 사이

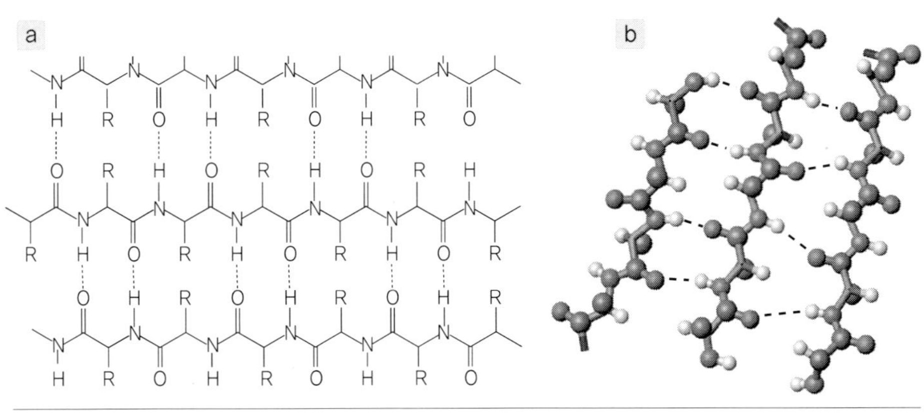

그림 1.9 (a) 수소 결합으로 베타 병풍 구조가 역평행 형태로 안정화된다. (b) 역평행 베타 병풍 구조의 다른 그림. 점선이 수소 결합을 나타낸다.

출처: This image was created using MOLMOL (Koradi,Billeter, and Wüthrich, 1996).

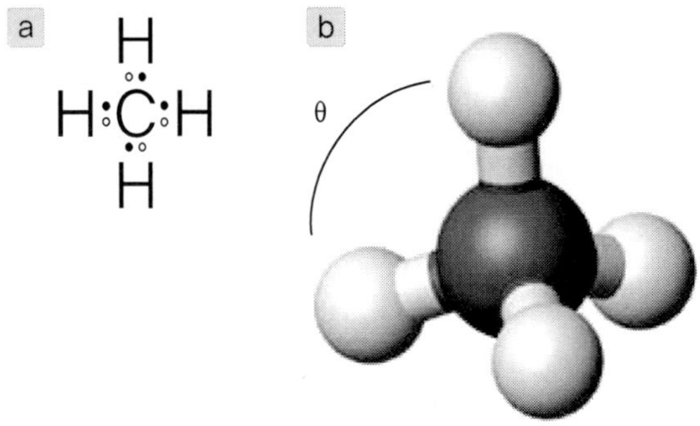

그림 1.10 (a) 메탄 분자의 루이스 전자점식은 탄소 원자와 수소 원자 사이에 공유하고 있는 전자를 나타낸다. 흰 점은 수소 원자가 제공한 전자를, 검은 점은 탄소 원자가 제공한 전자를 나타낸다. (b) 메탄의 수소 원자 간 거리는 정사면체 배열에서 최대가 된다.

에 상호작용을 표현할 때 주로 쓰인다. 공유 결합의 세기는 원자 간 상호작용의 각도와 원자 간 거리에 의존한다. 예를 들면, 메탄은 수소 원자 간 거리가 최대가 되도록 정사면체를 이룬다(〈그림 1.10〉).

공유 결합과 관련된 상호작용 유형으로 〈그림 1.11〉과 같이 공유된 전자쌍이 하나의 원자에서 온 배위 결합이 있다. 배위 결합은 전이 금속과 비금속 사이에 주로 발생한다. 미네랄을 포함한 수많은 물질에서 이러한 유형의 상호작용이 관여한다.

정전기적 힘에 의한 상호작용과는 대조적으로 전자의 동적인 움직임을 포함하는 상호작용이 있다. 원자(또는 분자) 내 전자가 부분적으로 이동하면 부분 전하(즉, 유발 쌍극자)가 발생한다. 유발 쌍극자는 중성의 무극성 원자가 극성물질이나 전기장에 근접할 때 만들어진다(〈그림 1.12〉). London 분산력은 두 개 이상의 유발 쌍극

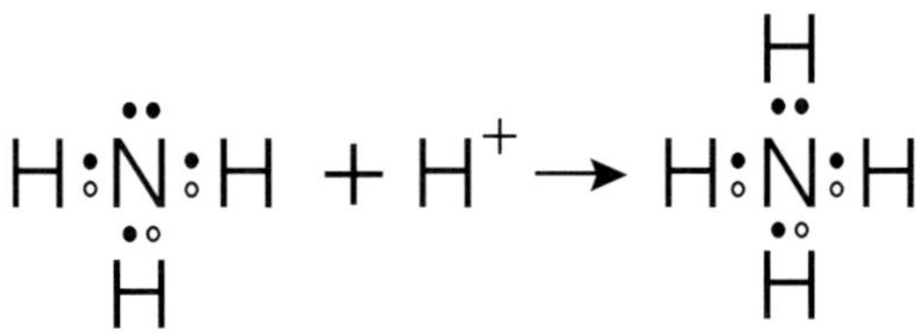

그림 1.11 배위 결합의 예

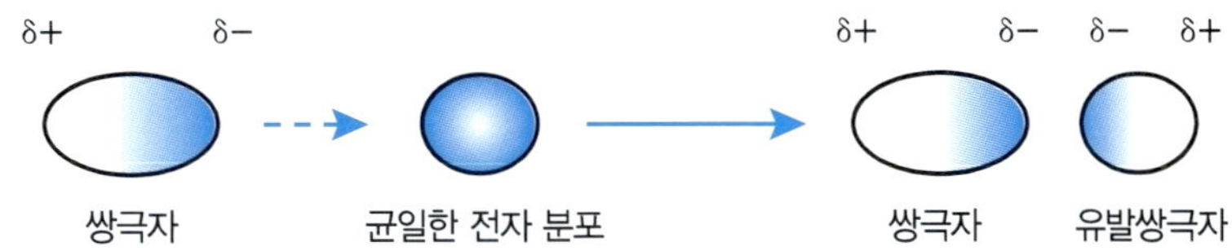

그림 1.12 쌍극자-유발 쌍극자 간 상호작용. δ+/δ−은 부분 양전하와 부분 음전하를 나타낸다. (0< δ+ <1; −1< δ− <0)

자를 포함하는데[7], 유발 쌍극자는 중성 원자 또는 분자의 전자가 순간적으로 이동하여 생긴다. 정전기적 인력과 마찬가지로, 상호작용의 세기는 거리에 의존하고, 원자가 서로 분리됨에 따라 더 빠르게 감소한다(r^6에 반비례). London 분산력은 주로 분자 간에 고려되지만, 분자 내에서도 작용한다.

공유 결합에서 보듯이 전자가 하나의 원자에 속하지 않고 비편재화되어 있는 것은 전자가 움직이고 있어 나타나는 성질의 다른 예이다. 예를 들면, 금속 결합에서 전자는 원자 결정 사이에서 전자가 비편재화되고 공유되는데 그것은 일부 금속성의 원인이 된다. 금속 원자들은 양전하를 띤 금속이온과 비편재화된 전자들 사이의 정전기적 인력에 의해 결합하여 있다. 방향족 화합물도 비편재화된 전자를 포함한다.

힘의 분류는 원자, 분자, 나노 규모에서 상호작용을 중재하는 전자의 행동 범위를 나타내는 데 도움이 되지만, 이러한 힘은 순수한 형태로는 거의 존재하지 않는다. 그 대신, 수많은 힘 속에서 기준이 되어 힘의 세기와 특성을 정의할 수 있다.

상호작용의 특이성

전기적 힘은 원자와 분자 간 상호작용에도 중요하지만, 나노 규모 구조물과 조립체 사이의 상호작용에도 지배적인 역할을 한다. 예를 들면, 전기적 힘은 나노 규모의 생체 분자 사이의 상호작용을 결정한다. 여러 종류의 전기적 힘이 다양하게 조

7 런던 분산력과 유발 쌍극자 간 힘은 종종 판데르발스 힘으로 묶이지만, 정의에 의하면 판데르발스 힘은 쌍극자-쌍극자 상호작용(그리고 수소 결합) 또한 포함한다. 혼란을 피하고자 가능하면 각각의 상호작용을 따로 명시하였다.

합하여 분자들 간 상호작용의 세기와 결합의 특이성을 조절하고, 그렇게 하여 생명을 유지하는 생물학적 과정을 정교하게 통제한다. 예를 들면, 복제가 일어나는 과정에서 단일사슬 DNA 결합 단백질(single-stranded DNA binding protein, SSBP)은 이중나선이 분리되도록 하여 DNA 중합효소가 상보적 사슬을 만들 수 있게 한다. 이 기능을 하기 위해 이 단백질은 DNA의 어떠한 배열에도 결합할 수 있어야 한다. 이런 결합은 단백질이 이온 결합을 통해 음전하를 띤 DNA의 인산 골격에만 결합함으로써 이루어진다. 이 상호작용의 세기는 DNA 사슬의 어느 지점에 결합하는지와 무관하게 일정하다(Kowalczykowski, Bear, & von Hippel, 1981). 반대로 유전자 발현을 조절하는 DNA-결합 단백질은 인산 골격에 대한 이온 상호작용과 DNA 염기의 수소결합(쌍극자-쌍극자 상호작용)의 독특한 네트워크를 통해서 DNA 이중사슬에 결합한다. 이러한 유형의 DNA-결합 단백질과 DNA 사이의 상호작용은 매우 선택적이다. 이 단백질과 DNA 사슬의 특정 염기쌍 조합과의 상호작용의 세기는 이중 나선에서 다른 어느 지점의 상호작용보다 최소 1,000배 이상 강하다. 그러므로 단백질과 DNA 사이의 상호작용 본성은 상호작용하는 실체에 따라 다르다.

상호작용의 세기

두 성분 간 상호작용에는 많은 요인이 작용한다. 예를 들면, 극성 용매(예 물)는 전기적 상호작용을 약하게 할 것이다. 마찬가지로 용매 속에 이온이 있으면 정전기적 힘으로 상호작용하는 두 실체 사이의 친화력에 영향을 미칠 것이다. 상대적인 농도와 온도는 실체들이 상호작용하여 화합물을 형성하는 데 영향을 미칠 것이다.

화학 결합에 관여하는 동일한 전기적 힘과 원리, 즉, 나노, 분자, 원자 규모에서의 생체 분자 인식 및 모든 상호작용은 나노 물질의 설계, 제작, 조작에 중요한 요소이다(예 〈자기 조립〉 참조). 그러므로 나노 규모에 존재하는 자연 및 인공 물질의 거동과 기능을 예측하고 이해하기 위해서는 이러한 상호작용의 원리를 이해해야 한다.

왜 이것이 빅 아이디어인가?

나노 기술은 나노 규모에서 물질의 독특한 상호작용을 연구해 새로운 기능을 가진 구조물과 물질을 만드는 것이다. 새로운 물질을 설계하고 만드는 데 있어서 어떻게 서로 붙는지를 포함하여 어떻게 구성되는지를 이해하는 일은 매우 중요하다. 그러므로 나노 규모 조립체와 물질을 만드는 원자, 분자, 그리고 나노 규모 구조물 사이의 상호작용을 지배하는 전기적인 힘을 이해해야 할 필요가 있다.

어떠한 상호작용을 조정하는 지배적인 힘은 대체로 규모에 의해 결정되기 때문에, 같은 힘들이 다양한 물질 간 상호작용을 지배한다. 원자를 결합하여 분자를 만드는 전기적인 힘은 자연 또는 인공의 나노 물체 사이의 상호작용에도 관계된다. DNA, 단백질, 리보솜 등 생분자와 분자 기계는 자연에 존재하는 나노 규모 물체에 해당한다. 이 분자들은 생명을 유지하는 생물학적 과정(예 DNA 복제, 단백질 합성)을 수행하고 조절하기 때문에 생분자 사이의 상호작용 세기와 특이성은 매우 중요하다. 마찬가지로 나노 규모에서의 상호작용은 지구 전체 시스템에서 중요한 역할을 한다. 물질을 만들고 파괴하는 과정이 종종 나노 규모에서 일어나기 때문이다(Hochella, 2002). 예를 들어, 미생물에 의해서 광물이 만들어지기도 하는데, 이때 미생물과 미네랄 표면 사이 전기적 힘이 광물을 구성하는 물질의 용해와 석출 등 광물화 작용을 조절한다(Hochella, 2002).

전기적 힘에 의한 상호작용은 너무 작아 보이지 않는 규모에서 일어나지만, 이러한 상호작용이 미치는 효과는 거시적 규모에서도 쉽게 감지되곤 한다. 가장 익숙한 예 중 하나로 풍선을 카펫에 문지르면 풍선이 천장에 달라붙는 현상(정전기적 힘)을 들 수 있다. 또 다른 예로 밀가루와 고운 입자의 설탕이 알갱이 형태의 설탕보다 플라스틱 계량컵에 더 잘 달라붙는 현상을 들 수 있는데, 이는 가루 물질과 컵 표면 사이 전기적 인력이 중력보다 더 크게 작용하기 때문이다(전기역학과 정전기적 힘). 비누는 기름기 있는 물질을 씻어내고(친수성/소수성), 물은 끈적거리거나 당분이 있는 것들을 씻어 버린다(수소 결합). 우리의 촉감은 다양한 전기적 힘들의 결과이다. 전기적 힘은 우리 주변 세계의 무수한 현상을 설명하는 데 결정적으로 중요하다.

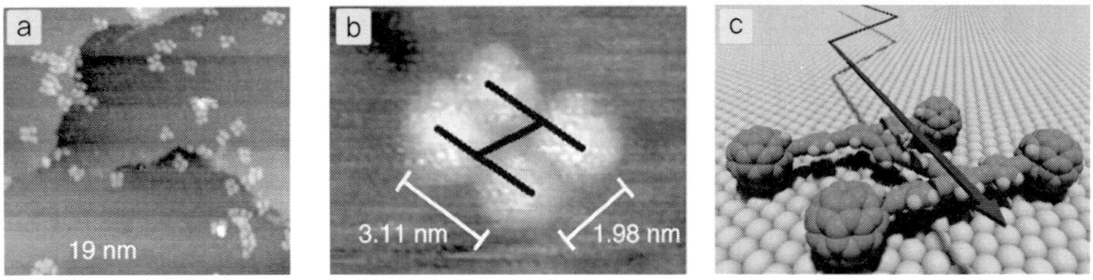

그림 1.13 금 원자 표면 위에 있는 나노자동차
(a) 금표면 위 나노자동차의 STM 이미지 (b) 눈금자와 함께 나타낸 나노자동차 한 개의 STM 이미지 (c) 나노자동차의 분자구조 표상

출처: Nano Lett. 2005, 5, 11, 2330–2334, Copyright © 2005 American Chemical Society.

전기적 힘은 나노 규모 구조물과 조립체의 제작을 넘어서도 강력한 영향을 미친다. 나노 물질은 한 번 만들어지면 조절하고 조작하기가 어렵다. 한 가지 예로, 바퀴를 버키볼(C_{60})로 제작한 나노 규모의 '나노자동차'가 있다(〈그림 1.13〉). 상온에서는 바퀴와 표면 사이 전기적 힘이 매우 강한 탓에 나노자동차가 표면에 들러붙어 있다. 그러나 200 ℃가 되면 자동차는 자유로워져서 표면 위를 굴러다닐 수 있다. 그러므로 두 물체 표면 사이에서 일어나는 전기적 힘을 이해하고 제어하는 것은 나노 규모 구조물을 만들 때뿐만 아니라 최종 생성물의 유용성을 결정하는 데에도 매우 중요하다.

전기적 힘은 모든 자연 생태계에서 나노 규모와 원자 규모의 상호작용에 매우 중대한 역할을 한다. 나노 기술의 목적은 물질을 제어하는 것이므로 과학자와 공학자는 공정설계, 제작, 특성 분석, 가공, 조작 등 이러한 과정의 모든 측면에서 전기적 힘을 고려해야 한다.

7~12학년 교육과정과의 연계성

전형적인 고등학교 화학 과정에서는 분자를 유지하는 원자들 사이의 결합을 소개한다. 화학 결합은 결합에 참여하는 원자의 전자를 통해 이루어지지만 전기적 힘과는 거의 동일시되지 않는다. 그뿐만 아니라, 결합을 상호작용의 여러 범주(이온 간,

쌍극자-쌍극자, 유발 쌍극자, 공유)로 나누어 표현하는데, 이때 전기 음성도 차이와 같은 알고리즘이나 옥텟 규칙과 같은 규칙들을 활용하여 학생들이 상호작용을 범주화할 수 있도록 도움을 준다. 이러한 알고리즘이 유용하긴 하지만, 전기적 힘을 분절적인 범주로 분리하여 보는 것은 현상을 개념적으로 이해하는 데 방해가 된다(Levy Nahum et al., 2007). 옥텟 규칙과 루이스점 구조식, 그리고 다른 표상들은 원자가 어떻게 상호작용하는지 설명하기 위해 필요한 모델이며, 주어진 어떤 현상의 일부만을 강조한다는 점을 학생들에게 상기시켜야 한다. 단순히 모델과 범주에 의존하면 화학 결합과 관련된 전기적 힘을 나노 규모에서 일어나는 상호작용을 포함한 다른 넓은 범위의 상호작용과 연결하기 어려워진다.

> 때로 두 원자 사이의 결합은 매우 생생하고, 만져질 것 같으며, 친숙해서 마치 결합을 거의 볼 수 있을 것만 같다. 그러면 나는 쇼크로 정신이 번쩍 드는데, 화학 결합은 실제가 아니기 때문이다. 그것은 실제로 존재하지 않는다. 우리의 상상에 의한 허구일 뿐이다.
>
> -Charles A. Coulson, 1995

화학 결합과 전기적 힘의 연결은 전기적 힘이 나노 규모와 원자 규모에서 동일하게 지배적 역할을 하며 그 힘은 비단 화학 결합뿐 아니라 자연이 만든 나노구조물(단백질, DNA) 또는 제작된 나노구조물(나노튜브)들 사이의 상호작용도 포함한다는 사실을 이해하는 데 도움이 된다. 이러한 접근이 전통적인 과학 수업을 통해 교과 간에 생긴 인위적인 장벽을 없앨 수 있을 것이다. 그뿐만 아니라, 교육과정은 인식의 기본적인 결정요인으로 모양을 제시하는 경향이 있다. 모양이 중요한 역할을 하긴 하지만, 상호작용을 제어하는 전기적 힘을 조정하는 것은 상보적인 모양이다. 인식의 주요 결정요인으로 화학 결합이나 모양에 집중하는 대신에 전기적 힘에 집중하면 현상에 대한 교과-특이적 설명을 덜 주목하게 된다. 특히 전기적 힘에 대한 개념은 학생들이 나노, 원자 규모에서 상호작용을 더 폭넓게 이해할 수 있도록 도와준다.

네 번째 빅 아이디어 – 양자 효과

> 시스템의 규모와 조건에 따라 여러 가지 모델로 물질의 행동을 잘 설명하고 예측할 수 있다. 특히, 물체의 크기와 질량이 나노 규모를 거쳐 점점 작아지면 양자 효과가 더 중요해진다.

양자 효과에 대하여

터널링이나 양자점과 같은 많은 나노 규모 현상을 근본적으로 이해하기 위해 양자 역학을 깊게 파고들 필요는 없다. 비전문가는 기본적인 양자 역학 개념에 대해 일반적이고 정성적인 수준으로 이해하면 된다.

- 모든 물질은 파동성과 입자성을 동시에 나타낸다. 이는 입자의 운동량과 위치를 동시에 정할 수 없음을 의미한다.
- 불연속적이고 분절된 크기의 에너지만이 원자, 분자, 양자점 등의 시스템에 드나들 수 있다. 즉, 에너지는 양자화되어 있다. 이것은 원자와 원자보다 작은 시스템에서뿐만 아니라 많은 나노 규모 시스템에서도 적용되는 사실이다.
- 파동-입자 이중성으로 인해 어떤 규모(원자, 아원자, 나노 규모)에서 물질에 어떤 일이 일어났으며 또 일어날 것인지를 정확하게 예측할 수 없다. 단지 특정 결과에 대한 가능성만 측정할 수 있다. 이는 원자, 화학 결합, 분자 간 상호작용에서 전자 거동이 갖는 의의를 나타낸다.
- 비전문가를 위해 파울리 배타원리를 간략하게 표현하자면, 같은 시스템(원자) 내에서 두 전자가 완전히 똑같은 양자 상태에 존재할 수 없다는 것이다. 이는 주기율표에서 관찰되는 전자 배치 및 그 경향성과 관련이 있다.

많은 교육자는 양자 역학에 대한 개념이 중등 과학교육과정에 소개되어야 하는지에 대해 회의적이다. 하지만 학생들이 갖추어야 할 과학적 소양을 정하기 위해 설계된 국가과학표준에 위 개념 중 최소한 몇 가지는 포함되어 있다(AAAS, 1993; NRC, 1996). 더불어, 전부는 아니지만 이러한 개념 대부분이 전통적인 고등학교 과학 과정에 포함되어 있다. K-12 나노과학기술 교육에 대한 국가 워크숍 참가자에게 투표를 실시한 결과 거의 만장일치로 고등학교 수준에서 양자 역학이 포함되는 것에 찬성했다(워크숍에 대한 더 많은 정보는 부록 A와 서론을 참조). 그러므로 양자 역학을 나노과학기술의 빅 아이디어 중 하나로 포함할 것이다. 양자 역학을 중등학교 교실에 가져오는 것에 대한 도전과 전략은 8장에서 논의한다.

고전 역학은 뉴턴의 운동 법칙을 토대로 한다. 이 모델은 단세포 유기체의 행동에서부터 총알의 비행까지, 자동차의 움직임에서부터 행성의 운동까지 모든 규모에서 일어나는 일련의 현상에 대한 운동을 나타내는 데 사용된다. 그러나 덩어리 규모(마이크로, 마크로)에서 원자 규모로 물질이 작아지면 고전 역학으로는 물질의 거동을 설명할 수 없다. 이 지점에서 터널링이나 타는 물질의 색깔/스펙트럼 등의 현상을 설명하기 위해서는 양자 역학을 사용해야 한다.

고전 역학에서 양자 역학의 지배를 받기 시작하는 크기 지점을 정확하게 지정하는 것은 어렵다. 그 크기는 상대적이라 물체나 시스템에 따라 또 관찰하는 물질의 거동에 따라 달라진다. 물체를 관찰하기 위해서는 물체와 측정 장치와의 상호작용이 필요하기 때문이다. 물체의 관찰과 측정으로 생기는 간섭이 무시할 수 있는 수준이라면 물체는 '크다'라고 간주할 수 있고, 물체의 행동을 묘사하는 데 고전 역학이 사용될 수 있다. 그러나 측정과 관찰에 의한 간섭이 중요해지면 물체의 크기는 '작고' 다른 모델, 즉 양자 역학이 적용되어야 한다.

베르너 하이젠베르크(Werner Heisenberg, 1958)는 이와 관련된 사고실험을 사용해서 불확정성에 대한 개념을 발전시켰다. 그의 실험은 전자 경로의 측정에 현미경을 사용했다. 광학 현미경 해상도의 한계는 입사광 파장의 대략 1/2이다. 그러므로 관찰된 물체의 위치에 대해 불확실한 정도는 입사광의 파장과 비례한다. 전자만큼 작은 입자의 위치를 추적할 정도로 해상도를 증가시키려면 (또는 불확실한 정도를 최소화하려면) 더 짧은 파장(더 높은 주파수)을 가진 입사광(예 감마선)이 탐침으로 사용되어야 한다. 그러나 전자를 감지하기 위해서는 감마선 광자가 전자에 부딪혀야 한다. 광자가 전자에 부딪히면 전자에 운동량이 전달된다. 이는 측정하는 그 물체, 즉 전자를 변화시킨다. 다른 말로 표현하면, 위치를 측정하는 행동이 측정하려는 대상의 운동량을 변화시키는 것이다.

입사광자의 파장이 작을수록 좀 더 명확하게 전자의 위치를 결정할 수 있다. 그러나 광자의 파장이 작을수록 광자는 더 큰 운동량을 가지고, 이는 충돌 후 전자의 운동량을 더 크게 변화시킬 것이다. 그러므로 전자의 위치를 더 정확하게 알 수 있더라도 전자의 운동량에 대한 불확실한 정도는 더 커지고, 전자의 정확한 위치와 운동량을 동시에 결정할 수 없다. 이 개념을 하이젠베르크의 불확정성 원리라고 하며 〈식 1.1〉로 나타낼 수 있다. x는 위치, p는 운동량, h는 플랑크 상수를 나타낸다. 아인슈타인은 최초로 광자를 통해 이 관계를 나타내었다.

$$\Delta x \, \Delta p \geq h$$

식 1.1 하이젠베르크의 불확정성 원리

위치와 운동량에 관한 불확정성 관계 외에 몇 가지 다른 불확정성 관계가 있는데, 이는 동시에 정확히 측정할 수 없는 물리량의 상보적 짝들(예 에너지와 시간) 사이의 관계를 설명한다. 이 경우, 한 가지가 좀 더 정확하게 측정되면 나머지는 필연적으로 덜 명확해진다. 그러므로 물질의 행동을 정확하게 예상하는 것은 불가능하다. 그저 어떤 일이 일어날 가능성만 계산할 수 있을 뿐이다. 이러한 깨달음은 과학과 자연에 대한 우리의 사고방식을 아래에 나타낸 파인만과 하이젠베르크처럼 변화시켰다.

> 과거에 철학자들은 과학의 근본적인 필수요건 중 하나는 당신이 동일한 조건을 설정할 때마다 동일한 사건이 일어나야 하는 것이라고 말했다. 그러나 이것은 사실이 아니며 과학의 기본조건도 아니다.
>
> –Feynman, 1996, p. 35

> 우리가 원자 수준에서 일어나는 사건을 묘사하고 싶다면, 우리는 '발생한다'라는 단어가 두 관찰 사이의 상태에는 적용되지 못하고 해당 관측에만 적용될 수 있다는 사실을 깨달아야 한다.
>
> –Heisenberg, 1958

> 그렇다! 물리학은 포기했다. 우리는 주어진 상황에서 일어날 일을 예측하는 방법을 모르고, 지금은 그것이 불가능하며, 예측할 수 있는 것이라곤 오직 발생할 수 있는 사건들의 가능성뿐이라고 믿는다. 이것은 자연에 대해 우리가 기존에 품었던 생각을 축소하는 것임을 인식해야 한다. 후퇴일지도 모르지만, 이것을 피할 방법을 보여준 사람은 아무도 없다.
>
> -Feynman, 1996, p.135

하이젠베르크의 불확정성 원리는 파동성과 입자성을 동시에 가지는 물질에 대한 중요한 결과이다. 모든 사물은 관찰 방법에 따라 파동성 또는 입자성을 나타낸다. 뉴턴 이후 과학자들은 빛이 파동인지 입자인지에 관한 논쟁을 이어왔다. 흑체 복사에 관한 아인슈타인의 연구는 빛이 입자성과 파동성을 동시에 가진다는 것을 보여주었다. 그보다 몇 년 전, 톰슨(J. J. Thomson)은 음극선 연구로 전자의 입자성에 대한 실험적 증거를 제시했다. 우선 그는 음극에서 나온 광선을 음전하 띤 입자 또는 전자로 된 줄(beam)이라고 설정했다. 그리고 이 전자 줄의 방향을 바꾸는 자기장의 양을 측정하여 음전하를 띤 입자의 질량-대-전하 비율을 구했다. 그는 이 비율이 음극으로 사용한 물질과 무관하게 일정하다는 사실을 발견했고, 이로부터 전자는 입자성을 띠고 있다고 해석했다.

빛이 입자와 파동 모두로 행동한다는 사실을 알게 된 후, 물질 또한 이중적 행동을 보이느냐가 연구의 중심이 되었다. 루이스 드브로이(Louis de Broglie)는 〈식 1.2〉와 같은 관계로 파동성을 가지는 물질을 예상했다. 그의 이론에 의하면 입자의 운동량(p)은 입자의 파동(λ)에 역으로 비례하고, h는 플랑크 상수이다. 1927년에 독립적인 두 그룹은 전자의 광선이 회절 패턴을 만든다는 것을 보여줌으로써 전자의 파동성을 보여주었다. 이는 물질의 입자성과 파동성을 동시에 보여줄 수 있는 증거가 된다.

$$\lambda = h/p$$

식 1.2 드브로이 관계식

야구공과 같은 거시적 물체도 파동성을 나타내지만, 드브로이 파장은 너무나 작아서 우리가 관찰할 수 있는 것은 야구공의 평균 위치뿐이다. 거시적 규모에서는 현상을 설명할 때 파동성이 중요하지 않다. 하지만 나노, 원자, 원자보다 작은 규모와 같이 더 작은 규모에서 파장은 물체의 크기에 상응하는 크기이므로 파동성이 더 중요해진다.

라틴어 '**quantum**'은 양을 의미한다. 양자물리학(quantum physics)에서 불연속적이고 분절된 크기의 에너지만이 시스템에 드나들 수 있다. 이러한 양은 $h\nu$의 배수인데, h는 플랑크 상수이고 ν는 방출된 빛의 진동수이다. 이 양은 너무 작아서 거시적 물체에 있어서는 허용된 에너지 변화가 연속적으로 나타난다. 그러나 더 작은 규모에서라면 양자화는 더욱 중요해진다. 금속에 자외선을 쬐어주었을 때 생성되는 전자(광전효과)는 에너지가 양자화되어 있다는 실험적인 증거가 된다. 전자는 쪼여준 빛의 진동수가 어느 크기 이상에 도달하지 않으면 금속에서 튀어나오지 않는데, 이것은 입사광의 세기와는 무관하다. 마찬가지로, 튀어나온 전자의 운동에너지는 입사광의 진동수와 직접 비례하고 세기와는 무관하다. 에너지 상태가 들뜬 수소 원자의 방출 스펙트럼 또한 에너지 양자화의 실험적 증거가 된다.

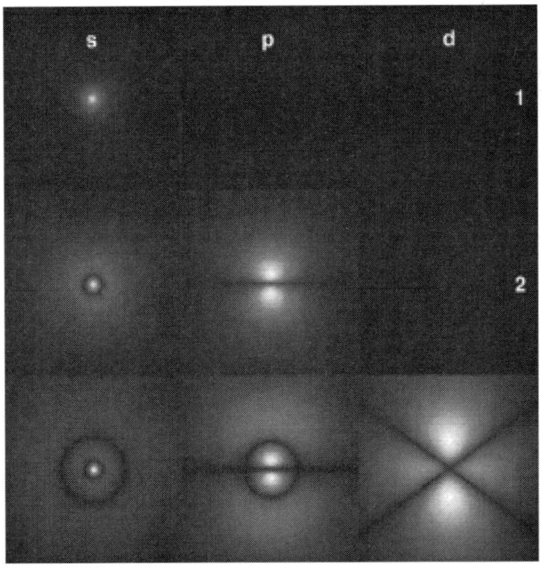

그림 1.14 수소 원자의 확률 분포도

출처: Image downloaded from Wiki Commons courtesy of GNU Free Documentation License, Version 1.2.

입자의 양자 상태는 네 가지 양자수[8]로 정의된다. 전자를 예로 들어 보자. 양자수 n은 전자의 에너지 상태를 나타낸다. 전자의 경우, 이것은 원자 내 전자가 위치한 에너지 준위로 정의한다. 다른 표현으로 에너지 준위의 에너지는 $h\nu$의 배수로 나타내는데, 예를 들면 $E=nh\nu$와 같다.

두 번째 양자수인 오비탈 각운동량 l은 오비탈과 관련이 있는데, 이는 각 에너지 준위 안에 존재하는 부껍질을 나타낸다. 고전 역학 모델에서 물체는 임의의 각운동량을 가지고 회전할 수 있다. 그러나 양자 역학에 의하면 각운동량은 양자화되어 있어서 특정 값만 허용된다. 〈그림 1.14〉는 수소 원자의 전자 밀도 확률을 나타낸다. 전자에서 s-오비탈은 원자핵을 중심으로 구형 확률분포를 나타내고 양자수 $l=0$이다. p-오비탈은 각운동량으로 표현되는 두 개의 공 모양 확률분포를 나타내고 양자수 $l=1$이다(〈표 1.5〉).

자기양자수 m은 각 부껍질 안에서 가능한 에너지 준위를 나타낸다. 예를 들어, s-오비탈에서 $m=0$으로 각 에너지 준위에서 s-오비탈은 한 가지 상태만 있음을 의미한다. p-오비탈에서 $m=-1, 0, 1$으로 세 가지 다른 상태(예를 들면, p_x, p_y, p_z)가 있다. 〈표 1.5〉는 각운동량과 자기양자수 사이의 관계를 보여준다. 마지막 양자수 s는 스핀 양자수이다. l이 전자의 오비탈 운동에 따른 각운동량을 정의하는 반면, s는 전자가 핵 주위를 도는 움직임과 관계없는 각운동량을 정의한다. 스핀은 "입자에 내

표 1.5 오비탈 각운동량과 자기양자수 사이의 관계

오비탈(부껍질)	오비탈 각운동량(l)	자기양자수(m)
s	0	0
p	1	−1, 0, +1
d	2	−2, −1, 0, +1, +2
f	3	−3, −2, −1, 0, +1, +2, +3
g	4	−4, −3, −2, −1, 0, +1, +2, +3, +4

8 양자수는 입자의 양자 에너지 상태를 나타내는 숫자로 주 양자수, 부 양자수, 자기 양자수, 스핀 양자수가 있다.

재된 고유한, 그 입자만의 특유한 성질로서, 제거할 수 없는 각운동량이다(Atkins, 1991, p.223)." 스핀은 전자의 정지 질량, 또는 전하가 같은 전자에 내재된 고유한 성질이다. 전자의 s값은 +1/2 또는 -1/2이다.

많은 전자를 포함하는 원자를 표현하기 위해 오비탈 근사법이 사용된다. 파울리(Pauli)의 배타 원리[9]에 따르면 같은 시스템 안의 두 전자는 같은 상태(예 4개 양자수 집합이 같은 것)에 존재할 수 없다. 전자의 스핀이 +1/2 또는 -1/2을 가지므로 단지 두 개의 전자만이 같은 오비탈을 차지할 수 있다(전자 하나는 +1/2, 다른 하나는 -1/2의 스핀을 가짐). 이러한 전자들은 쌍을 이루게 된다. 전자가 더 있으면 더 높은 에너지의 오비탈에 있어야 한다. 이것은 원자의 구조와 분자 결합에 엄청난 영향력을 가진다. 파울리는 이 이론을 원소의 주기성을 설명하기 위해 발달시켰다.

왜 이것이 빅 아이디어인가?

양자 효과는 나노과학기술의 모든 측면에서 매우 중요한 역할을 한다. 고전 역학은 나노 규모에서 물질의 행동을 정확하게 예측하거나 설명할 수 없다. 따라서 나노기술로 탐구하는 물질들의 새로운 성질을 설명하기 위해서는 양자 역학을 적용해야 한다. 게다가 나노세계를 탐험할 수 있는 일부 도구들은 그 기능을 설명하기 위해 양자 역학이 필요하다.

에너지 상태의 양자화는 많은 나노 물질에서 분명하게 나타나고 있으며, 이는 물질의 물리적, 화학적 성질을 결정하는 중요한 요인이다. 속박되지 않은 전자는 자유롭게 움직일 수 있으며, 어떠한 크기의 에너지도 흡수할 수 있다(〈그림 1.15〉). 반대로, 전자가 원자나 분자와 같은 시스템 내부에 **속박되어 있으면** 단지 특정 유형의 운동만이 허용된다. 운동과 에너지 준위는 양자화되고 운동은 양자수 l로, 에너지는 양자수 n으로 정의된다. 전자가 핵에 강하게 속박되어 있을수록 허용된 에너지

9 파울리 원리는 종종 "두 전자는 같은 스핀을 가지지 못한다"와 같이 표현되지만, 실제로는 더 폭넓다. 파울리 원리는 페르미 입자라고 불리는 입자 부류와 관련되어 있다. 정의에 의하면, 단일 시스템 안에서 두 페르미 입자는 같은 양자 상태로 나타낼 수 없다(예 같은 양자수 세트). 여기서 전자는 페르미 입자의 한 예이고, 원자는 시스템이다.

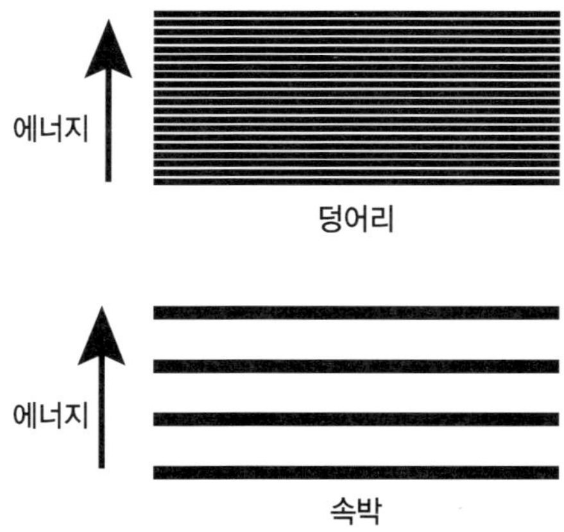

그림 1.15 덩어리 금속의 에너지 준위는 연속적이지만, 전자가 속박되어 갇히면 에너지 준위가 불연속적으로 된다.

준위 사이의 차이는 더욱 커진다(El-Sayed, 2001).

금속의 전도도는 양전하를 띤 핵의 결정 사이에서 공유된 전자가 특정 원자에 구속되지 않고 비편재화되어 있어 나타난다. 띠 이론은 금속에서 전자의 거동을 묘사했던 모델이다. 절대 영도(0 K)에서 전자가 채워져 있는 가장 높은 오비탈로 설명되는 결합띠에는 전자가 있고, 더 에너지가 높은 전도띠에는 전자가 비어 있다(〈그림 1.16〉). 전도띠에 있는 전자는 가해진 전기장에 반응하여 이동한다. 금속은 결합띠와 전도띠 사이에 간격이 없어서 전자가 금속 내에서 자유롭게 이동하는데, 이에 따라 전류가 흐른다. 전자가 고체 내부에서 자유롭게 이동하기 때문에 허용된 에너지 준위 상태는 본질적으로 연속적이다. 하지만 금속 입자의 크기가 매우 작아지면 전자는 덜 자유롭게 움직이고 일정한 공간에 갇히게 된다. 이때 전자의 운동에너지는 전자가 구속된 상태를 나타내는 에너지이며 갇힘 에너지라고 부른다. 이 에너지는 불연속적인 에너지를 갖는데, 그 결과 결합띠와 전도띠는 사이가 떨어진다.

일단 두 띠 사이의 에너지 간격, 즉 띠간격이 kT(k는 볼츠만 상수이고 T는 절대온도)에 근접하거나 더 커지면, 전자의 운동 상태(운동량 등)가 양자화되고 금속은 반도체가 된다. 띠간격이 충분히 크면 물질은 부도체로 바뀌게 된다. 거시적 규모에서 전도체였던 물질은 나노 규모에서 전도성을 잃을 것이고, 그 반대도 마찬가지다.

지름이 수 nm에서 수백 nm의 크기를 가지는 양자점은 전자가 3차원 공간에 갇

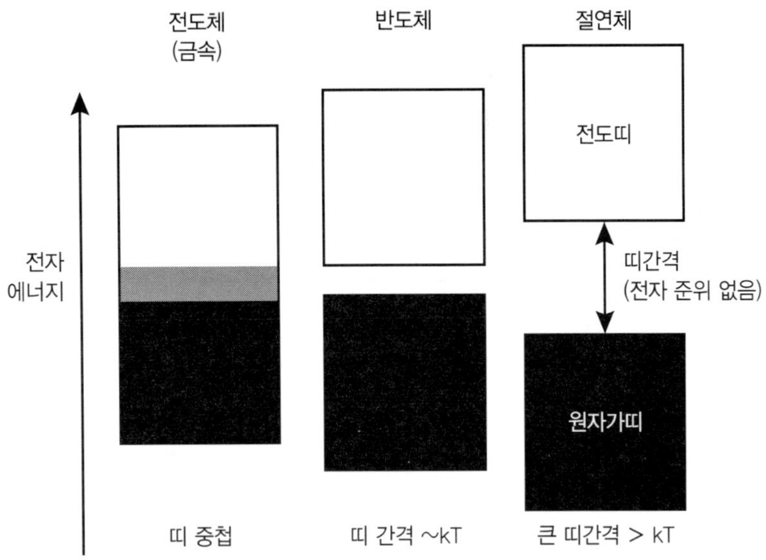

그림 1.16 결합띠와 전도띠 사이의 띠간격이 물질의 전도성을 결정한다.

혀 있는 나노 규모 반도체이다. 그 작은 크기 때문에 특별한 전기적, 광학적 성질을 나타낸다. 양자점에서 전자는 갇혀 있으므로 양자점은 원자처럼 양자화된 에너지 스펙트럼을 갖는다. 양자점이 발하는 빛의 세기와 에너지는 크기에 반비례한다(〈표 1.6〉). 양자점의 크기가 클수록 띠 사이의 에너지 간격, 즉 띠간격은 줄어들고 방출되는 빛은 스펙트럼의 붉은색 쪽으로 이동한다(반대로 크기가 감소하면 푸른색 쪽으로 이동). 양자점의 특별한 성질은 다이오드나 증폭기, 생물학적 센서 등에 다양하게 적용될 수 있다. 양자점의 양자수득률(흡수한 빛이 어떤 효과를 나타내는 효율)이 매우 높아서 더 효과적인 태양전지를 만드는 후보물질이 된다.

표 1.6 365 nm 빛으로 들뜬 후 양자점의 형광 방출에 대한 크기 의존성

지름 근사치(nm)	색	방출 파장 근사치(nm)
2	파랑	490
3	초록	525
4	노랑	570
5	빨강	620

파동-입자 이중성은 또한 나노과학기술에서 중요한 요소이다. 특히 터널링은 물체가 고전적으로 금지된 에너지 상태를 통해 전이할 때 일어나는 양자 역학 효과이다. 이러한 현상은 공을 언덕으로 밀어 올리는 것으로 비유할 수 있다. 충분한 에너지가 없으면 공은 언덕을 올라 반대 방향으로 갈 수 없다. 그러나 양자 역학에 의하면 입자가 파동 함수로 표현되는 어떤 지점에 있을 수 있는 확률이 존재한다. 파동 함수로 계산하여 입자가 언덕 반대편에 존재할 수 있는 확률이 0이 아니라면 입자는 언덕을 넘어갈 충분한 에너지가 없어도 언덕 반대편으로 통과하는 것이 가능하다. 고전 역학에서는 이런 운동이 에너지 측면에서 불가능하다. 어떤 규모에서 이 같은 일이 일어날 확률은 절대 0이 아닌 한 나노 규모나 그보다 작은 규모에서 더 자주 관찰되는데, 이는 크기와 질량이 매우 작아질 때 물체의 파동성이 더 중요해지기 때문이다.

하이젠베르크의 불확정성 원리 때문에 전자는 어디에 있는지 위치로 표현되지 않고 원자핵으로부터 r만큼 떨어진 거리에 있는 전자를 찾을 **확률**을 의미하는 전자 밀도로 표현된다. 확률 밀도는 핵 주변에서 가장 크고 r이 증가할수록 급격하게 (지수 함수 형태로) 떨어진다. 핵 주변의 밀도가 높다는 의미는 전자가 대부분 핵 주변에서 시간을 보낸다는 뜻이다. 두 원자가 서로 인접(<1 nm)하면 두 원자의 전자 밀도가 중첩된다(〈그림 1.17〉). 이 지점에서 원자 1에서 나온 전자는 시스템에 에너지를 가하지 않아도 원자 2의 전자 구름으로 이동할 수 있다. 전자는 원자 1에서 원

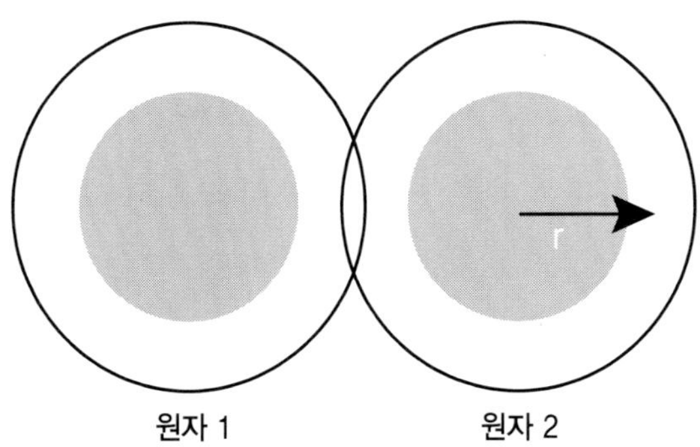

그림 1.17 전자 밀도가 미세하게 중첩된 두 원자

출처: Adapted from Ellis et al., 1993, p. 18.

자 2로 **터널링**되었다. 이처럼 고전 역학에서는 이동하기 위해서 에너지가 필요하다. 터널링이 일어날 확률은 두 원자 사이 거리에 지수 함수 형태로 의존한다.

양자 터널링은 나노과학기술에서 중요한 도구 중 하나인 주사 터널링 현미경(STM)에 사용되었다. STM은 날카로운 전기 탐침을 전도체나 반도체 표면을 가로지르며 주사(scan)하는 비광학 현미경이다. 이 탐침의 날카로운 끝에는 원자가 하나 놓여 있다(〈그림 1.18〉). 일정한 전압이 탐침에 가해지면 탐침과 시료 사이에 전류가 계속 흐른다. 탐침이 표면에 충분히(수십 나노미터 수준으로) 가까워지면, 탐침에 있는 원자의 전자 구름과 시료 표면에 있는 원자의 전자 구름이 상호작용하고 전자는 탐침과 표면 사이에서 터널링을 하여 전류가 증가할 것이다. 탐침이 표면으로부터 일정한 높이에서 주사하기 때문에 전자의 중첩 정도가 변하고 터널링 확률도 변한다. 표면 높이가 더 높아지면 전자 구름의 중첩이 더 커지고 터널링 확률도 높아지는데, 이 때문에 높이에 따라 전류가 증가하는 결과가 나타난다(〈그림 1.18〉; Ellis et al., 1993). 터널링은 탐침과 표면 원자 사이의 거리에 민감하므로 STM은 원자 간 거리를 극도로 민감하게 측정하여 표면지형을 알려준다. STM은 0.2 nm(2 Å) 해상도로 표면의 이미지를 생성하는데, 이는 개별 원자 하나의 크기에 해당한다(3장의 〈도구와 장치〉에서 더 많은 정보 참조).

양자 터널링은 광범위한 현상에 관여하고 있다. 헴과 사이토크롬 시스템 속의 포피린 분자, 베타카로틴 분자, 클로로필 속의 클로린 분자 등 수많은 생물학적 시스템에서 전자 이동과 같은 어떤 기능을 수행하기 위해 양자 터널링 현상을 이용한다. 터널링 현상은 또한 많은 전자기기에 사용된다. 특히 컴퓨터 메모리를 전기적으로 지우고 재프로그래밍하는 플래시 메모리에서 중요하다. 현재는 디지털카메라, 휴대폰, 디지털 음악 재생기, USB 플래시드라이브와 같은 곳에 사용된다. 심지어 단순한 조명 스위치도 산화층을 통한 전자의 터널링에 의존한다.

불확실성과 스핀은 물질의 구조와 물질이 상호작용하는 방식에 중요한 역할을 한다. 스핀트로닉스 또는 스핀 전자 연구는 고체 장치에 정보를 담는 방법이며, 전자의 스핀과 전하를 활용하는 것을 목적으로 한다. 이미 이러한 기술은 하드디스크 드라이브와 자기 랜덤 액세스 메모리(MRAMs)에서 읽기 센서의 민감도를 증가시키는 데 사용되고 있다. 궁극적인 목적은 전자의 전하와 스핀을 활용하여 전자장치의

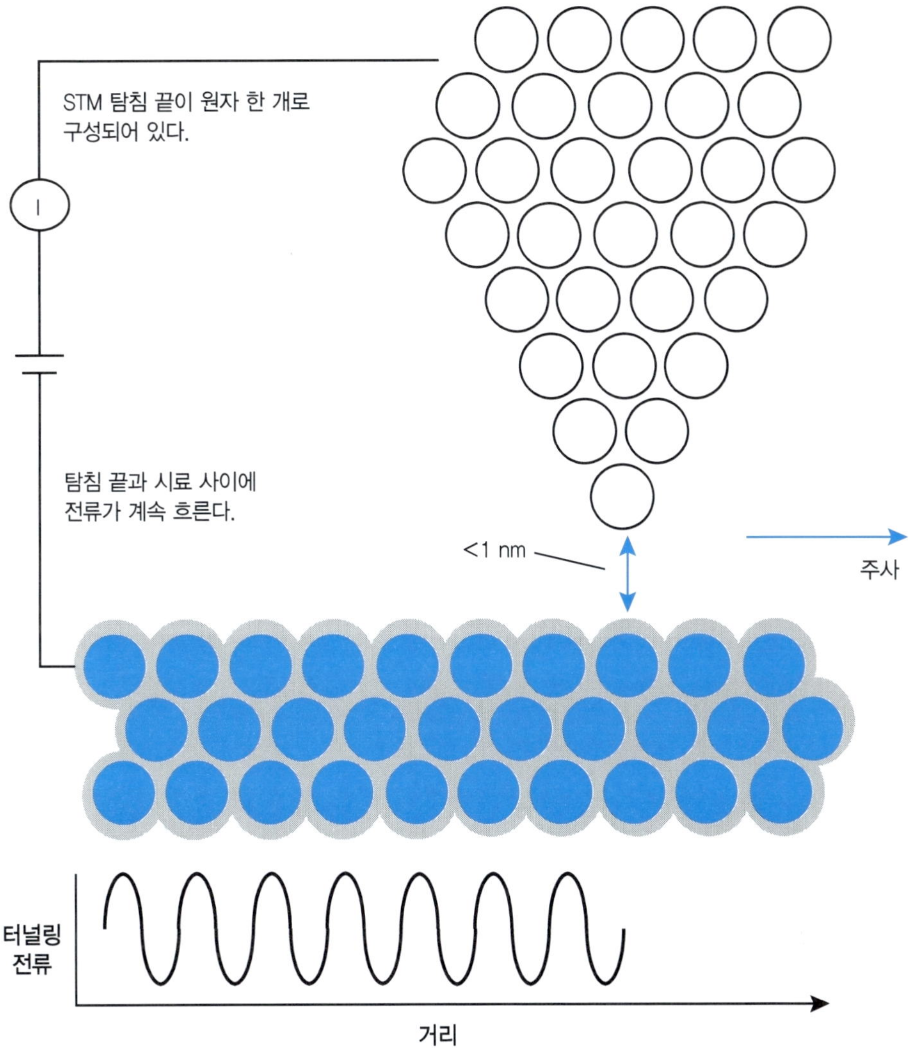

그림 1.18 표면을 스캔하는 주사 터널링 현미경의 모식도. 아래 그림은 탐침이 표면을 따라 움직임에 따른 상대적인 터널링 전류를 표현하고 있다.

출처: Adapted from Ellis et al., 1993, p. 17.

소비전력을 줄이는 것이다.

나노 규모에서 상호작용은 일반적으로 전기적 힘이 지배적이다. 이러한 힘, 그리고 힘과 관련된 현상을 개념적으로 이해하기 위해서는 원자의 고전적인 태양계 모델보다는 전자 거동에 대한 확률적이고 양자 역학적 모델을 더 잘 알아야 한다.

7~12학년 교육과정과의 연계성

일상생활 속에서는 거시 세계의 물체와 현상을 경험할 수 있으며, 이는 고전물리학으로 설명된다. 크기가 너무 작아서 직접 경험할 수 없는 나노, 원자, 원자보다 작은 규모의 현상을 설명하기 위해서는 양자 역학을 적용해야 하는데, 양자 역학은 수학과 과학에서 폭넓은 경험이 필요한 매우 복잡한 주제이다. 직관에 반하는 양자 역학적 예측은 전문 과학자조차도 이해하기 어렵다. 20세기를 이끈 과학자의 다음과 같은 발언을 떠올리면 위안이 될 것이다.

> 나는 아무도 양자 역학을 이해하지 못한다고 말해도 괜찮다고 생각한다.
>
> -Feynman, 1996

> 만약 누군가가 양자 이론에 충격을 받지 않았다면, 그는 양자 이론의 한 단어도 이해하지 못한 것이다.
>
> -Niels Bohr

> 많은 양심의 가책을 느낀 후에야 나 스스로 불확정성 관계를 믿게 되었을 뿐이다.
>
> -Heisenberg, 1958

> 나는 대학원 3, 4학년 과정의 물리학을 공부한다는 것에 관해 여러분께 할 말이 있습니다. 내 역할은 여러분들이 물리학을 이해하지 못하더라도 외면하지 말라고 설득하는 것입니다. 여러분들이 보다시피 내가 가르치는 학생들은 물리학을 이해하지 못합니다. 내가 그것을 이해하지 못하기 때문입니다. 아무도 이해하지 못합니다.
>
> -Feynman, 노벨상 수상 강연, 1966

하지만 주제가 어렵다고 해도 7~12학년 학생들에게 양자 효과를 질적으로 도입하는 것이 불가능한 것은 아니다. 수학적 모델을 사용해서 엄격한 방법으로 양자 역학을 소개한다는 방식은 분명 부적절하다. 모델 사용의 위력과 한계에 대한 추론은 현재의 과학교육표준(NRC, 1996; AAAS, 1993)에 부합하며, 모델의 역할을 이해하도록 하는 것은 과학적 과정의 기본에 해당한다(더 자세한 사항은 3장의 〈모델과 시뮬레이션〉을 참조). 이처럼 학생들은 고전 역학의 한계를 이해하는 데서 시작하여 양자 역학 모델 중 특정 부분에서의 장점을 이해해 나가는 것이 합리적이다.

사실 전통적인 고등학교 화학 과정은 이 장에서 논의된 양자 역학의 모든 부분을 포함하지는 않아도 많은 부분을 담고 있다. 화학 결합, 분자 간 상호작용, 편극성과 같은 관련 개념을 이해하기 위해 학생들은 전자의 거동에 대한 확률적 모델을 알고 있어야 한다. 학생들은 어떠한 장소에 있는 개별 전자가 아니라 전자의 분배를 고려해야 한다. 그뿐만 아니라, 학생들은 일정한 양의 에너지만이 원자와 분자 시스템으로 드나들도록 허용된다는 사실을 이해해야 한다. 양자 역학의 더 깊고 더 수학적인 기술은 대학교와 그 이상의 과정에서 소개될 수 있다.

그저 기본적이고 정성적인 수준이더라도 학생들이 양자 효과를 이해하려면 교육과정에서 얼마간의 시간이 필요할 것이다(얼마만큼의 시간일지는 아직도 명확하지 않지만). 이러한 복잡하고 비직관적인 개념을 소개하는 데에는 며칠 이상 걸리는 것이 일반적이다. 불행하게도, 이러한 복잡한 개념에 대한 피상적인 처치가 학생들의 학습으로 이어질 것이라고 믿을 수는 없다. 만약 이러한 지식수준이 학생들에게 필요하다면, 교육과정에서 이러한 개념들의 우선순위를 매기고, 학생들이 양자 역학에 대한 개념을 유용하고 실용적으로 이해할 수 있도록 효과적인 학습전략을 개발해야 한다.

✚ 감사의 글

이 장을 읽고 도움이 되는 논의를 해준 다음 사람들에게 저자들은 감사를 표한다: Nick Giordano and Nora Sabelli for comments throughout, Shanna Daly for Forces and Interactions, César Delgado for Size and Scale, Alexa Mattheyses for Quantum Effects, and Kelly Hutchinson for Structure of Matter.

✚ 참고문헌

American Association for the Advancement of Science (AAAS). 1993. *Benchmarks for science literacy*. New York: Oxford University Press.

Atkins, P. W. 1991. *Quanta: A handbook of concepts*. 2nd. ed. Oxford: Oxford University Press.

Che, J., T. Cagin, and W. A. Goddard III. 2000. Thermal conductivity of carbon nanotubes. *Nanotechnology* 11: 65–59.

Coulson, C. A. 1955. The contributions of wave mechanics to chemistry. *Journal of the American Chemical Society*: 2069–2084.

Dujardin, E., T. W. Ebbesen, A. Krishnan, P. N. Yianilos, and M. M. J. Treacy. 1998. Young's modulus of single-walled nanotubes. *Physical Review B* 58 (20): 14013–14019.

Ellis, A. B., M. J. Geselbracht, B. J. Johnson, G. C. Lisensky, and W. R. Robinson. 1993. *Teaching general chemistry: A material science companion*. Washington, DC: American Chemical Society.

El–Sayed, M. A. 2001. Some interesting properties of metals confined in time and nanometer space of different shapes. *Accounts of Chemical Research* 34 (4): 257–264.

Feynman, R. P. 1996. *Six easy pieces: Essential physics by its most brilliant teacher*, ed. R. B. Leighton and M. Sands. New York: Basic Books.

Finch, J. T., M. F. Perutz, J. F. Bertles, and J. Döbler. 1973. Structure of sickled erythrocytes and sicklecell hemoglobin fibers. *Proceedings of the National Academy of Sciences, USA* 70 (3): 718–722.

Gao, G., T. Cagin, and W. A. Goddard III. 1997. Energetics, structure, mechanical and vibrational properties of single-walled carbon nanotubes (SWNT). *Nanotechnology* 9: 184–191.

Gao, H., B. Ji, I. L. Jäger, E. Arzt, and P. Fratzel. 2003. Materials become insensitive to flaws at nanoscale: Lessons from nature. *Proceedings of the National Academy of Sciences, USA* 100 (10): 5597–5600.

Haldane, J. B. S. 1926. *On being the right size and other essays*. Oxford: Oxford University Press.

Heisenberg, W. 1958. *Physics and philosophy*. New York: Harper.

Hochella, M. F., Jr. 2002. Sustaining Earth: Thoughts on the present and future roles of mineralogy in environmental science. *Mineralogical Magazine* 66 (5): 627–652.

Hochella, M. F., Jr. 2006. The case for nanogeoscience. *Annals of the New York Academy of Sciences* 1093: 108–122.

Jones, J. R., and L. L Hench. 2003. Regeneration of trabecular bone using porous ceramics. *Current Opinion in Solid State and Materials Science* 7: 301–307.

Judson, E., and D. Sawada. 2000. Examining the effects of a reformed junior high school science class on students' math achievement. *School Science and Mathematics* 100 (8): 19–25.

Koradi, R., M. Billeter, and K. Wüthrich. 1996. MOLMOL: A program for display and analysis of macromolecular structures. *Journal of Molecular Graphics* 14: 51–55.

Kowalczykowski, S., D. Bear, and P. von Hippel. 1981. *Single-stranded DNA binding proteins. In Nucleic acids, Part A*, ed. P. D. Boyer. London: Academic Press.

Levy Nahum, T., R. Mamlok–Naaman, A. Hofstein, and J. Krajcik. 2007. Developing a new teaching approach for the chemical bonding concept aligned with current scientific and pedagogical knowledge. *Science Education* 91 (4): 579–603.

Li, P. 2003. Biomimetic nano–apatite coating capable of promoting bone in growth. *Journal of Biomedical Materials Research* 66A: 79–85.

McCray, W. P. 2009. How spintronics went from the lab to the iPod. *Nature Nanotechnology* 4: 2–4.

National Council of Teachers of Mathematics (NCTM). 1989. *Principles and standards for school mathematics.* Reston, VA: NCTM.

National Research Council (NRC). 1996. *National science education standards.* Washington, DC: National Academy Press.

Roco, M. C. 2004. Nanoscale science and engineering: Unifying and transforming tools. *American Institute of Chemical Engineers Journal* 50 (5): 890–897.

Shirai, Y., A. J. Osgood, Y. Zhao, K. F. Kelly, and J. M. Tour. 2005. Directional control in thermally driven single-molecule nanocars. *Nano Letters* 5 (11): 2330–4.

Stevens, S. Y., and G. D. Glick. 1997. Evidence for sequence specific recognition by anti-singlestranded DNA autoantibodies. *Biochemistry* 38 (2): 650–658.

Sussex Fullerene Group. n.d. Some properties of carbon and C_{60}. *www.creative–science.org.uk/propc60.html.*

Taber, K. S., and R. K. Coll. 2002. Bonding. In *Chemical education: Towards research–based practice,* ed. J. K. Gilbert, O. D. Jong, R. Justi, D. F. Treagust, and J. H. Van Driel, 213–234. Dordrecht, Netherlands: Kluwer Academic Publishers.

Tretter, T. R., M. G. Jones, T. Andre, A. Negishi, and J. Minogue. 2006. Conceptual boundaries and distances: Students' and experts' concepts of the scale of scientific phenomena. *Journal of Research in Science Teaching* 43 (3): 282–319.

Viney, C., and F. I. Bell. 2004. Inspiriation versus duplication with biomolecular fibrous materials: Learning nature's lessons without copying nature's limitations. *Current Opinion in Solid State and Materials Science* 8: 165–171.

von Hippel, P., and O. G. Berg. 1986. On the specificity of DNA-protein interactions. Proceedings of the *National Academy of Sciences, USA* 83: 1608–1612.

Weast, R. C. 1976. *Handbook of chemistry and physics.* Cleveland, OH: CRC Press.

Chapter

02

기본적인 과학 내용의 응용

1장에서 논의한 네 가지 빅 아이디어는 나노 규모 현상을 이해하는 데 기본적인 지식이 된다. 관련 현상을 설명하기 위해서는 네 가지 빅 아이디어의 전체 또는 일부를 적용한 두 가지 추가적인 빅 아이디어(〈크기 의존 성질〉, 〈자기 조립〉)가 필요하다.

1장에서 논의한 네 가지 빅 아이디어는 모두 크기 의존 성질과 연결된다(〈그림 2.1〉). 크기와 규모는 나노 규모에서 독특한 성질을 가진 개별 원자 혹은 분자와 덩

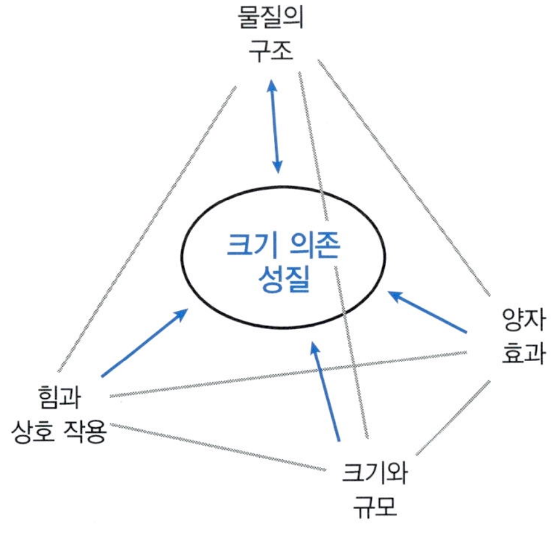

그림 2.1 나노과학기술 과학 내용의 빅 아이디어와 크기 의존 성질의 관계

어리 물질 사이의 전이가 일어나는 범위로 정의한다. 물질의 구조적 측면, 상호작용을 담당하는 힘, 그리고 양자 역학은 이 전이가 일어나는 독특한 성질을 설명하는 데 필요하다. 이렇게 독특한 크기 의존 성질은 물질의 행동과 구조에 대한 새로운 정보를 제공한다.

자기 조립은 예측과 조절이 가능한 물질의 상호작용을 포함하는 과정이다. 그러므로 이것은 〈힘과 상호작용〉과 매우 관련이 깊다. 상호작용에 지배적인 힘은 일반적으로 현상이 일어나는 규모와 관련이 있으므로, 자기 조립은 〈크기와 규모〉와도 연결된다. 그뿐만 아니라 〈모델과 시뮬레이션〉은 자기 조립하는 시스템을 설계할 때 매우 중요한 역할을 하고, 모델링은 자기 조립하는 자연현상을 설명하는 데 도움이 된다. 물질의 구조에 대한 지식은 빌딩 블록이 어떻게 조립될지 예상하는 데 도움이 된다. 그러므로 몇몇 과학 내용의 빅 아이디어는 자기 조립 관련 내용에 대한 정보를 제공하고, 그 내용에 영향을 미친다(〈그림 2.2〉).

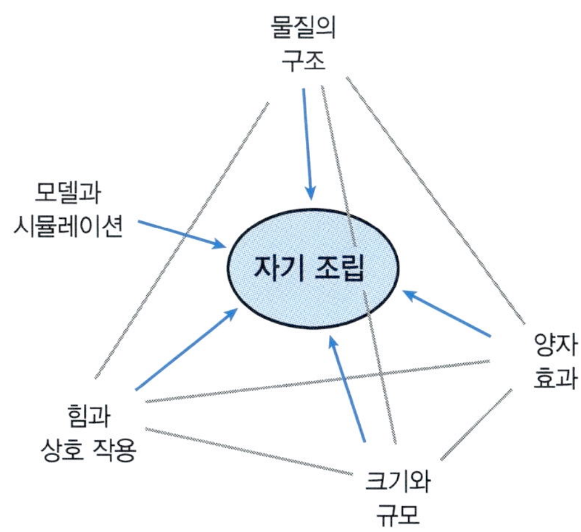

그림 2.2 나노과학기술 관련 과학 내용 빅 아이디어와 자기 조립의 관계

다섯 번째 빅 아이디어 – 크기 의존 성질

물질의 성질은 규모에 따라 바뀔 수 있다. 특히, 덩어리 물질과 개별 원자나 분자 사이에 전이가 일어나는 과정에서 물질은 종종 예상치 못한 성질을 보이고, 이로부터 새로운 기능이 생긴다.

크기 의존 성질에 대하여

성질은 물질의 본성을 결정하는 고유한 특성이다. 이 성질은 물질이 나타내는 기능–어떻게 나타나는가, 어떻게 행동하는가, 환경과 어떻게 상호작용하고 반응하는가, 어떤 응용에 유용한가–의 자원에 관한 것이다. 모든 성질이 크기에 따라 변한다는 사실은 물질의 양에 의존하지 않는다는 '세기 성질'에 대한 전통적인 개념을 거스른다(예 녹는점, 전도성, 전성 등). 성질에 대한 전통적인 개념은 물질의 거시적인 양에만 적용되는데, 물질의 크기가 점차 작아져서 나노 규모가 되면 이러한 세기 성질은 실제로 변하기 시작한다. 따라서 모든 성질은 크기(규모)에 따라 변하므로 성질은 어떤 자격을 만족해야 분류될 수 있다.

나노 물질의 성질은 종종 익숙한 거시적 규모와 달라서 예측하기 어렵다. 예를 들면, 금 나노입자는 몇 가지 재미있는 광학적 성질을 나타낸다. 금 나노입자의 콜로이드 용액은 입자 크기에 따라 다른 색을 나타낸다(〈표 2.1〉). 10~30 nm 크기의 금 나노입자 용액은 빨간색을 나타내기 시작하고 2~5 nm 크기는 노란색, 100 nm로 증가하면 보라색이 된다. 서기 400년쯤 제작된 로마 시대 리코구스 컵은 금 나노입자

표 2.1 금나노입자의 크기와 색깔

지름(nm)	콜로이드 용액의 색깔
~2	노랑
~3–5	주황, 주황 빨강
15	빨강
100	보라

를 포함하고 있는데 밖에서 비추는 반사광에는 초록색으로, 컵 내부에서 비추는 투과광에는 붉은색을 띤다. 금나노입자는 중세 시대 스테인드글라스의 진한 붉은색을 완성하는 데 사용되었다. 그러나 금이 이 색의 근원이었다는 사실은 19세기가 되어서야 패러데이(Faraday)에 의해 확실하게 확립되었다.

1 m, 1 cm, 1 mm 크기의 거시적 규모 금 조각은 광채가 있는 금색을 띠고, 전성, 전기전도성을 포함한 금속성을 나타낼 것이다. 이러한 금의 녹는점은 크기와 상관없이 1064 ℃이다. 그러나 금의 크기가 100 nm 이하로 작아지면 녹는점은 극적으로 감소한다. 10 nm 크기에서 실리카로 둘러싼 금나노입자의 녹는점은 100 ℃이다. 크기가 2 nm에 가까워지면 녹는점 감소는 훨씬 커지고 덩어리 금에서 관찰되는 녹는점의 거의 절반 정도가 된다(Dick et al., 2002; Lewis, Jensen, and Barrat, 1997). 나노 규모에서는 다른 성질도 변한다. 예를 들면, 10 nm 이하 크기에서 금은 더는 전기전도도를 띠지 않는다.

나노 물질에서 관찰되는 크기 의존 성질은 표면 지배적 또는 크기 지배적 성질로 분류할 수 있다. 물질의 크기가 점점 작아져서 나노 규모에 가까워지면 부착력, 모세관 현상, 반응속도, 녹는점과 같은 표면 지배적 성질에 대하여 부피-대-표면적 비가 극적으로 증가한다. 전기전도성, 반응성, 광학적, 자기적 성질과 같은 크기 지배적 행동은 물질이나 물체의 크기(원자의 수)와 직접적으로 관계된다.

표면–지배적 성질

물질의 크기가 작아져서 나노 규모에 접근하면 부피-대-표면적 비는 급격하게 증가한다(1장 〈크기와 규모〉. 부피-대-표면적 비에 대한 더 완성된 논의는 5장 참조). 그러므로 표면에서 일어나는 어떠한 현상이라도 나노 규모에서는 훨씬 확대될 것이다. 예를 들어, 새로운 물질을 만들기 위해서는 가장 바깥쪽 원자가 반응한다. 이것은 금속 표면에서 산화 반응이 일어나는 금속(예 변색한 은, 초록색 산화구리)을 통해 명확하게 볼 수 있다. 물질의 표면에 있는 전자는 물질의 내부에 있는 원자보다 물리적, 화학적으로 다른 환경을 경험한다. 특히, 그 전자들은 여러 가지 상호작용(결합)에 참여하지 않는다. 표면 원자는 표면 에너지라고 불리는 초과 에너지를 가지고 있는데, 이것은 충족되지 않은 상호작용에서 나온다. 이 에너지는 원자의 처음 몇 개 층에만 영향을 미치기 때문에 덩어리 금속에서는 무시되곤 한다. 표면 원자의 높은 에너지 상태는 화학적 반응성을 더 크게 만든다.

금속을 더 작은 조각으로 자르면 노출되는 표면적이 더 많아지는데, 이는 더 높은 에너지 상태에서 표면에 더 많은 원자가 노출되는 것으로 해석된다(〈표 2.2〉). 같은 조건에서도 금속 조각이 클 때보다 작을수록 더 빠르게 반응하는 이유는 표면적의 증가 때문이다. 나노 규모에서는 원자의 의미 있는 어떤 부분이 덩어리 물질일 때보다 더 높은 에너지 상태에 놓여 있다. 예를 들면, 많은 금속이 최소한 수 마이크로미터 두께의 산소층으로 덮여 있다. 그러므로 나노 규모 크기의 금속 원자는 표면 원자처럼 행동할 것이고 빠르게 산화될 것이다.

나노 규모에서 표면적이 상대적으로 많이 노출되기 때문에 용해와 같은 상전이에도 영향을 준다. 금속 나노입자의 녹는점은 크기에 민감하다.

표면적에서 원자 수가 증가하면 유발 쌍극자의 상호작용이 더 많이 일어나며 접착성에도 영향을 준다. 입자의 크기가 작을수록 효과는 더 커진다. 접착성의 변화는 나노 물질을 조작하고 제어하는 데 영향을 준다. 흡수는 또 다른 표면 의존 성질이다. 구멍이 많은 초흡수 고분자 물질의 매우 높은 부피-대-표면적은 실제 무게

표 2.2 정사면체 입자 크기와 입자 표면[a]의 원자의 비율 간의 관계

입자 크기(nm) (면 길이)	원자 수/ 면	표면 원자 수	원자 수 (총)	표면 원자 수/ 총원자 수(%)
0.4	2	8	8	100
0.6	3	26	27	97
0.8	4	56	64	87.5
1	5	98	125	78.5
2	10	488	1×10^{3}	48.8
20	100	5.9×10^{4}	1×10^{6}	5.9
200	1,000	5.9×10^{6}	1×10^{9}	0.6
2,000	10,000	5.9×10^{8}	1×10^{12}	0.06
20,000	100,000	5.9×10^{10}	1×10^{15}	0.006

[a] 표면이란 원자의 단일 최외각층으로 정의하였다.

보다 최대 500배에 달하는 많은 양의 액체를 흡수할 수 있게 한다. 이는 일회용 기저귀에 쓰이기도 한다(Kabiri et al., 2003).

크기-지배적 성질

작은 뭉치의 원자는 덩어리 금속의 원자와는 다른 성질들을 지닌다. 만약 원자 뭉치가 충분히 크면(반경 원자 10~20 크기) 표면 에너지는 화학 반응성의 과정을 설명하는 적당한 모델이 된다. 입자의 원자 수가 매우 작을 때 원자 한 개를 이동, 제거, 또는 첨가하는 것은 전기적 구조 전체에 영향을 미친다. 8~10 nm보다 더 작은 규모를 가진 입자의 전자 구조가 몇몇 물질에서 관찰되는 반응성을 변화시킨다.[10] 맨눈으로 관찰되는 물질처럼 되는 데 필요한 전자의 수는 물질마다 다르다; 일반적으로 반도체보다는 금속이 더 적게 필요하다.

금속 원자는 일정한 무작위 운동을 한다. 금속 조각이 충분히 작아지면, 개별 원자의 운동은 사라지고 이것은 금속의 성질에 영향을 미친다.

금속의 많은 본질적인 성질은 나노 규모 길이에서 구조적 근거를 가진다. 금속의 크기가 최소 1차원에서 나노 규모로 매우 작아지면, 물질 속 전자의 움직임은 속박되고(confined) 물질의 성질은 크기와 모양 모두에 민감해진다. 예를 들면, 구리의 전성은 50 nm 규모에서 구리 원자들의 운동으로 유발된다. 50 nm보다 작은 구리 입자는 전성과 연성을 잃고 초강도 물질이 된다. '속박'은 다른 길이의 규모에서 다른 성질로 나타난다. 같은 성질도 물질에 따라 다른 길이의 규모에서 속박된다(1장에서 전자의 속박에 대해 논의한 양자 효과 참조).

새로운 물성을 만드는 전통적인 방법은 그 물질을 구성하는 빌딩 블록의 배치와 구성을 바꾸는 것이다(합성 화학). 그러나 나노 규모에서 관찰되는 새로운 물성과 나노 물질을 분리, 합성 및 조작하는 신기술은 원하는 특성을 가진 새로운 물질을 만드는 새로운 방법을 제시한다.

---

10 금 나노입자의 촉매 활성도는 S/V 비가 증가했기 때문이라고 설명할 때가 종종 있는데, 이는 옳지 않다.

왜 이것이 빅 아이디어인가?

크기 의존 성질은 이 책에서 논의한 나노과학기술의 빅 아이디어 중에서도 새로운 개념이다. 최근에 나노 규모에서 관찰되는 물질의 성질이 발견되었기 때문에 과학자들은 물질의 행동과 구조를 설명하는 새로운 모델을 발전시키고 있다. 그뿐만 아니라, 나노 기술 혁명의 큰 부분은 나노 규모에서 발생하는 물질의 고유한 성질 개척을 중심으로 돌아간다. 나노 기술이 영향을 줄 수 있는 응용 범위는 매우 광범위하다.

나노 물질은 이미 기술과 산업생산품에서 폭넓게 사용되고 있다. 예를 들면, 화장품 산업은 자외선 노출에 관한 현재의 고민을 해결하는 데 나노 기술을 이용한다. 오랫동안 산화 아연은 자외선 차단제로 사용됐다. 〈그림 2.3〉은 인명구조요원들이 자외선 차단을 위해 사용하는 두꺼운 흰색 반죽을 보여준다. 그러나 산화 아연이 자외선 차단제로 효과적이라 해도, 소비자 입장에서는 얼굴에 차단제의 흰색이 남는 것이 달갑지 않을 것이다. 그렇지만 산화 아연 입자의 크기가 더 작아지면 빛과 상호작용이 달라지기 때문에 점차 흰색이 없어진다. 입자의 지름이 10~100 nm까지 줄어들면 입자의 광학적 성질은 달라지지만(Mulvaney, 2001), 덩어리 물질의 물리 화학적 성질은 그대로 유지된다. 특히, 입자는 가시광선에서 투명하지만 유해한 자외선은 여전히 산란시켜 차단한다. 그러므로 산화 아연 나노입자는 제품소

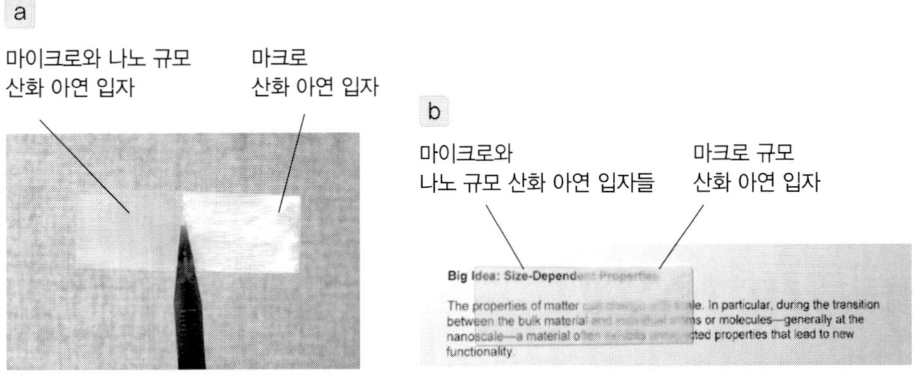

그림 2.3 슬라이드글라스 위의 산화 아연 자외선 차단제. 비슷한 양을 슬라이드에 덜었다(a, b). 마이크로/나노입자는 투명하고(왼쪽), 더 큰 입자(오른쪽)는 불투명하다.

비자의 욕구를 충분히 만족시키는 효과적인 자외선 차단제이다(〈그림 2.3〉).

어떤 나노 물질은 또한 특수한 역학적 성질을 나타낸다. 예를 들면, 강철보다 몇 배는 더 강한 인장력을 가지고 있어 가장 빳빳하면서도 강한 물질 중 하나로 알려진 탄소 나노튜브는 열에 대한 저항력이 매우 강하다. 자동차 타이어 제작에 사용되는 원료에 어떤 물질을 나노입자 형태로 섞으면 회전 저항을 줄이고 젖은 표면에서 마찰에 영향을 주지 않으면서 타이어의 마모 정도를 개선할 수 있다.

자성 또한 크기 의존 성질이 될 수 있다. 예를 들면, 알루미늄은 덩어리 형태에서는 자성이 없다. 그러나 최대 0.8 nm 크기의 알루미늄 나노입자는 자성을 띤다(Eberhardt, 2002). 자기장에서 물질이 자화(磁化)되는 정도를 나타내는 자기화율(magnetic susceptibility) 또한 크기 의존적이다. 이 성질은 산화철 나노입자를 물 정수 과정을 위한 물질로 사용하려는 노력에 이용되고 있다. 어떤 광물들은 나노미터 범위에서 수용성 독극물(예 비소)에 친화력이 더 강하다. 특히, 산화철 나노입자의 어떤 형태는 비소, 시안화물, 방사성 핵종과의 결합에 더 강한 친화력을 나타내고, 이러한 성질은 독성을 줄이는 데 활용될 수 있다. 일단 나노입자와 결합하면 독성은 자성을 이용해 제거할 수 있다(Savage and Diallo, 2005; Zhang, 2003).

물리적 성질뿐만 아니라, 화학적 성질도 크기에 따라 변한다. 거시 크기에서 금은 다른 전이 금속보다 반응성이 적지만, 6 nm보다 작은 크기의 나노 금 입자는 몇몇 화학 반응의 속도를 향상시키는 촉매로 작용한다(Haruta, 2003). 이러한 입자의 적용 사례 중 하나로 유해한 공해물질인 일산화탄소를 이산화탄소와 물로 바꾸어주는 자동차의 촉매변환기를 들 수 있다. 최근에 사용된 촉매는 200 ℃ 이상의 온도에서만 효과적이다(Campell, 2004). 불행히도, 자동차는 시동을 걸고 처음 5분 안에 유해 물질을 배출한다. 그러므로 촉매변환기는 정작 주요 공해물질이 생성되는 순간에는 배기관의 온도가 낮아 효과를 내지 못한다. 여기에 금 나노입자를 사용하면 자동차 관련 공기오염을 유의미하게 줄일 수 있다. 금 입자는 영하의 온도에서도 일산화 탄소의 산화를 돕는 촉매로 작용하기 때문이다. 촉매 작용은 환경과 접촉하고 있는 금의 구조, 지지재, 입자 크기에 따라 달라진다(Haruta, 2003).

나노 물질의 성질은 이미 정보저장, 전기, 환경 안전, 화장품 등의 분야에 다양하게 적용되고 있다. 더 많은 성질이 발견되면 나노입자는 더 넓은 범위의 문제에까지 적용될 수 있을 것이다. 나노 규모에서 나타나는 예상치 못한 독특한 성질은 과학자와 공학자로 하여금 물질의 행동과 구조를 설명하는 모델을 변화시키게 한다. 이러한 독특하고 예상치 못한 성질 덕분에 나노과학기술은 과학의 신흥분야로 부상하고 있다.

7~12학년 교육과정과의 연계성

물질의 성질과 특징을 확인하는 것은 과학의 기본적 개념 중 하나이다. 예를 들면, 학생들은 과학과 관련한 최초의 경험으로 주변 물체들의 성질을 묘사한다. 처음에 학생들은 크기, 모양, 색깔, 무게, 그리고 물체를 만드는 물질에 근거해서 묘사한다. 이런 성질들은 크기에 따라 변하기 때문에 물성으로 신뢰할 수 없다.

밀도, 녹는점, 끓는점, 용해도 등과 같은 세기 성질은 물질의 양과 상관없이 변하지 않으므로 크기 성질에서 나타내는 여러 가지 현상을 설명하는 데 도움이 된다. 학교 과학에서 일반적으로 언급되는 유일한 예외는 개별 원자와 분자가 덩어리 상태의 물질과 동일한 성질을 갖지 않는다는 것이다. 세기 성질은 거시 세계 내에서 다른 물질들을 비교하고 그러한 물질들의 행동을 예측하는 데 유용하다는 것을 알 수 있다.

그러나 이러한 규칙들은 덩어리 물질과 개별 원자, 분자 사이의 전이 과정에는 적용되지 않는다. 그러므로 나노과학기술의 혁명이 도래하면 덩어리 또는 거시 크기의 성질과 원자 또는 분자의 성질이라는 이분법으로 물질의 성질을 가르치는 것은 더 이상 충분하지 않을 것이다. 대신 더욱 정제된 수준을 사용해서 물질의 성질을 논의해야 한다. 모든 종류의 성질이 크기에 따라 변하기 때문에 더 이상 변하는 성질(크기 성질)과 변하지 않는 성질(세기 성질)을 명확하게 분류할 수 없다. 특히, 학생들이 관찰한 특성과 물질을 구성하는 원자나 분자의 성질을 연결할 수 있도록 도울 필요가 있다. 그뿐만 아니라 세기와 크기의 분류는 거시적 크기에서 물질을 묘사할 때만 의미 있으므로 크기에 연결되어야 한다. 거시 크기(규모)와 원자 크기 사이의 전이를 묘사하는 것은 학생들이 물질의 구조와 행동을 더 깊고 더 잘 이해를 할 수 있도록 해준다.

여섯 번째 빅 아이디어 – 자기 조립

어떤 물질은 특수한 상황에서 스스로 체계적인 구조를 조립한다. 이 과정은 나노 규모에서 물질을 조작하는 데 유용한 수단이 된다.

자기 조립에 관하여

현재의 기술은 과학자와 공학자들이 나노 물질의 성질을 규정하고 측정하는 것뿐만 아니라 나노 규모에서 물질을 조작하고 제어하는 데까지 발전했다. 현재 과학자들이 직면한 가장 큰 도전과제 중 하나는 나노 물질의 조작을 어떻게 하면 더 효과적이고 정확하게 하느냐 하는 것이다.

극히 매우 작은 사물을 제조하는 데 사용되었던 통상적인 접근은 덩어리 물질을 잘라내고 다듬어서 최종 생산물을 만들어내는 톱-다운(top-down) 방식이다. 톱-다운 제조과정의 한 예는 마이크로-유체와 마이크로-전자장치를 조작하는 데 사용되는 포토리소그래피(photolithography, 〈그림 2.4〉)이다. 포토리소그래피 과정에서 초소형 전자장치의 경우 기질[11](substrate)은 실리콘 표면이고, 이것은 '포토레지스트(감광성수지, photoresist)'라고 불리는 빛에 민감한 물질로 코팅되어 있다. 그 후 포토레지스트는 '마스크'를 통해 빛(예 자외선)에 노출된다. 마스크는 일정한 패턴으로 디자인된 형판(stencil) 같은 것으로, 포토레지스트 표면에서 원하는 패턴만 빛에 노출되도록 한다. 포토레스지스트는 빛과 상호작용을 했을 때만 변하는 성질을 가진다. 그 후 표면의 노출된 부위(양성 저항, positive resist)나 비노출 영역(음성 저항)을 제거하는 화학물질을 처리하면 디자인된 패턴이 만들어진다. 현재 수십 나노미터 크기의 패턴을 이러한 방법으로 만들 수 있다.

대안적 접근으로 더 작은 빌딩 블록을 결합하여 더 큰 생산물을 만드는 제조 방법인 보톰-업(bottom-up) 방식이 있다. 나노 규모에서 원자, 분자, 나노 규모 조합체나 빌딩 블록, 물체를 목적성에 맞게 제조하는 것은 매우 도전적인 일이다. 이를 위

11 효소와 작용하여 화학 반응을 일으키는 물질

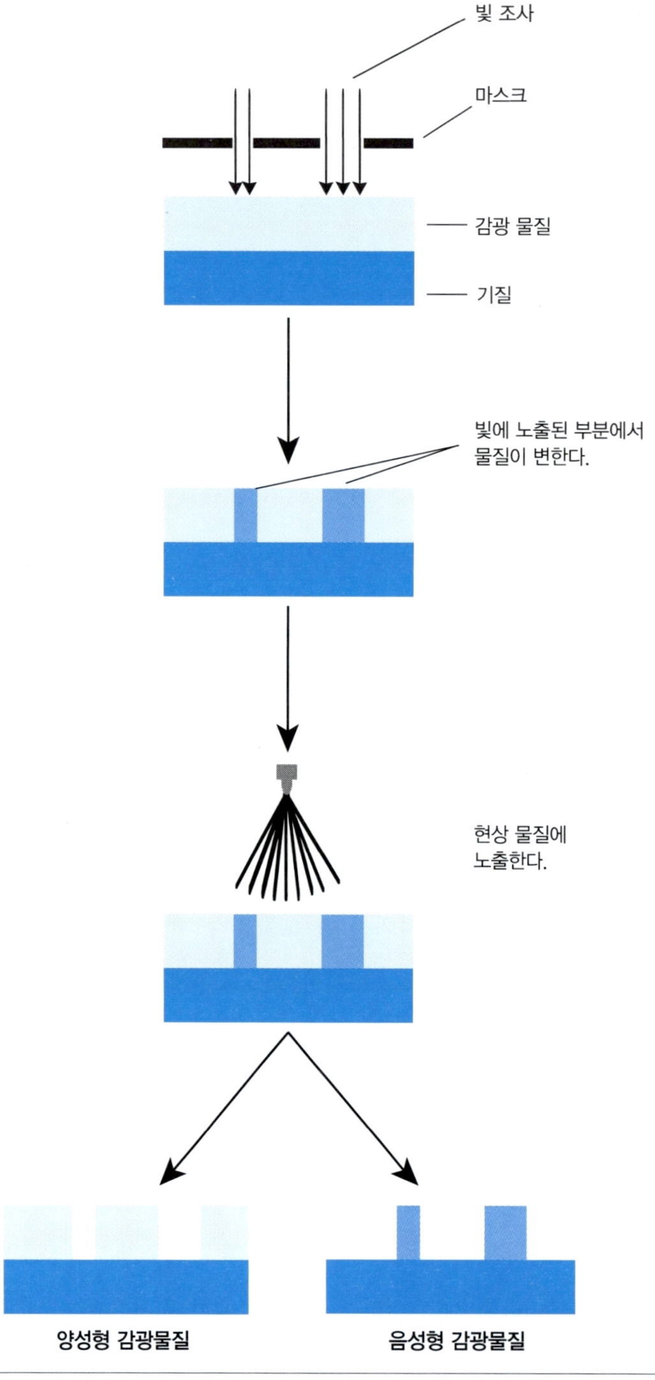

그림 2.4 톱-다운 조립의 예, 포토리소그래피 과정

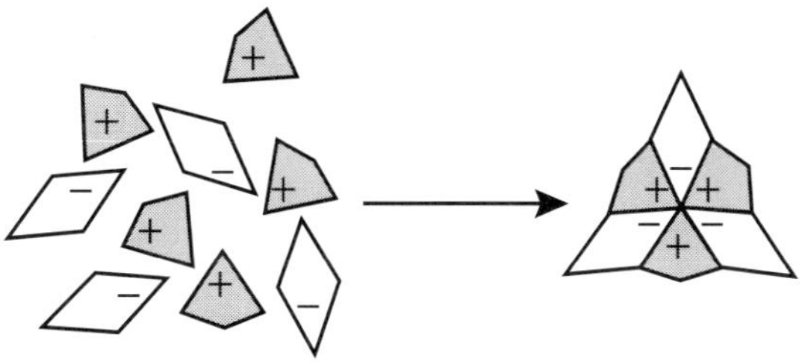

그림 2.5 자기 조립 과정

해 특히 유용한 보톰-업 과정이 자기 조립이다. 적절한 환경에서 어떤 빌딩 블록은 외부의 개입 없이 조직체를 조립할 것이다. 〈그림 2.5〉는 자기 조립의 간단한 모델을 보여주는데, 하얀색 삼각형은 회색 삼각형에, 회색 삼각형은 하얀색 삼각형 옆에만 위치해야 하는 식으로 설계된다. 자기 조립은 유용하고 독특한 나노 물질 제조 수단으로 많은 나노 구조물을 동시에 합성하는 전략이다.

나노과학기술에서 자기 조립의 중요성에 대해서 합의가 있다 하더라도, 그 분야는 여전히 통합된 정의가 필요하다. 이 책에서는 자기 조립의 과정과 필요성에 대한 일반적인 서술을 제공한다. 어떤 특정 성분 또는 빌딩 블록만이 자기 조립을 할 수 있다. 이것이 가능하려면 빌딩 블록이나 성분들이 독특한 특징(예 모양, 전하, 배열)을 가지고 있어야 한다(Whitesides and Grzybowski, 2002). 이러한 특징들은 빌딩 블록이 서로 어떻게 상호작용하는지를 결정한다. 빌딩 블록은 서로를 향해 순조롭게 움직여서 조립되고, 이 과정은 일반적으로 용액 속에서나 상이 다른 두 물질 경계면에서 일어난다(Whiteside and Boncheva, 2002).

모든 상호작용에 있어서 빌딩 블록의 유형과 특징, 환경(예 성분의 농도, 온도, 극성, 용매의 산도)은 자기 조립 과정에서 중요한 역할을 한다. 왜냐하면 빌딩 블록 간의 또는 분자 간의 인력과 반발력이 이들의 조립과정을 이끌기 때문이다.

안정하게 조립된 구조물을 형성하기 위해 알짜 인력은 구성 요소들을 당겨서 함께 붙어있을 수 있어야 한다. 자기 조립의 과정은 일단 어떤 상황이 형성되면 스스로 일어난다. 즉, 시스템의 최종 상태의 자유 에너지가 처음 상태보다 낮아야 한다(이 개념에 대한 보다 상세한 논의는 1장 〈힘과 상호작용〉 참조). 최종적으로 조립

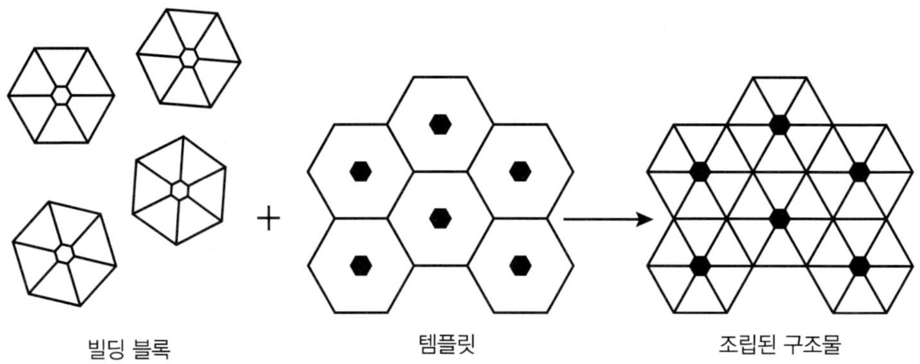

그림 2.6 템플릿을 활용한 자기 조립

된 구조의 결함을 줄이기 위해 템플릿이 사용될 수 있다(〈그림 2.6〉).

빌딩 블록은 자기 조립 과정 후에도 물리적 정체성을 유지한다. 이처럼, 올바른 조건이 되면 구성 요소들은 조립된 구조물 내에서 자신들의 위치를 바꾸거나, 초기 구성 요소들이 조립된 구조물로부터 분리될 수 있다(Whiteside and Boncheva, 2002). 이런 조건을 만족하는 빌딩 블록 간의 상호작용 유형은 제한적이다. 일반적으로 상호작용은 공유 결합이 아니기에 상대적으로 약하고 가역적이다. 〈표 2.3〉은 일반적인 상호작용이 적용된 몇 가지 예를 나타내었다(Whitesides, Mathias, and Seto,

표 2.3 자기 조립에 전형적으로 포함된 상호작용과 힘의 유형

상호작용의 유형	예
이온 간 상호작용	염다리 내부와 생체 분자들 사이; LED 물질
쌍극자–쌍극자 상호작용	액정
수소 결합	단백질의 이차구조(알파 나선 구조, 베타 병풍 구조)의 안정화 DNA 염기쌍; LED 물질
가역적 공유 결합	시스틴 결합
금속 배위	아연 집게(단백질 무늬), 유기금속 화합물
소수성 상호작용	인지질 이중층, 단일층, 단백질 접힘
전기영동(유도 쌍극자)	탄소나노튜브 뭉침
방향족 π–적층	핵산 나선의 안정화; 분자 족집게; 원판형 액정

출처: Whitesides, Mathis, and Seto, 1991 인용

1991). 자기 조립은 전기적 힘을 정교하게 제어하여 더 높은 수준으로 조직된 구조물과 조립체를 만드는 적용 과정이다.

자기 조립이 나노 기술의 진보에 결정적 기술이긴 하지만, 이것이 새로운 과정은 아니다. 자기 조립은 천문학에서부터 분자에 이르기까지 모든 규모에서 자연발생적으로 일어난다. 나노 규모의 대표적인 예는 DNA 이중 나선의 조립이다. 그뿐만 아니라, 살아있는 모든 유기체 내에서 결정적인 기능을 수행하는 많은 분자 엔진들은 자기 조립 과정을 통해서 만들어진다. 눈송이도 마찬가지다. 작은 구조물부터 더 큰 구조물을 만들 때의 장점은 투입되어야 하는 외부 정보의 양이 축소되고 조립된 최종 생성물의 결점을 감소시킨다는 것이다(Kushner, 1969). 그러나 인간이 새로운 물질을 만들기 위해 자기 조립을 사용하는 지식과 기술을 얻게 된 것은 최근의 일이다.

자기 조립에는 정적인 것과 동적인 것 두 가지 유형이 있다(Mistel, 2001; Whitesides and Grzybowski, 2002). 생물학자들은 종종 정적인 자기 조립과 동적인 자기조직 두 가지 유형을 언급한다. 그러므로, 지금까지 현존하는 예는 저절로 모여 구조물을 형성하는, 열역학 에너지가 최소화하는 정적 자기 조립의 예이다. 이러한 정적 자기 조립 유형의 다른 예들은 분자 결정, 바이러스, 액정 등이 있다. 동적 자기 조립 또는 자기조직은 물질과 에너지 교환이 일어나는 구조물을 만든다. 예를 들면, (생물 세포 내의) 미세소관의 망[12](microtubule network, Misteli, 2001)이나 세포 분할(Whitesides and Grzybowski, 2002) 등이다. 자기 조립은 공학자들에 의해 나노 규모 제작에 도입되는 보편적인 과정이다.[13]

왜 이것이 빅 아이디어인가?

자기 조립은 과학 교과에서 매우 중요한 함의를 가지는 과정이다. 생물에서 핵산

12 미세소관은 고속도로와 같이 세포 내 물질의 이동통로, 세포의 운동을 담당하며 원통 모양으로 이루어져 있다.

13 비록 자기조립은 나노 구조, 물질, 시스템을 효율적이고 정교하게 합성하는 전략을 제공하지만, 이런 생성물을 조립하는 유일한 방법인 것은 아니며 최선의 방법도 아니다.

이나 단백질 접힘, 세포막 형성, 그리고 유기체의 발달 과정은 자기 조립의 예이다. 결정화를 통한 광물 형성은 중요한 지질학적 과정이고, 은하계와 태양계의 형성은 천문학적 크기의 자기 조립의 예이다. 화학에서 원자나 원자단은 예상되는 방법으로 조립하여 조직된 구조를 형성한다. 이처럼 자기 조립은 빌딩 블록 간 관계나 상호작용을 지배하는 힘, 그리고 과학 교과의 많은 내용에서 조립 시스템을 나타내는 에너지 등과 같은 근본적인 개념과 연결하는 기회가 된다.

나노 물질의 성질과 행동에 대한 새로운 지식이 폭발적으로 증가하여 잠재적이고 새로운 응용 분야가 확장되었다. 이처럼 나노 물질의 제작, 조작 및 특성화는 크게

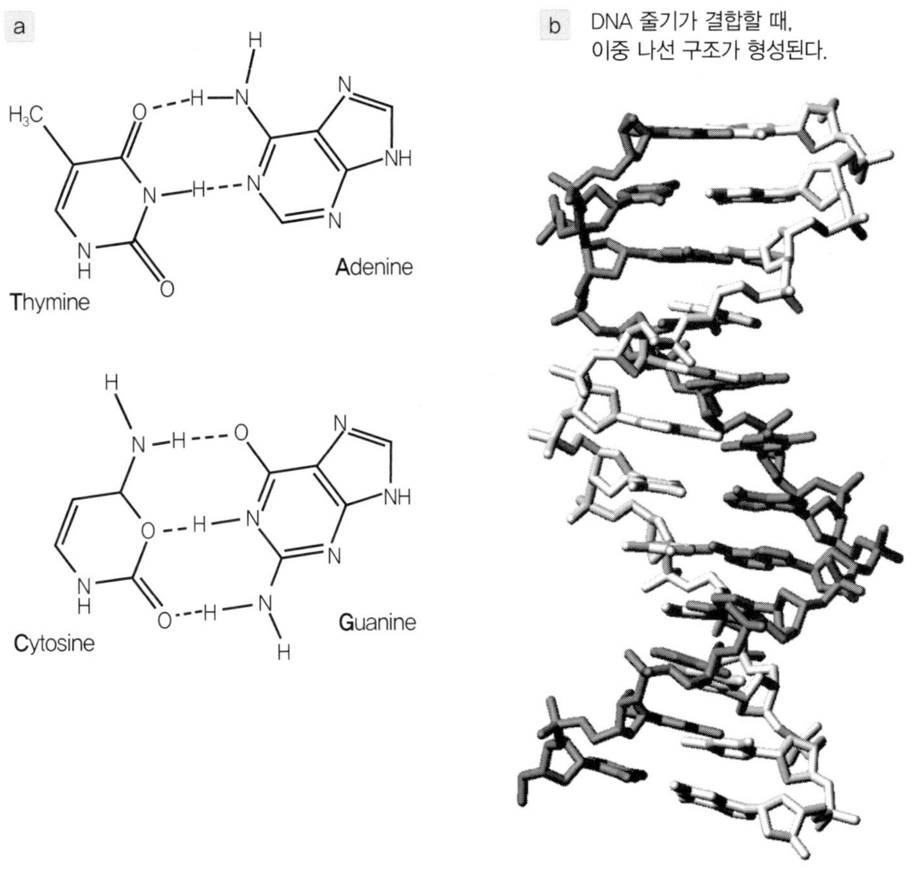

그림 2.7 (a) 네 가지 DNA 염기는 두 가지 염기쌍을 형성하도록 상호작용한다. A–T 또는 G–C
(b) 두 줄기는 DNA 이중 나선을 형성하도록 상호작용한다.

발전하였지만, 나노 과학자와 공학자에게는 이러한 작업을 더 정확하고 효과적으로 할 수 있도록 해야 한다는 과제가 남아 있다.

자기 조립은 나노 규모의 구조, 물질, 시스템을 만드는 데 중요한 과정이다. DNA의 길이는 마이크로미터까지 이를 수 있지만, 이중 나선의 지름이 최대 2.5 nm이기 때문에 나노 규모 구조물로 정의된다. DNA의 두 가닥은 이 크기에서 제어가 가능한 특수성도 함께 복제되어야 한다. 각 줄기는 상대편 가닥에서 짝이 되는 염기와 상호작용하는 네 가지 염기 배열-아데닌, 티민, 구아닌, 시토신-을 포함한다(아데닌은 티민, 구아닌은 시토신과 상호작용). 염기쌍은 수소 결합으로 연결되고, 평면의 염기는 DNA의 유사한 이중 나선 구조를 형성하기 위해 서로의 위와 아래에 '쌓인다'(〈그림 2.7〉).

나노 규모 자기 조립의 또 다른 예는 빌딩 블록(예 인지질)이 친수성 말단과 소수성 말단을 가지는 세포막 형성이다(〈그림 2.8〉). 친수성 말단은 쌍극자-쌍극자 상호작용을 통해서 물 분자와 상호작용한다. 그러므로, 수용액 환경에서 친수성 말단은 모두 물 쪽으로 노출되도록 배열하고, 소수성 말단은 안으로 묻힌다. 자연에서 이 과정은 생물학적 세포막으로 잘 알려진 조직을 만드는 과정이다. 이러한 세포막은 세포 외부와 내부의 화학적 또는 생화학적 환경을 다르게 유지하도록 하는 장벽을 만들기 때문에 매우 중요하다. 인지질은 또한 표면에서 단일층으로 조립된다. 비슷하게 합성하여 친수성을 나타내는 단일벽 탄소나노튜브 덩어리는 친수성 표면 위에서 자기 조립을 통해 조직될 수 있다(Zhou et al., 2002). 나노튜브의 일정한 패턴은 표면의 자연적 성질(친수성 또는 소수성)을 조절함으로써 만들어질 수 있다.

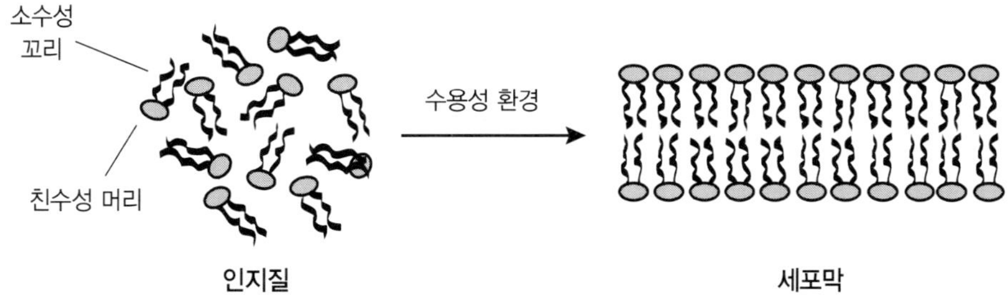

그림 2.8 인지질 이중층이나 세포막에서 인지질의 배열

과학자와 공학자는 자연계에서 관찰되는 원리를 복잡한 구조와 기계의 자기 조립에 적용하기 시작했다. 핵 형성과 결정 성장의 과정은 화학적, 물리적 성질이 필요한 공학자들의 목적에 맞게 사용되고 있다(Hollingsworth, 2002). 핵산은 자기 조립 과정에서 다양한 역할을 할 수 있다. 과학자들은 DNA 특수 배열의 복제를 많은 양으로 빠르고 정확하게 합성하기 위해 DNA 가닥 인식의 특수성을 활용한다. PCR(Polymerase Chain Reaction)이라고 불리는 이 과정은 분자생물학 분야에 혁명을 일으켰으며 생명공학 혁명의 원동력이었다. DNA의 자연적 기능과 거리가 멀지만, 과학자들은 핵산 가닥 사이의 특이적 상호작용을 이용해서 비계(scaffolding)나 템플레이트(template)를 만들어 자기 조립 과정을 잘 일어나게 한다. 이러한 DNA 비계는 상호 특이적인 배열 또는 패턴의 이차원 모양이거나 다면체 같은 삼차원 모양을 띨 수 있다(Seeman and Lukeman, 2005). 과학자들은 금 나노선(Mbinyo et al., 2001)과 나노입자 결정(Park et al., 2008)의 조립에도 DNA를 사용하고 있다.

현재 자기 조립은 합성 화학의 가능성을 확장하거나 새로운 나노입자 구조물을 만드는 데 사용되고 있다. 과학자들은 비공유 결합 또는 가역적 상호작용(수소 결합, 쌍극자-쌍극자 상호작용, 시스틴 결합)을 통해 대칭적이고 질서정연한 방식으로 원자단을 결합하여 덴드리머[14](dendrimer)나 초분자라고 불리는 더 큰(종종 눈송이 같은) 분자를 형성한다(〈그림 2.9〉). 덴드리머는 선형 중합체가 아닌 수많은 가지 형식의 크고 대칭적인 공 모양의 분자이다. 대신에 모든 결합은 중심에서 방사형의 바깥쪽으로 확장되어 있다. 이러한 구조는 공유 결합, 수소 결합, 또는 어떤 배위 결합을 통해서 형성될 수 있다. 일반적으로, 초분자 화학은 더 큰 분자를 만들기 위해 비공유 전기적 힘(수소 결합, 유발 쌍극자 상호작용)으로 빌딩 블록을 인식하고 합체하는 과정을 포괄한다. 덴드리머는 약물 운반과 섬유 염색을 향상하는 사전처리제에 잠재적으로 응용될 수 있다.

과학자들은 대체로 자연 과정에서 자기 조립의 원리를 배우고 나노 규모의 물질을 조작하고 설계하는 도전적인 과제에 적용하고 있다. 화학자들은 일반적으로 분

---

14 덴드리머(Dendrimer)는 매우 규칙적 가지 구조를 가지고 있는 거대 분자이다. 덴드리머는 공통적으로 중앙에는 기능 중심(core)이 있고, 이 중심은 연이은 가지 단위(branching unit)의 세대(generation)로 연결되어 있다. 내부에는 빈 공간과 홈(channel)이 있다.

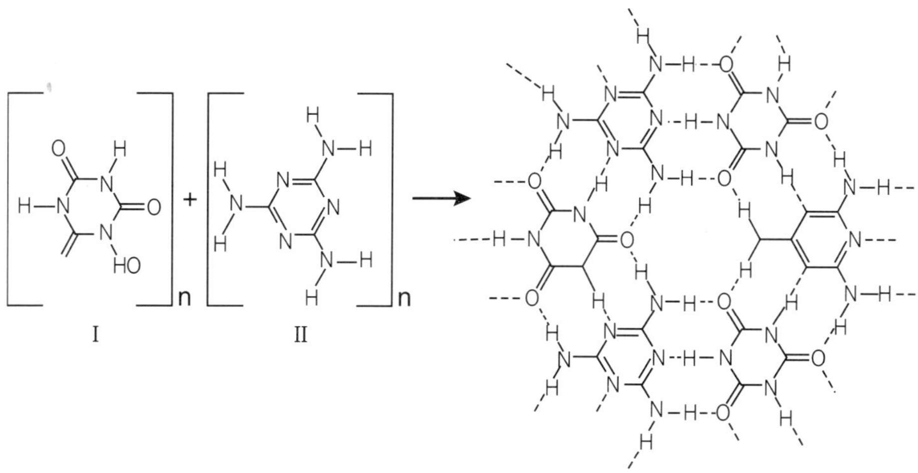

그림 2.9 초분자 구조의 형성. 두 가지 빌딩 블록(Ⅰ과 Ⅱ)은 수소 결합(점선)을 통해 상호작용하여 초분자 구조를 형성한다.

자 크기에 집중하기 때문에, 분자 자기 조립을 사용한 합성 과정을 잘 이해하고 있을 것이다. 그러나 원자의 빌딩 블록은 거의 제어하지 못한다. 분자나 더 큰 구조를 포함하는 빌딩 블록으로 확장함으로써 과학자와 공학자들은 빌딩 블록의 특성을 제어할 수 있게 되고(Whitesides and Boncheva, 2002), 잠재적으로 사용할 수 있는 더 많은 빌딩 블록을 가지게 된다. 자기 조립 과정의 또 다른 이점은 포토리소그래피와 다르게 이 보톰-업 과정이 3차원 구조를 건설하는 데 더 유동적인 전략을 제공한다는 점이다(Seeman, 2007). 이처럼, 자기 조립은 물질의 독특한 성질을 나노 규모에서 적용하기 위한 노력에 중요한 역할을 할 수 있을 것이다.

7~12학년 교육과정과의 연계성

자기 조립은 단지 나노 기술의 발전에만 사용되는 과정이 아니다. 자기 조립은 자연계의 모든 크기의 구조물을 만드는 과정이다. 자기 조립의 원리는 특수한 상황에서 구성 성분들이 외부 개입 없이 체계적인 구조를 조립한다는 점에서 자연계나 공학적 영역 모두 같다. 이처럼 자기 조립 과정은 상호작용의 특수성과 세기에 영향을 미치는 요소를 더 깊이 이해하는 기회가 된다. 예를 들면, 과학자와 공학자는 나노구조물의 놀라운 특수성을 새롭게 연구하고 나노구조물을 제작하는 데 DNA를 사용한다. 이 경우, 자기 조립 과정은 유전자 암호를 배우는 데 도움이 되거나, DNA의 막대한 힘과 특수성을 강조하는 데 사용될 수 있다. 그뿐만 아니라, 자기 조립 과정(예 빌딩 블록의 특징, 전기적 힘, 자유 에너지, 특수성)의 설명에 중요한 요소들은 나노, 분자, 또는 원자 규모의 어떠한 실물들 사이의 상호작용을 설명하는 데에도 매우 중요하다(상세한 논의는 2장 〈힘과 상호작용〉 참조).

✚ 감사의 글

이 장의 〈크기 의존 성질〉을 읽고 도움이 되는 논의를 해준 Gina Ney에게 저자들은 감사를 표한다.

✚ 참고문헌

Campbell, C. T. 2004. The active site in nanoparticle gold catalysis. *Science* 306: 234–235.

Cortie, M. B. 2004. The weird world of nanoscale gold. *Gold Bulletin* 37 (1–2): 12–19.

Dick, K., T. Dhanasekaran, Z. Zhang, and D. Meisel. 2002. Size-dependent melting of silica-encapsulated gold nanoparticles. *Journal of the American Chemical Society* 124 (10): 2312–2317.

Eberhardt, W. 2002. Clusters as new materials. *Surface Science* 500: 242–270.

Fréchet, J. M. J. 2002. Dendrimers and supramolecular chemistry. *Proceedings of the National Academy of Sciences, U.S.A.* 99 (8): 4782–4787.

Haiss, W., N. T. K. Thanh, J. Aveyard, and D. G. Fernig. 2007. Determination of size and concentration of gold nanoparticles from UV-Vis spectra. *Analytical Chemistry* 79 (11): 4215–4221.

Handley, D. A. 1989. Methods for synthesis of colloidal gold. In *Colloidal gold: Principles, methods, and applications*, ed. A. Hayat. San Diego: Academic Press.

Haruta, M. 2003. When gold is not noble: Catalysis by nanoparticles. *The Chemical Record* 3: 75–87.

Heath, J. R. 1995. The chemistry of size and order on the nanometer scale. *Science* 270 (5240): 1315–1316.

Hollingsworth, M. D. 2002. Crystal engineering: from structure to function. *Science* 295 (5564): 2410–2413.

Hughes, D. A., and N. Hansen. 2003. Defomation structures developing on fine scales. *Philosophical Magazine* 83 (31): 3871–3893.

Kabiri, K., H. Omidian, S. A. Hashemi, and N. J. Zohuriaan-Mehr. 2003. Synthesis of fast–swelling superabsorbent hydrogels: Effect of crosslinker type and concentration on porosity and absorption rate. *European Polymer Journal* 39: 1341–1348.

Kushner, D. J. 1969. Self-assembly of biological structures. *Bacteriological Reviews* 33 (2): 302–345.

Lewis, L. J., P. Jensen, and J.-L. Barrat. 1997. Melting, freezing, and coalescence of gold nanoclusters. *Physical Review B* 56 (4): 2248–2257.

Link, S., and M. A. El-Sayed. 1999. Spectral properties and relaxation dynamics of surface plasmon electronic oscillations in gold and silver nanodots and nanorods. *Journal of Physical Chemistry, Series B* 103: 8410–8426.

Mbindyo, J. K. N., B. D. Reiss, B. R. Martin, C. D. Keating, M. J. Natan, and T. E. Mallouk. 2001. DNA-directed assembly of gold nanowires on complementary surfaces. *Advanced Materials* 13(4): 249–254.

Misteli, T. 2001. The concept of self-organization in cellular architecture. *Journal of Cell Biology* 155 (2): 181–185.

Mulvaney, P. 2001. Not all that's gold does glitter. *MRS Bulletin*: 1009–1014.

Park, S. Y., A. K. R. Lytton-Jean, B. Lee, S. Weigand, G. C. Schatz, and C. A. Mirkin. 2008. DNA-programmable nanoparticle crystallization. *Nature* 451: 553–556.

Roduner, E. 2006. Size matters: Why nanomaterials are different. *Chemical Society Reviews* 35: 583–592.

Savage, N., and M. S. Diallo. 2005. Nanomaterials and water purification: Opportunities and challenges. *Journal of Nanoparticle Research* 7: 331–342.

Seeman, N. C. 2007. Nanotechnology and the double helix. *Scientific American, Special Edition*: 30–39.

Seeman, N. C., and P. S. Lukeman. 2005. Nucleic acid nanostructures: Bottom-up control of geometry on the nanoscale. *Reports on Progress in Physics* 68: 237–270.

Wagner, F. E., S. Haslbeck, L. Stievano, S. Calogero, Q. A. Pankhurst, and K.-P. Martinek. 2000. Before striking gold in gold-ruby glass. *Nature* 407: 691–692.

Whitesides, G. M., and M. Boncheva. 2002. Beyond molecules: Self-assembly of mesoscopic and macroscopic components. *Proceedings of the National Academy of Sciences, U.S.A.* 99 (8): 4769–4774.

Whitesides, G. M., and B. Grzybowski. 2002. Selfassembly at all scales. *Science* 295: 2418–2421.

Whitesides, G. M., J. P. Mathias, and C. T. Seto. 1991. Molecular self-assembly and nanochemistry: Achemical strategy for the synthesis of nanostructures. *Science* 254: 1312–1326.

Zhang, W.-X. 2003. Nanoscale iron particles for environmental remediation: An overview. *Journal of Nanoparticle Research* 5: 323–332.

Zhou, O., H. Shimoda, B. Gao, S. Oh, L. Fleming, and G. Z. Yue. 2002. Materials science of carbon nanotubes: Fabrication, integration, and properties of macroscopic structures of carbon nanotubes. *Accounts of Chemical Research* 35 (12): 1045–1053.

Chapter

03

나노과학기술을 한 발 앞으로

지금까지 논의한 나노과학기술의 여섯 가지 빅 아이디어는 나노 규모 현상을 이해하는 데 필수적인 과학 내용과 직접적으로 연관되어 있다. 이 장에서는 나노과학기술 분야를 발전시키는 데 결정적인 역할을 할 두 가지 빅 아이디어-〈도구와 장치〉, 〈모델과 시뮬레이션〉-를 다룰 것이다.

도구는 나노과학기술의 조사와 발달에 중요한 역할을 하며, 과학자들이 나노 규모 현상을 설명하고, 연구하고, 관찰하고, 측정할 수 있도록 해준다. 그뿐만 아니라, 도구는 나노 규모 생성물의 빌딩 블록을 직접 조작하는 데 필요하다. 그러므로 도구의 이용은 물질의 구조나 힘, 상호작용 등의 내용 영역에 정보를 제공한다. 〈그림 3.1〉에 나타난 것처럼 과학 내용의 빅 아이디어는 나노세계를 연구하는 데에 필수적인 새로운 도구의 설계와 제작에 정보를 주기도 한다.

〈모델과 시뮬레이션〉의 빅 아이디어는 1장에서 논의한 네 가지 빅 아이디어, 2장에서 논의한 두 가지 빅 아이디어와 연결된다. 모델을 만들고 수정하는 것은 과학 과정의 본질적인 부분이다. 시뮬레이션은 모델의 타당성을 시험하고, 실험, 설계, 합석 과정에 도움을 준다. 그뿐만 아니라, 모델과 시뮬레이션은 새로운 도구와 물질의 설계에도 필요하다. 그러므로 모델과 시뮬레이션은 나노과학기술의 빅 아이디어 대부분에서 정보를 주고받는다(〈그림 3.2〉).

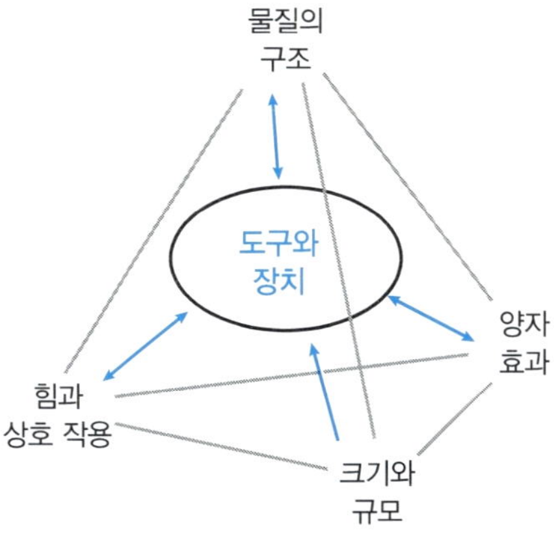

그림 3.1 〈도구와 장치〉와 다른 빅 아이디어 간의 관계

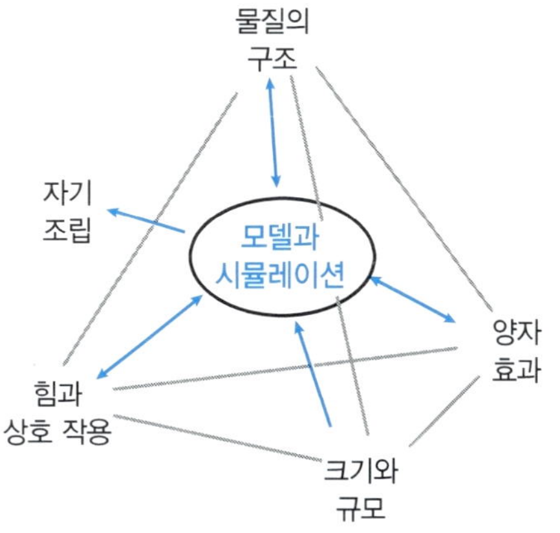

그림 3.2 〈모델과 시뮬레이션〉과 다른 빅 아이디어 간의 관계

일곱 번째 빅 아이디어 – 도구와 장치

> 새로운 도구와 장치의 발달은 과학적 과정의 동력이 된다. 최근 특화된 도구의 발달로 과학자들은 전례 없는 정밀도를 통해 나노 물질을 조사, 조작, 측정, 제작, 탐지할 수 있게 되었으며, 물질을 새로운 높은 수준에서 이해할 수 있게 되었다.

도구와 장치에 대하여

과학과 기술은 서로의 동력이기 때문에 기술은 과학적 과정에서 중요한 역할을 한다. 우리가 세계를 이해하는 수준은 사용하는 도구에 따라 어느 정도 제한된다. 이는 과학자들의 관찰과 측정이 도구와 장치에 의해 결정된다는 사실을 의미한다. 이러한 접근성은 과학자들이 새로운 이해와 질문에 도달하게 하고(과학 과정의 결정적 부분), 따라서 과학의 발전으로 이어지게 한다. 예를 들면, 망원경으로는 우주의 거리를 설명할 수 있는 반면, 광학 현미경으로는 너무 작아서 볼 수 없는 세계를 조사할 수 있다. 이처럼 도구의 개발은 매우 다른 세계 내에서 일어나는 현상들을 이해할 수 있게 한다. 주사 탐침 현미경(SPM)이나 전자 주사 현미경(SEM) 같은 도구와 장치의 발달 덕에 몇 년 전에만 해도 상상할 수 없었던 방법으로 나노세계에 접근할 수 있게 되었다. 새로운 기구 덕분에 과학자와 공학자들은 상대적으로 쉽게 나노 물질과 물체를 제조하고 특성화시킬 수 있었던 것이다. 이러한 새로운 접근방법으로 나노 물질을 새롭게 이해하고, 새로운 응용 분야를 발달시킬 수 있었다.

왜 이것이 빅 아이디어인가?

역사적으로 봤을 때, 새로운 기구의 발달은 이전이라면 보지 못했던 세계에 접근할 수 있게 해주었다. 갈릴레오는 새로운 기구인 망원경을 하늘로 돌려서 지구가 복잡한 행성계의 일부임을 밝혔다. 코페르니쿠스와 케플러, 뉴턴의 이론을 조합한 갈릴레오의 관찰은 천문학적 혁명을 일으켰다. 오늘날에는 다양한 망원경이 지구 궤도를 돌고, 가시광선뿐만 아니라 완전한 전자기 스펙트럼에서 나온 방사선을 이용하여 하늘을 조사한다. 이러한 기구들이 수집하는 정보는 우주와 태양계의 형성을 비롯한 수많은 질문에 대한 통찰력을 갖게 해준다. 새로운 기술은 멀리 떨어진 행성에 탐사선을 보내고 인간이 우주여행을 할 수 있게 해주었다.

현미경의 발달로 과학자들은 너무 작아서 맨눈으로 볼 수 없었던 세계를 관찰하고 조사할 수 있게 되었다. 17세기에 레이우엔훅은 처음 광학 현미경을 발견하여 생물학적 유기체의 작은 세상을 열었다. 그는 물 한 방울이 생명체로 바글거린다는 것, 혈액이 연속된 액체가 아니라 몇몇 종류의 입자를 포함하고 있다는 것을 발견하였다. 이것은 생물학적 혁명의 시작이었고 살아있는 유기체의 기능과 구조를 더 깊이 이해할 수 있게 했다. 그러나 다른 모든 기구처럼 광학 현미경도 한계가 있다. 탐침에 사용하는 가시광선의 해상도는 최대 0.2 μm 또는 (2×10^{-7} m)까지가 한계이다.

20세기 후반에는 현미경 관찰에 엄청난 진보가 있었다. SEM은 시료를 주사(scan)하는 데 가시광선 대신 집중된 전자빔을 사용한다. 시료의 이미지는 후방 산란된 전자의 패턴으로부터 만들어진다. 이러한 기술은 10 nm 크기만큼 작은 특징들을 분석하고, 마이크로와 나노 규모의 세계를 이해하는 데 중요한 역할을 해 왔다.

SPM은 나노 규모의 세계에서 작업하고 조사하는 또 다른 도구이다. 이 도구는 SEM과 비슷하게 시료 표면을 주사하여 이미지를 만든다. 그러나 SPM은 전자빔 대신 물리적 탐침으로 주사한다. 탐침의 유형에 따라 얻을 수 있는 정보의 종류도 달

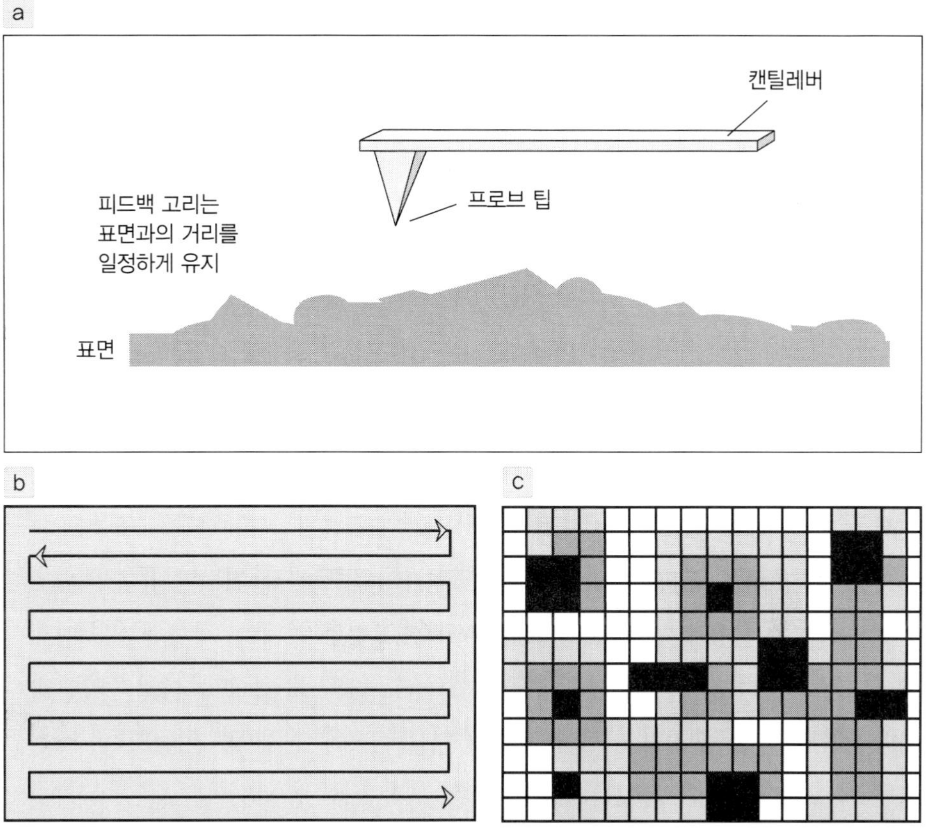

그림 3.3 (a) 표면의 이미지를 생성하는 AFM의 모델 (b) 팁은 표면을 체계적으로 주사한다. (c) 표면의 지형을 색으로 부호화한 지도(진회색 > 중간 회색 > 밝은 회색 > 흰색)

라진다. 예를 들면, 원자 힘 현미경(AFM)은 아래로 갈수록 가늘어져서 끝이 10 nm보다 작은 반경으로 뾰족해지는 탐침을 사용한다. 이 탐침은 탐침의 끝과 표면 사이의 전기적인 원자 간 힘이나 분자 간 힘을 탐지한다(〈그림 3.3〉). 피드백 고리는 탐침과 표면 사이의 거리를 일정하게 유지한다. 이 과정은 점자책을 읽을 때 손가락으로 쓸어 읽는 것과 매우 비슷하다(〈그림 3.3 b〉). 탐침이 표면과 일정한 거리를 유지하기 위해서 조정되어야 하는 탐침의 거리는 이미지 형태로 기록된다. 이러한 거리는 〈그림 3.3 c〉에 나타낸 것처럼 2차원 이미지로 묘사되거나 3차원 이미지로 변환될 수 있다.

AFM은 고체 표면뿐만 아니라 시료의 다양한 형태를 측정하는 데에도 사용된다.

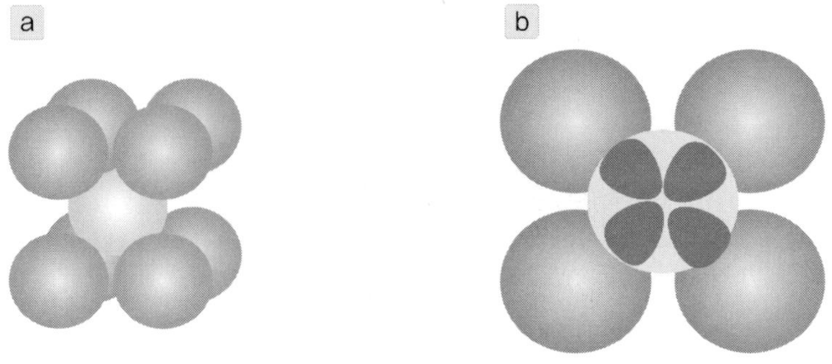

그림 3.4 (a) 입방체 중심 패턴으로 채워진 원자의 모델 (b) 더 높은 전자 밀도로 예상되는 네 개의 예측 가능한 로브는 상부층 원자에서 진회색으로 나타난다.

이것은 분자기계와 같은 나노 규모 생물구조물의 기능과 구조 탐색에 유용한 도구이다(Muller and Dufrene, 2008). 최근에 과학자들은 단원자 원소의 유형을 확인하는 데 AFM을 사용한다(Sufimoto et al., 2007). 그뿐만 아니라, 과학자들은 아원자적 특징을 분석하기 위해서 AFM을 사용했다(Giessibl et al., 2000). 예를 들면, 과학자들은 단일 탄소 원자로 이루어진 AFM 팁을 이용해 원자 **내** 전하밀도의 패턴을 탐지하여 100 pm(10^{-10} m)보다 작은 특징을 분석할 수 있었다. 텅스텐 원자는 입방체 격자 중심에 쌓여 있다(〈그림 3.4 a〉). 이러한 배열 때문에 상부층에서 원자의 전자 밀도(〈그림 3.4 b〉)가 증가한 네 개의 로브(lobe, 둥근 잎 모양)가 있다고 계산된다. 전자 전하밀도의 이러한 패턴은 AFM으로 탐지되었다(Hembacher, Giessibl, and Mannhart, 2004).

SPM은 시료의 어떤 성질을 측정하는가에 따라 다른 탐침을 사용한다. SPM은 자성의 세기와 크기를 포함하여 물질이 가열되는 방식, 그리고 표면의 광학적 또는 화학적 성질을 측정할 수 있다. 많은 기구와 기술이 나노 규모 구조물을 측정하고 관찰할 수 있게 하지만(예 x-ray 결정학, 핵자기공명 분광학), 적절한 시료를 마련하는 데에는 제약이 따른다. 다른 기구들과 마찬가지로 SPM이 만드는 이미지에는 한계가 있다. 그러나 SPM이 이미지화할 수 있는 시료의 범위가 넓고 시료 준비가 상대적으로 용이하기 때문에 나노의 세계에 더욱 쉽게 접근할 수 있었다.

새로운 도구는 이 크기의 구조물을 조립하고 제조할 수 있는 능력이 있다. 예를

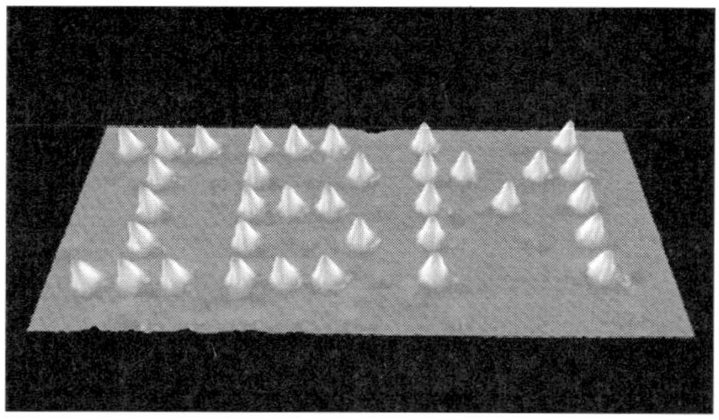

그림 3.5 니켈 표면에 배열된 제논 원자들. 각각의 문자는 상부에서 바닥까지 5 nm이었다.

출처: Eigler and Schweizer, 1990. Image originally created at IBM Corporation. Downloaded from *www.almaden.ibm.com/vis/stm/images/ibm.tif*

들면, SEM은 〈그림 2.4〉에서 나타낸 포토리소그래피 과정에서 표면의 특별한 나노 규모 패턴을 만드는 데 사용할 수 있다. 이 기술은 공학자가 마이크로와 나노 전자 소자(MEN과 NEM)를 만들 때 전자 소자의 소형화에 중요한 역할을 한다. 다른 유형의 SPM인 주사 터널링 현미경(STM)은 원자에 의한 원자 물질의 제작에 사용할 수 있다(STM과 터널링의 설명은 1장의 〈양자 역학〉 참조). 1990년에 Eigler와 Schweizer는 STM(〈그림 3.5〉)을 이용해서 최극저온 4K(-296 ℃)에서 니켈 표면 위에 IBM 문자를 제논 원자의 이온 이미지로 만들었다. 이 문자의 높이는 상부에서 바닥까지 5 nm였다. 이처럼 새로운 도구와 장치는 나노 기술 분야의 향상에 결정적인 요소가 된다.

7~12학년 교육과정과의 연계성

이 글을 작성하고 있는 현재(2009년) 7~12학년 과학교육과정에서 학생들이 배워야 하는 내용은 맨눈으로 볼 수 없는 현상과 물체에 관한 것들이다. 초등학교에서 학생들은 전기나 힘 같은 추상적인 개념에 대해 배운다. 살아있는 유기체에 대해 배울 때, 학생들은 세포와 세포의 기능을 조절하는 더 작은 구조물(예 미토콘드리아, 단백질, DNA)까지도 배운다. 앞서 설명한 도구를 사용하면 볼 수 없었던 것들(상대적 크기, 세기, 존재 여부까지)의 관찰과 측정이 가능해져 학생들은 추상적 개념을

그림 3.6 흑연의 저온 AFM 이미지는 탄소 원자의 육각형 패턴을 보여준다.

출처: Image reprinted from Hembacher, S., F. J. Giessibl, J.Mannhart, and C. F. Quate. 2003. *Proceedings of the National Academy of Sciences*, USA 100 (22): 12539-12542 with permission. Copyright (2003) National Academy of Sciences USA. PNAS is not responsible for the accuracy of this translation.

더 쉽게 이해할 수 있을 것이다. 광학 현미경은 학생들이 작은 유기체와 세포 세계에 접근할 수 있게 하고, 전압계와 전류계는 각각 전압과 전류를 측정할 수 있게 해준다.

이론은 원자의 존재를 예측할 수 있지만, 그 존재를 증명하는 것은 실험적 증거이다. 불행하게도, 역사적 실험들 자체가 다소 추상적이어서 학생들을 이해시키기에는 부족하다. SPM은 원자의 존재에 대해 새롭고 더욱 접근성 있는 증거를 제공한다. 이미지는 그 수준을 넘어서 고체 내 원자의 배열이나 원자 내 전자의 분포에 대한 증거도 제공한다. 〈그림 3.6〉은 흑연 내 탄소 원자의 육각형 배열을 나타내는 AFM 이미지이다(Hembacher et al., 2003). 특히 이런 이미지에서 과학자들은 마침내 이전에는 볼 수 없었던 탄소 원자를 관찰할 수 있었다. 〈그림 3.6〉에서 보는 것처럼, AFM은 텅스텐의 공유 결합으로 발생하는 불균등한 전하밀도에 대한 증거를 제시한다. 그러나 학생들은 이 이미지가 광학 현미경을 통해 볼 수 있는 것과 비슷하다고 믿는다(Harrison and Treagust, 2002). 그래서 학생들은 종종 컴퓨터로 생성된 이미지와 원자 및 분자의 특징을 혼동한다.

과학자들이 무엇을 관찰하고 측정할 수 있느냐는 도구에 따라 결정된다. 어떤 현상을 이해하고자 하는지, 그래서 무엇을 관찰하고 측정하고자 하는지에 맞추어 새로운 도구가 개발되었다. 그러므로 과학자들에게 있어 새로운 도구와 장치의 발달은 실험 설계의 일부나 다름없다. 도구의 발달과 가설의 관계는 과학적 과정의 핵심 요소이다. 그뿐만 아니라, 현상을 조사하는 데 사용된 도구는 크기에 의존한다. 그러므로 크기와 규모에 관한 개념과 도구는 교실에서 개념적으로 짝지어 연구할 수 있다.

여덟 번째 빅 아이디어 – 모델과 시뮬레이션

과학자들은 모델과 시뮬레이션을 사용하여 사물, 물질, 과정, 시스템을 포함한 현상에 대한 구조, 성질, 거동을 가시화하고, 설명하고, 예측하고, 가설을 세운다. 나노 규모 사물은 극히 작고 복잡하므로 모델과 시뮬레이션은 나노 규모 현상의 연구와 설계에 유용하다.

모델과 시뮬레이션에 대하여

모델은 대상 물질(예 현상, 물체, 물질, 시스템 또는 관계)을 표현하는 대안적 방법이다. 즉, 모델은 추상적이거나 구체적인 대상을 대표한다. 모델은 물리적이거나 컴퓨터-기반, 정적이거나 동적일 수 있다. 모델의 유형은 목적과 대상물 모두에 의존한다. 모델은 (모두일 필요는 없지만) 대상물의 어떠한 행동 양상을 묘사하고, 설명하고, 예측할 수 있어야 한다. 예를 들면, 수학적 공식은 패턴과 관계를 나타내는 데 사용되는 유형 중 하나이다. 모형이 설명할 수 있는 것과 설명하지 못하는 것 사이의 균형은 그 목적에 의해 이루어진다. 그러므로 모델은 모델 제작자가 대상물의 어떤 측면을 강조하고자 하는지에 따라 절충된다. 표적물의 다른 측면을 강조하려면 같은 대상물에 대한 여러 개의 모형을 만들 수 있다.

역사적으로 모델의 설계와 제작은 과학 발전에 필수적이었다. 이전에는 접근할 수 없었던 대상물도 모델을 통해 작업하고 예측할 수 있다. 접근할 수 없었던 이유는 대생물이 극도로 작거나 크기 때문일 수도 있고, 관찰 과정이 너무 느리거나 빨라서일 수도, 현상이나 과정이 잠재적으로 위험하거나, 자원의 비용이 막대하기 때문일 수도 있다. 나노과학기술의 경우, 크기 때문에 표적물에 접근하기 어려우나, 동시에 그렇기 때문에 매우 복잡한 현상을 포함한다. 인체의 대사 작용을 제어하는 과정, 마이크로와 나노 규모 전자학, 약물 전달과 의학 연구, 고도의 기능성 나노 물질의 개발은 모두 나노 현상을 포함한다. 이러한 부분들이나 나노과학기술의 또 다른 영역을 이해하는 것은 모델의 적용을 통해 발전한다.

모델은 '정답'에 접근할 수 있는 고정불변의 완전체가 아니며, 새로운 과학적 증거에 따라 발달하거나 새로운 지식에 통합됨으로써 끊임없이 재평가된다. 예를 들면, 명왕성은 태양의 구성과 구조를 고려한 새로운 발견 때문에 태양계에서 제외되었다(Vadantem, 2006). 나노 규모에서 변하는 세기 성질(예 전기전도도, 녹는점, 자기적 성질)의 변화로 물질의 행동과 구조에 대한 과학적 모델은 끊임없이 변화한다(Roduner, 2006; Cortie, 2004; Eberhardt, 2002)(과학의 본성에 대한 보다 자세한 논의는 4장의 〈나노과학기술과 사회〉 참조).

또한, 모델의 유용성은 크기에 의존한다. 예를 들면, 거시적 규모에서 고전 역학은 물질의 행동을 일반적으로 예측할 수 있는 모델이다. 그러나 크기가 점차 작아져 원자나 분자 크기에 가까워질수록 물질의 행동을 설명하기 위해 양자 이론을 사용하는 것이 불가피해진다. 우주에서 물질의 행동을 고려할 때 더 유용한 것은 일반상대성 이론이다. 모델에 의해 생성되는 산출물에 대해 실제 데이터를 테스트하면 모델이 얼마나 유용한지 알 수 있다.

다른 사물의 행동, 성질, 구조를 예상하고 설명하는 데는 다른 모델이 더 유용하다. 예를 들면, 생체 분자 간 상호작용을 나타내는 데 여러 가지 다른 표현들이 사용될 수 있다(〈그림 3.7〉). 단백질과 작은 분자들 간 상호작용을 생각해 보자. 목적이 상호작용의 존재를 나타내는 것이라면, 해상도 낮은 그림과 기호로도 충분한 정보를 나타낼 수 있다. 단백질 내 상호작용의 위치가 문제라면, 작은 분자로 단백질 중추를 추적하는 높은 해상도 모델이 필요하다. 그러나 상호작용을 조절하는 힘의 특징을 나타내기 위해서는 작은 분자와 단백질의 특별한 원자를 볼 수 있는 모델이 필요하다.

시뮬레이션은 변수가 사전 정의된 모델의 한 표현이며, 그러므로 어떤 특정 조건에서 사물을 설명할 수 있다. 특히, 시뮬레이션은 사물의 특정 측면에 접근할 수 있

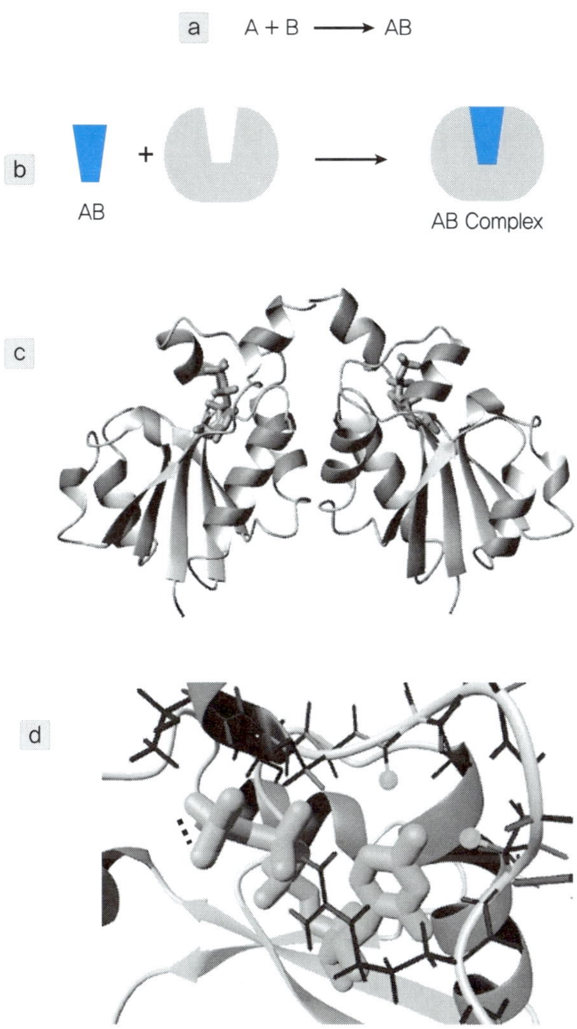

그림 3.7 단백질과 작은 분자 상호작용의 다른 표현
(a) 기호화 (b) 낮은 해상도의 그림 (c) 단백질 구조의 골격 파편 (d) 특정 원자간 상호작용 (점선)

도록 해준다. 시뮬레이션은 자원의 불필요한 소비와 위험 없이 사물을 예측하는 데 유용하다. 모델의 변수를 바꾸는 것은 실험 설계나 개발 과정 또는 대체 물질의 사용 같은 작업에 대해 과학자가 의사결정을 할 수 있도록 도와준다. 예를 들면, 과학자와 공학자는 조건을 바꾸는 경우 자기 조립의 결과에 어떤 영향을 미칠지 예상하기 위해 시뮬레이션을 사용할 수 있다. 또한 실제 실험에서 최적의 조건을 결정하기

위해 소요 시간과 필요한 재료 등을 예측하는 데에도 사용할 수 있다. 다른 예로, 현상은 실험에 접근하지 못할 수도 있다. 예를 들면, 1970년대 아브라함의 핵 형성 이론의 이론적 연구에서 복잡한 현상을 연구하기 위해 컴퓨터 시뮬레이션을 사용한 한 개척자는 다음과 같이 말했다.

> 이론가로서 나는 교착상태에 있었다. 나는 실험실에서 측정할 수 없는 실험적 정보가 필요했다. 해결책은 분자의 행동을 시뮬레이션할 수 있는 컴퓨터에 의지하는 것이었다.
>
> -Finn, 연대 미상

다양한 과학 현상과 관련된 그의 작업은 기존에 인정된 과학 이론이 틀렸음을 증명했고, 새로운 가설을 세우게 했다. 아브라함은 더 폭넓은 과학 과정에 시뮬레이션을 사용했다.

모델과 시뮬레이션은 과학의 모든 분야에서 필수적이며, 연구자가 모든 규모의 자연 및 인공 세계에 대한 이해를 과학적 과정을 통해 시험하고 구축할 수 있도록 돕는다.

왜 이것이 빅 아이디어인가?

사람들의 생활에 영향을 미치는 대부분의 과학들은 매우 복잡할 뿐 아니라 너무 작아서 보이지 않는 규모로도 일어난다(예 생명공학, 나노 기술). 모델은 과학자들이 이러한 분야의 발전에 기여하고, 과학자 간 그리고 과학자와 일반 대중 간의 의사소통을 할 수 있게 한다.

모델은 과학자들이 사물의 어떤 측면이나 현상을 시각화시키고, 실험으로 테스트할 수 있는 거동을 예측하고, 데이터의 표현과 관찰을 조직하고, 사물에 대한 의문과 가설을 생성할 수 있도록 해준다. 또 모델링(modeling)과 시뮬레이션은 과학적 과정을 설계하는 데 항상 결정적인 역할을 해왔다. 잠재적 사물에 대한 모델을 만들고, 의미 있는 범위에서 변수를 변화시키며 시뮬레이션하는 것은 최종 산물의 잠재적 효과를 예측하는 방법이다. 열정적인 실험연구자들도 아직 만들어지지 않은 나노 물질과 시스템에 대해 모델과 시뮬레이션(Freitas and Merkle, 2008)을 만들고 있다.

모델링은 나노과학기술 연구에서 나노 규모에서 관찰되는 물질의 성질과 독특한 구조를 이해하는 데에 결정적인 역할을 한다(Wang et al., 2006). 예를 들면, 루이스, 젠, 그리고 배럿(Lewis, Jen, & Barrat, 1997)은 나노 물질의 녹는점에 해당하는 입자 크기를 예측하기 위해 분자운동 시뮬레이션을 사용했다. 과학자들은 또한 자연계 물질의 어떤 특징이 새로운 물질의 창조에 유용할 것인지도 평가하고 있다(Frazl, 2007). 모델과 시뮬레이션은 마이크로나 나노 규모 전자 소자, 약물 운반과 의학 연구, 고도의 기능성 나노 물질의 개발과 같은 잠재적이고 새로운 나노 기술의 발전에 중요한 역할을 할 것이다.

최근 컴퓨터 기술의 발달로 복잡한 구조물과 시스템의 모델링을 할 수 있게 되었다. 컴퓨터는 더 빠른 계산으로 더 나은 근사치를 구하고, 복잡한 시스템에 대해 더 나은 예측을 할 수 있다. 예를 들면, 분자 동력학은 생체 분자 물질 연구에서 폭넓게 사용되는 컴퓨터 시뮬레이션인데, 이것으로 물질의 운동과 기능, 구조 사이의 관계를 증명할 수 있다(van Gunsteren and Berendsen, 1990; Karplus and McCammon, 2002). 시뮬레이션은 정해놓은 시간 동안 특정 물리 법칙에 따라 예상되는 원자나 분자의 운동을 묘사한다. 1997년에는 단백질의 분자운동 시뮬레이션이 최초로 수행되었다. 최초 분자 동력학 시뮬레이션의 시간 규모는 10피코초(10×10^{-12}초) 길이였다(McCammon, Gelin, Karplus, 1977). 2002년에는 비슷한 시뮬레이션을 10나노초(10×10^{-19}초) 규모로 최대 50배나 빨리 계산하였다(Karplus, McCammon, 2002). 나노 규모 표적물은 크기가 매우 작지만, 비활성기체나 수천 개의 원자로 구성된 작은 분자와 비교하면 매우 복잡하다. 복잡한 시스템에서 모델링과 시뮬레이션을 수행하는 능력은 나노 기술 혁명을 이끄는 요소 중 하나이며, 나노과학은 이를 통해 급속하게 진보할 것이다. 또한 모델링이 강력한 도구가 되어갈수록 이 기술을 개발해야 하는 필요성은 더욱 커질 것이다.

모델을 만들고 보완하는 것은 과학적 과정과 응용과학에서 모두 중요하다. 예를 들면, 모델과 시뮬레이션은 의약 설계에서 중요한 역할을 할 수 있다(Wlodawer, 2002). 과학자들은 생물학적 분자와 시스템이 작동하는 방식과 기능에 대한 통찰력을 얻기 위해 모델을 만든다. 효소나 단백질 같은 표적 물질의 모델은 종종 이들이 어떻게 작용하는지 예측하고 그 정보로부터 새로운 억제유전자를 설계하기 위해 사용된다. 추가로 모델과 시뮬레이션은 잠재적 약물이 표적 물질과 어떻게 결합하는지를 예측하고 설명하기 위해 사용되는데, 이는 분석과 합성, 설계와 모델링의 순환으로 이어진다.

수많은 자연발생적 나노 물체(예 단백질, DNA, 분자기계)는 생명 활동을 유지하기 위해 매우 정교한 통제 아래 효과적으로 기능을 수행한다. 이러한 구조는 과학자와 공학자들이 자연계의 통제와 효율성을 그대로 복제한 대체물을 설계하도록 자극했다. 예를 들면, 과학자와 공학자들은 이런 새 구조물의 기능을 이해하고 최적화하고 설계하는 노력에 모델과 시뮬레이션을 폭넓게 사용해왔다. 과학자들은 온도에 따라 가역적으로 확장되고 수축하는 나선형 고분자(폴리페닐아세틸렌)를 개발하였다. 이러한 고분자가 가역 또는 수축하면, 인공 '근육'과 비슷한 기능을 할 수 있다(Feringa and Browne, 2008). 과학자들은 조직공학(예 에나멜, 뼈 등)과 임플란트(예 대체관절 등)를 향상하기 위해서 생물 광물화(bio-mineralization) 과정을 모방하고 있다(Li and Kaplan, 2003; Sarikaya et al., 2003).

과학자와 공학자들은 또한 익숙한 메커니즘에 따라 움직이는 나노 구조물을 설계, 제작하고 있다. 초기 DNA 나노 역학 장치(MAO et al., 1999)는 스위치로 작동하도록 디자인되었다. 환경 변화는 DNA 이중 나선 구조의 변화를 유발하는데, 이중 나선은 B-형(전통적)에서 Z-형까지 이중 나선의 반대편에서 같은 방향까지 접촉된 부분이 움직이면서 형태가 변한다. 이후 과학자와 공학자들은 자기 조립된 구조물을 생성하는 다양한 빌딩 블록 조작에 다른 DNA가 어떻게 사용될 수 있는지 예측하기 위해 시뮬레이션을 사용했다(Seeman and Lukeman, 2005; Mbindyo et al., 2001; Park et al., 2008). 이처럼 각종 응용에서 현상을 시뮬레이션하거나 모델링하는 것은 처음부터 마지막 단계에 이르기까지 중요하다고 할 수 있다.

7~12학년 교육과정과의 연계성

많은 교육자와 연구자들은 모델의 제작과 개선이 과학적 과정의 핵심이라고 주장한다(Gilbert, Boulter, and Rutherford, 1998; Schwarz and White, 2005; Van Driel and Verloop, 2002). 국가과학교육표준(National Science Education Standards)은 학생들이 다음을 깊이 이해해야 한다고 강조한다: "과학자는 관찰과 실험, 이론적이고 수학적인 모델을 이용해 자연에 대한 설명을 체계화한다(NRC, 1996, p.171)." 마찬가지로, Benchmarks는 모델의 존재를 '보편적 주제'로 파악하고 그 적용이 수학, 교육, 법, 비즈니스와 재정, 그리고 과학과 기술과 같은 다양한 분야에 이르기까지 매우 중요하다고 제안한다(AAAS, 1993). Hodson(Justi & van Driel, 2005에 언급)에 따르면 과학교육에는 세 가지 목표가 있다: 과학을 배우는 것, 과학에 대해 배우는 것, 과학을 하는 법을 배우는 것. 모델을 이해하고 만들고 사용하는 것은 세 가지 목표 모두에 필수적인 요소이다. 그러므로 학생들은 전 과학교육 과정에서 현상을 예측하고 설명하기 위해 모델을 만들고 사용해야 한다.

학생들은 모델을 표적물과 연결하는 것과 다양한 현상을 설명하기 위한 모델들을 이해하는 것, 두 가지 영역 모두를 어려워한다. 한 연구를 예로 들면, 화학전공 학생들은 표적물과 모델, 상징 간의 전이에 어려움을 느끼는 것으로 나타났다(Harrison & Treagust, 2002). 그뿐만 아니라, 학생들은 종종 교실에서의 모델이 고정된 과학적 사실을 간단하게 표현한다고 믿는다(Grosslight et al., 1991). 실제로 모델은 과학적 탐구 **과정**의 중요한 부분이다. 모델은 흥미로운 현상의 행동과 성질, 구조를 예측, 시각화, 설명하고 가설을 세우는 데 사용된다. 그러므로 학생들은 모델의 본질과 함께 그것이 과학적 과정에 어떻게 부합되는지 알아야 한다. 학생들은 모델을 만들어 관련된 대상 사물을 설명해야 한다. 학생들이 과학적 탐구에 참여하고 완전히 이해하기 위해서는 사물에 대해 가설을 만들고, 예측하고, 질문을 개발하고, 아이디어를 전달하는 데에 모델을 어떻게 사용하는지 이해할 필요가 있다. 어떤 맥락에서 지식과 기술을 얻는 것은 학생들이 나노과학기술 개념과 연결하여 모델을 사용할 수 있도록 준비하는 데 도움이 된다. 나노 물질은 크기가 작고 복잡하기 때문에 나노 규모에 접근하기란 본질적으로 어려운 일이다. 따라서 모델링과 시뮬레이션 기술은 나노과학기술 개념을 배우기 위해 매우 중요하다.

✚ 감사의 글

이 장을 읽고 도움이 되는 논의를 해준 다음 사람들에게 저자들은 감사를 표한다:

César Delgado for Tools and Instrumentation and Harry Short for Models and Simulations.

✚ 참고문헌

American Association for the Advancement of Science (AAAS). 1993. *Benchmarks for science literacy.* New York: Oxford University Press.

Cortie, M. B. 2004. The weird world of nanoscale gold. *Gold Bulletin* 37 (1–2): 12–19.

Eberhardt, W. 2002. Clusters as new materials. *Surface Science* 500: 242–270.

Eigler, D. M., and E. K. Schweizer. 1990. Positioning single atoms with a scanning tunneling microscope. *Nature* 344: 524–526.

Feringa, B. L., and W. R. Browne. 2008. Macromolecules flex their muscles. *Nature Nanotechnology* 3: 383–384.

Finn, R. n.d. Exploring materials in a simulated world. *http://domino.research.ibm.com/comm/wwwr_thinkresearch.nsf/pages/simulation196.html.*

Fisher, P. E., D. A. Russell, M. K. Stoskopf, R. E. Barrick, M. Hammer, and A. A. Kuzmitz. 2000. Cardiovascular evidence for an intermediate or higher metabolic rate in an ornithischian dinosaur. *Science* 288: 503–505.

Fratzl, P. 2007. Biomimetic materials research: What can we really learn from nature's structural materials? *Journal of the Royal Society Interface* 4: 637–642.

Freitas, R. A., Jr., and R. C. Merkle. 2008. A minimal toolset for positional diamond mechanosynthesis. *Journal of Computational and Theoretical Nanoscience* 5: 760–861.

Giessibl, F. J., S. Hembacher, H. Bielefeldt, and J. Mannhart. 2000. Subatomic features on the silicon (111)–(7×7) surface observed by atomic force microscopy. *Science* 289: 422–425.

Gilbert, J. K., C. Boulter, and M. Rutherford. 1998. Models in explanations, part 1: Horses for courses? *International Journal of Science Education* 20: 83–97.

Grosslight, L., C. Unger, E. Jay, and C. Smith. 1991. Understanding models and their use in science: Conceptions of middle and high school students and experts. *Journal of Research in Science Teaching* 28 (9): 799–822.

Harrison, A. G., and D. F. Treagust. 2002. The particulate nature of matter: Challenges in understanding the submicroscopic world. In *Chemical education: Towards research-based practice,* ed. J. K. Gilbert, O. D. Jong, R. Justi, D. F. Treagust, and J. H. Van Driel, 271–292. Dordrecht, The Netherlands: Kluwer Academic Publishers.

Hembacher, S., F. J. Giessibl, and J. Mannhart. 2004. Force microscopy with light-atom probes. *Science* 305: 380–383.

Hembacher, S., F. J. Giessibl, J. Mannhart, and C. F. Quate. 2003. Revealing the hidden atom in graphite by low-temperature atomic force microscopy. *Proceedings of the National Academy of Sciences,* USA 100 (22): 12539–12542.

Justi, R., and J. van Driel. 2005. The development of science teachers' knowledge on models and modelling: Promoting, characterizing, and understanding the process. *International Journal of Science Education* 27 (5): 549–573.

Karplus, M., and A. McCammon. 2002. Molecular dynamics simulations of biomolecules. *Nature Structural Biology* 9 (9): 646–652.

Lewis, L. J., P. Jensen, and J.-L. Barrat. 1997. Melting, freezing, and coalescence of gold nanoclusters. *Physical Review* B 56 (4): 2248–2257.

Li, C., and D. L. Kaplan. 2003. Biomimetic composites via molecular scale self-assembly and biomineralization. *Current Opinion in Solid State and Materials Science* 7: 265–271.

Mao, C., W. Sun, Z. Shen, and N. C. Seeman. 1999. A nanomechanical device based on the B–Z transition of DNA. *Nature* 397: 144–146.

Mbindyo, J. K. N., B. D. Reiss, B. R. Martin, C. D. Keating, M. J. Natan, and T. E. Mallouk. 2001. DNA-directed assembly of gold nanowires on complementary surfaces. *Advanced Materials* 13 (4): 249–254.

McCammon, J. A., B. R. Gelin, and M. Karplus. 1977. Dynamics of folded proteins. *Nature* 267: 585–590.

Müller, D. J., and Y. F. Dufrêne. 2008. Atomic force microscopy as a multifunctional molecular toolbox in nanobiotechnology. *Nature Nanotechnology* 3: 261–269.

National Research Council (NRC). 1996. *National science education standards.* Washington, DC: National Academy Press.

Park, S. Y., A. K. R. Lytton-Jean, B. Lee, S. Weigand, G. C. Schatz, and C. A. Mirkin. 2008. DNAprogrammable nanoparticle crystallization. *Nature* 451: 553–556.

Roduner, E. 2006. Size matters: Why nanomaterials are different. *Chemical Society Reviews* 35: 583–592.

Sarikaya, M., C. Tamerler, A. K.-Y. Jen, K. Schulten, and F. Baneyx. 2003. Molecular biomimetics: Nanotechnology through biology. *Nature Materials* 2: 577–585.

Schwarz, C. V., and B. Y. White. 2005. Metamodeling knowledge: Developing students' understanding of scientific modeling. *Cognition and Instruction* 23 (2): 165–205.

Seeman, N. C., and P. S. Lukeman. 2005. Nucleic acid nanostructures: Bottom-up control of geometry on the nanoscale. *Reports on Progress in Physics* 68: 237–270.

Sugimoto, Y., P. Pou, M. Abe, P. Jelinek, R. Pérez, W. Morita, and Ó. Custance. 2007. Chemical identification of individual surface atoms by atomic force microscopy. *Nature* 446: 64–67.

van Driel, J. H., and N. Verloop. 2002. Experienced teachers' knowledge of teaching and learning of models and modelling in science education. *International Journal of Science Education* 24 (12): 1255–1272.

van Gunsteren, W. F., and H. J. C. Berendsen. 1990. Computer simulation of molecular dynamics: Methodology, applications, and perspectives in chemistry. *Angewante Chemie International Edition English* 29: 992–1023.

Vedantam, S. 2006. "For Pluto, a smaller world after all." *Washington Post.* August 25.

Wang, J., H. L. Duan, Z. P. Huang, and B. L. Karihaloo. 2006. A scaling law for properties of nanostructured materials. *Proceedings of the Royal Society* A 462: 1355–1363.

Wlodawer, A. 2002. Rational approach to AIDS drug design through structural biology. *Annual Reviews of Medicine* 53: 595–614.

Chapter

04

나노과학기술과 사회

나노과학기술의 마지막 빅 아이디어는 나머지 개념들과 다르다. 이것은 사회가 과학과 기술의 진보와 어떻게 영향을 주고받는지에 관한 것이다. 이는 곧 과학, 기술, 사회의 빅 아이디어가 나노과학기술의 다른 모든 빅 아이디어들과 연결되어 있음을 말해준다.

아홉 번째 빅 아이디어 - 과학, 기술, 그리고 사회[15]

과학의 진보는 사물이 어떻게 그리고 왜 작용하는지에 대한 해설을 개발하고, 목적을 달성하기 위해, 문제를 해결하기 위해, 또는 사회적 관심사 질문에 해답을 찾기 위해 기술을 활용해서 그 지식을 적용하는 것을 포함한다. 나노 기술은 신흥 과학이므로, 과학적 진보와 신기술 사용 방법에 대한 의사결정에 적극적으로 참여할 기회를 제공한다.

과학, 기술, 그리고 사회에 대하여

다섯 가지 감각을 갖추고 주위를 둘러싼 우주를 탐험하는 것을 인간은 도전 과학이라고 부른다

–Edwin Powell Hubble, 1954

(1) 과학의 본성

과학은 우주를 탐구하고 현상과 시스템과 물체를 설명하려는 노력의 과정이다. 이는 과학자들이 사전 지식을 형성하고, 이해하고, 수정하고, 새로운 생각을 발달시키는 동적인 과정이다. 과학적 진보는 결코 선형적이지 않다. 성패와 무관하게 탐구를 통해 새로운 지식과 관찰을 남기고 이는 다시 새로운 탐구를 할 질문을 제공한다. 그러므로, 과학적 탐구 과정은 인간이 주변 세상을 설명하고 수정하는 과정을 계속하는 한 결코 끝나지 않을 것이다. 물리, 생물, 사회적 영역의 연구 발전에 사용된 방법은 각기 다를지라도, 과학자들은 모든 영역에서 세상이 어떻게 작동하는지 더 잘 이해하리라는 공통의 목표를 갖는다. 나노 규모에서 일어나는 현상과 생성물에 대한 연구인 나노과학기술은 본질적으로 간학문적이고, 나노세계를 탐험하기 위해서는 방법론적으로 혼합이 이루어진다.

> 과학은 이전 세대의 가장 위대한 스승에 대한 절대 확신이 위험하다는 믿음을 포함한다. 전문가를 의심해야 한다는 것을 과학에서 배워라. 사실 나는 과학을 다른 방법으로 정의할 수 있다. 과학은 전문가의 무지에 대한 신뢰이다.
>
> -Feynman, 2000

(2) 기술의 본성

기술은 인간의 능력을 확장하고 문제를 해결하는 도구, 과정, 시스템을 개발하는 일이다. 예를 들면, 기술은 인간이 환경을 제어할 수 있도록 해서 음식과 위생시설, 건강관리, 의사소통, 교통 등에 더 쉽게, 더 많이 접근하게 한다. 기술은 사회의 가치를 반영하거나 영향을 미치는 문화의 본질적인 부분이다(AAAS, 1993, p.41). 이것은 단순히 과학적 사업이 아니라 제조와 마케팅, 노동과 같은 경제적 구조들을 포함한 여러 사회적 측면을 병합한다. 공학자는 자동차와 기계 모두를 설계한다. 거대

---

15 Arizona State University의 The Center for Nanotechnology에서 "Nanotechnology & Society: Ideas for Education and Public Engagement"라는 책을 통해 이와 관련된 많은 이슈를 논의하였다. 이 문서는 http://cns.asu.edu/educate/documents/Nano-SocIdeasforEd.pdf에서 얻을 수 있다.

한 노동력은 필요한 부분만 제조하도록 하고, 전체 자동차와 완성된 생산물은 소비자에게 판매된다. 소비자가 자동차를 사용하기 위해서는 연료와 사회기반시설이 필요하다. 또한 관련 시스템은 도로를 건설하고 유지하는 것이다. 그러므로, 기술은 종종 실용적 문제를 해결하기 위해서 대규모로 물질과 사람을 모으고 조직적으로 규합한다.

그러나 기술이 항상 생활의 질을 향상하는 것은 아니다. 많은 사람이 긴 통근 시간 동안 자동차를 타고 다니는 생활이 일상화되면서 전 지구적 환경에 영향을 미치는 오염 문제가 발생했다. 나노 기술이 다방면으로 우리 생활에 잠재적인 영향을 준다고 하더라도, 새로운 기술이 사회의 다양한 측면과 어떻게 연계할 수 있을지에 대해 낙관하기에는 아직 이르다.

과학과 기술과의 관계

과학적 발견과 새로운 기술이 독립적으로 발달할 수 있다 하더라도, 과학과 기술은 종종 서로를 견인한다. 새로운 과학기술은 새로운 기술 형성에 적용할 수 있다. 자연계의 어떤 부분을 연구할 수 있는가는 기술의 제약을 받고, 새로운 기술은 새로운 탐구를 가능하게 한다. 이러한 방식으로 기술은 과학의 진보를 이끄는 추진력이 된다. 나노세계에 접근할 수 있었던 도구들이 나노과학기술에서 이러한 역할을 하였다(더 많은 논의는 제3장과 제11장 참조).

마찬가지로, 새로운 기술은 새로운 과학지식이 요구하는 질문과 문제를 낳는다. 예를 들면, 나노 물질을 도입한 생산품들은 장기적으로 인간의 안전과 건강과 환경 문제에 대한 우려를 낳고 있다. 기술의 발전은 과학적 대전환을 통해 가능하다. 게다가 과학과 기술은 함께 발전한다. 과학자들은 현재 우주 최외각을 관찰하는 데 허블 천체 망원경을 사용하지만, 이 망원경을 유용한 기구로 만들기 위해서는 먼저 새로운 기술을 설계하고 발달시킬 필요가 있었다. 과학적으로 새로운 발견이 이어지고 나노세계에 대한 이해가 발달할수록 과학자와 공학자들은 더 넓은 범위에서 그 지식을 적용할 수 있을 것이다(예 전기, 의약품, 건축 자재, 재생에너지 등). 그리고 새로운 발견이란 과학자들이 우리 주변 세상을 설명하는 데 필요한 새로운 모델을 발달시켜야 한다는 사실을 의미한다.

과학과 기술에 대한 의사결정

과학자, 공학자, 정부 관료, 그리고 모든 시민은 과학과 기술의 발전에 영향을 미치는 의사결정을 한다. 예를 들어, 정부 기관은 기금이 어떤 프로젝트에 마련되었는지를 토대로 어떤 과학적 연구를 우선적으로 추진할지 결정한다. 또 다른 예로, 에이즈의 전염성과 대중으로의 확산은 질병 이해와 치료법 개발을 위한 기금을 조성하게 했다. 기술을 어떻게 사용할 것인가에 대한 의사결정을 계속 진행하는 동시에, 그것으로 누가 이득을 볼 것인지(또는 손해를 볼 것인지) 여부도 평가해야 한다.

새로운 기술과 관련된 혜택과 위험

> 기술은… 기괴한 것이다. 한편으로 위대한 선물을 가져다주고, 다른 한편으로는 뒤통수를 친다.
>
> –C.P. Snow, 1971

인간이 창조하고 사용하는 기술은 긍정적인 면과 부정적인 면 모두에서 복합적인 방식으로 다른 생활에 영향을 미친다. 즉, 새로운 문제를 일으키기도 하고, 지대한 영향을 미치는 문제에 대한 해결책은 기대하지 않은 곳에 있을 수 있다. 예를 들면, 한때 냉장고 냉각수로 사용되었던 암모니아 냉각수는 누수되면 음식을 상하게 만들었다. 이 암모니아 냉각수를 대체하기 위해, 과학자들은 프레온가스(CFCs)와 관련 화합물을 개발하였다. 이러한 화합물은 개발 목적 측면에서 보자면 효과적이었지만, 후에 오존층 파괴와 관련된 강력한 온실기체임이 알려졌다(Manzer, 1990).

또 다른 예로, 1940년대 초반 말라리아와 같은 곤충 매개 질병의 확산을 통제하기 위해 폭넓게 사용되다가 후에 농업용 살충제로 사용된 DDT가 있다. 그러나 과학자들은 이내 DDT가 야생동물의 건강과 환경에 심각한 영향을 미쳐서 생태계를 위협한다는 사실을 깨달았다(McLachlan and Arnold, 1996). 이 때문에 DDT는 미국을 포함한 세계 많은 나라에서 사용이 금지되었지만, 말라리아가 심각한 위협으로 남아있는 지역에서는 여전히 사용되고 있다(Curtis and Lines, 2001). 이러한 지역에서는 DDT 사용의 위험보다 이익에 더 큰 비중을 둔 것이다. 새로운 기술의 이익과 위험을 추적하고 평가하는 것은 매우 중요하다.

나노과학기술의 목표와 약속이 일반적으로 긍정적이지만, 그 생산품들은 부정적 효과의 위험을 수반한다. 나노 규모의 물체는 매우 작아서 살아있는 유기체를 보호하는 생물학적 장벽에 스며들기에 충분하다. 이는 주어진 물질이 무엇이든 재료의 입자 크기가 나노 규모인지 또는 더 큰 크기인지에 따라 건강을 위협할 가능성이 있음을 의미한다. 그뿐만 아니라, 새로운 물질, 환경, 쓰레기 처리 문제는 제품의 제조와 소비자 사용에서 동시에 발생한다. 예를 들면, 식수를 나노 물질의 영향에서 보호하기 위한 새로운 방법이 개발되어야 한다.

어떤 나노 기술이 최종적으로 경제적, 사회적 안녕에 영향을 미칠 것인가에 대한 정도는 불확실하다. 나노 기술이 얼룩방지 바지나 자외선 차단제, 화장품 등과 같은 물품으로 제한될까? 아니면 수질이나 대체에너지 같은 더 큰 사회적 문제를 해결하는 데 도움을 줄 수 있게 될까? 새로운 기술은 모든 사람에게 동등한 혜택을 주는 것이 아니기 때문에 누가 이익을 보고 어떤 비용을 지불해야 하는지를 고려하여 결정이 이루어져야 한다. 비용은 모두가 지불해야 하는 반면, 혜택은 일부만 받을 수도 있다. 예를 들면, 자동차는 개인에게 편리한 운송 수단이 되지만, 자동차가 배출하는 온실기체는 모든 사람의 문제가 된다.

왜 이것이 빅 아이디어인가?

불의 발견과 기본적인 도구의 발달 이후로, 인간은 과학과 기술을 활용하여 환경에 적응하고 생존해 왔다. 기술의 진보는 생활방식, 가치, 그리고 경제적 환경적 시스템 등 사회에 폭넓게 영향을 미친다. 수공업과 농업에 의존하던 사회는 산업혁명을 겪으며 산업과 상품화 사회로 이동하였고, 이에 따라 기술적 상황뿐만 아니라 사회 경제적 상황 또한 변화했다(Freeman and Louca, 2001). 최근에는 컴퓨터가 사람들이 작업하고 소통하는 방식에 혁명을 가져왔다. 나노과학기술이 만드는 기술은 종종 생활의 모든 측면에 영향을 미칠 '차세대 대단한 것'으로 부각된다. 이미 정보 저장이나 전기, 화장품 등에 다양하게 영향을 미치고 있지만, 현재는 나노 물질을 건강관리와 농업관리, 에너지와 환경 등을 향상하는 방식으로 도입하기 위해 노력하고 있다.

기술적 혁명에 대한 논의는 필연적으로 추상적이면서 역사성을 지닌다. 그러나 나노과학기술을 통해 학생들은 새로운 기술이 만드는 약속을 평가 및 관찰할 수 있고, 중요한 목적을 달성하기 위해 일하는 과학자와 공학자들을 지켜볼 수 있다. 나노과학기술은 학생들이 일차적으로 과학적 진보의 본성을 목격하고, 성공뿐만 아니라 불가피한 실패 모두를 포함하는 비선형적 경로를 좇아갈 수 있도록 해준다. 학생들은 또한 새로운 기술의 도입이 사람들의 삶과 사회 전체에 어떻게 영향을 미치는지 목격하는 기회를 얻는다.

나노과학기술이 현재의 기술에 작은 성장을 가져올지, 대규모의 폭넓은 변화를 가져올지를 당장 결정하는 것은 어렵다(Miller et al., 2007). 미디어는 종종 적절한 비판 없이 화려함에만 주목하는 방식으로 과학적 대전환과 잠재적인 적용에 대해 보도하지만 현실적으로 기술을 새롭게 적용하는 과정에서(대부분까지는 아니더라도) 최초의 약속은 이행되지 못할 것이다. 1950년대, 원자력은 "측정할 수 없을 만큼 싼" 전기를 공급해주는 해결책으로 여겨졌지만(Pool, 1997, p.71) 실현되지 않았다. 나노 기술의 경제적, 사회적 약속은 기대한 것만큼 폭넓고 지대한 영향을 미치지 않을 것이다. 또는 나노과학기술은 이 분야의 선구자적 과학자나 공학자에 의한 예상 밖의 것이 아닌 광범위한 변화를 가져올 것이다.

한번 생각해 보자. 오늘날 인간이 직면한 주요한 전 지구적 문제 중 하나는 에너지 수요와 관련된다(Smalley, 2005). 우리는 화석연료에 상당히 의존적이고, 공급은 한정적이라는 사실을 이해하지만, 수요는 계속 증가하고 있다. 믿을 만한 재생에너지 자원이 몹시 필요한 상황이다. 그러나 매일 지구에 내리쬐는 태양에서 지구의 모든 에너지 수요에 부응하는 충분한 에너지를 얻는데도 불구하고, 태양에너지를 효과적으로 이용하는 방법은 아직 발견하지 못했다. 화학자들은 빛을 전기로 직접 바꾸어주는 나노 물질을 만들고, 이들을 배열하여 사용하는 연구를 하고 있다. 태양전지는 플라스틱 포장이나 페인트처럼 표면을 씌울 수 있는 물질을 포함한다. 이러한 방식으로 나노 태양전지는 다른 건축 자재와 통합될 수 있다. 이 기술은 태양열이 전기를 대체하여 값싼 에너지를 공급할 것이라고 장담한다. 태양에너지로의 전환은 화석연료의 오염으로 인한 환경과 에너지 우려 모두에 엄청난 영향을 준다. 그러나 동시에, 석유 같은 화석연료에 대한 의존도가 현저하게 낮아지거나 사라지면 세계 정치와 경제적 균형도 영향을 받을 것이다.

사실, 과학적 발견은 종종 장기적으로 사람들의 생활과 생계에 의미가 있을지에 대한 사회적 이해보다 앞서 나간다(Miller et al., 2007). 원자를 쪼개어 핵분열을 제어하는 과학자의 능력은 광범위한 지정학적 충돌(냉전시대), 에너지 관리, 핵폐기물 문제의 원인이 되었다. 이러한 기술이 사용된 방식을 목격한 아인슈타인은 다음과 같이 간결하게 피력했다: "기술이 인간을 능가했음이 소름 끼치도록 분명해졌다." 더 최근에 이루어진 생명공학의 진보는 인간의 질병을 새롭게 이해하고 치료할 수 있게 한 동시에 복제나 유전자치료와 같은 관행에 윤리적 문제를 제기하기도 했다.

나노 기술은 또한 결정적 질문을 제기한다. 나노 구조물은 상당히 작아서 본질적으로 모든 살아있는 유기체를 보호하는 생물학적 장벽을 통과한다. 예를 들면, 순수한 금은 덩어리 형태일 때 비활성이므로 치아의 구멍을 메우는 용도를 포함하여 다양한 방식으로 사용된다. 이러한 형태의 금에는 장기간 노출되어도 해가 없지만, 생물학적 조직에 나노 규모 금 입자를 노출할 경우에 대해서는 아직 알려지지 않았다. 비슷하게, FDA 승인을 받은 산화 아연과 이산화 티타늄은 수십 년간 자외선 차단제로 사용되었다. 그러나 나노 규모의 이 물질들이 태양의 유해한 자외선으로부터 피부를 효과적으로 보호한다는 것은 분명하지만, 이 입자에 장기간 노출되었을 때의 영향에 대해서는 아직 폭넓게 연구되지 않고 있다. 그러므로 새롭게 적용되는 나노 물질의 독특한 성질이 처음에는 잘 몰랐던 생물학적 위험을 제기할 수 있다.

나노 기술 혁명은 아직 진행 중이기에 이를 연구하는 학생들은 누가, 어떻게 이와 관련된 의사결정을 하는지 지켜볼 수 있다. 또한 누가 새로운 기술에 대한 혜택을 받는지, 누가 막대한 비용을 지불하는지 관찰하는 것도 가능하다. 학생들은 안전 문제와 건강과 환경의 위험에 대한 논의에 참여할 수 있고, 새로운 기술에 대한 혜택과 문제점을 비교할 수 있다. 미디어는 나노과학기술의 청사진을 그리는 이야기로 가득하다. 시민들은 미디어의 주장을 평가할 수 있도록 비판적 사고기술과 적절한 과학적 지식을 갖추어야 한다. 학교에서 이러한 기술을 충분히 가르치지 않는다면 학생들은 각종 매체에서 흘러나오는 내용을 비판적 사고 없이 그대로 받아들이거나, 신뢰할 수 없다며 무작정 거부할 것이다. 두 접근 모두 이상적이지 않다. 과학적 소양의 핵심은 증거를 기반으로 한 과학적 의사결정 능력이다. 이 기술은 새로운 나노 기술에 대한 정보력 있는 결정을 위해서도 필수적이다.

7~12학년 교육과정과의 연계성

최근 대중매체는 나노 기술에 상당히 주목한다(Booker and Boysen, 2005; Ratner and Ratner, 2002). 이러한 관심은 나노과학기술을 사용하여 나노과학기술 및 더 전통적인 과학을 공부하는 데에 동기를 부여하고 흥미를 유발하며 참여를 북돋는 기회가 된다. 과학에 대한 학생들의 긍정적인 태도는 학생들 대다수가 과학 평가에서 높은 수행 점수를 내는 결과로 이어진다(Neathery, 1997). 에클스와 윅필드(Eccles & Wigfield, 2002)는 "흥미는 표면적 수준의 학습보다 깊은 수준의 학습과 더 강하게 연관되어 있다"며, 이것이 과학에 흥미가 낮은 학생들이 과학시험에서 낮은 점수를 받는 이유를 설명해 준다고 하였다. 연구자들은 과학의 문제가 학생들의 생활과 관련이 있을 때 매우 높은 성취를 나타낸다는 것을 알고 있다(Schwartz-Bloon and Halpin, 2003).

과학, 기술, 사회의 상호연관성 때문에 나노과학기술 연구는 과학 교실에 한정될 필요가 없다. 예를 들면, 1600년도에 한스 리퍼세이(Hans Lippershey)에 의해 망원경이 발견되었을 때 이것은 네덜란드 함대가 멀리서 적의 움직임을 추적할 수 있게 해주는, 군대를 위한 혁명적인 새로운 도구로 기대를 모았다. 그리고 수년 이내에, 갈릴레오는 코프르니쿠스가 세운 태양중심설에 대한 실험적 증거가 되는 결정적인 연구를 시작했으며, 우주 안에서 우리가 자신을 바라보는 방식을 변화시켰다. 이 발견으로 지구중심설을 옹호하는 가톨릭교회와 이탈리아 정부가 충돌했다. 이처럼 망원경의 발명과 갈릴레오의 후속 발견은 군사 전략, 문화, 사회에까지 영향을 미치므로 과학 수업뿐만 아니라 사회 연구에서도 그 자리를 차지할 수 있다.

마찬가지로, 나노 기술은 사회의 여러 측면에 대한 영향을 약속한다. 연구자들은 의약, 대체에너지, 건축 자재에 국한되지 않고 다양한 영역의 문제를 해결하기 위해 나노 기술의 응용을 발달시키고 있다. 태양에너지의 효과적인 이용은 세계 경제와 정치적 힘의 구조뿐만 아니라 세계 에너지와 환경 문제에도 충격을 줄 것이다. 그러므로 화학과 생태학 과정뿐만 아니라, 새로운 나노 기술 응용에 대한 의미는 사회 수업에서 토론으로 적당하다.

나노과학기술의 본질인 간학문성은 다양한 내용에 어울리고, 간학문적 연결에도 유용하다. 그러나 학교에서는 종종 화학, 생물학, 지질학, 물리학, 천문학 같은 과학 과목의 경계를 엄격하게 구분한다. 학생들은 수업을 듣고 각각을 별개의 학문이라는 생각을 강화한다. 학생들이 복합적인 시각으로 하나의 과학적 현상을 연구하는 경우는 드물다. 실제로 과목 간 명확한 경계란 존재하지 않는다. 과학자들은 종종 어떤 과목의 문제를 나타내고 현상을 설명하기 위해 다른 과목의 지식과 방법론을 사용한다. 특히 최신 과학에서는 이러한 경향이 더욱 두드러진다. 화학자와 물리학자가 생물학적 문제에 학문적 지식과 방법론을 적용하기 시작하면서 생물학적 시스템에 대한 과학적 지식의 비약적인 발전이 시작됐다. 나노 규모에서 모든 교과의 과학과 공학을 의미하는 나노과학기술은 새로운 연결을 만드는 기회이다.

나노 기술 혁명의 한가운데 있는 사회의 일원으로서, 학생들도 혁명의 일부가 될 수 있다. 나노과학기술은 '만들어지는 중인 과학(science in the making)'인 만큼 학생들에게 과학 산업의 역동적 본성을 보여줄 기회가 된다. 학생들은 새로운 현상에 직면할 때 과학자들이 어떠한 과정을 거치는지 목격할 수 있을 것이다. 또한 공학자들이 실험실에서 문제를 해결할 때뿐만이 아니라 일상생활을 더 쉽고 즐겁게 만들기 위해 어떻게 새로운 분야에서 응용을 시도하는지도 볼 수 있다. 마지막으로, 학생들은 사회에 대한 이러한 응용이 비용면에서 어떻게 이익이고 유용한지 토론할 수 있으므로, 사회에서 **모든** 개인이 일정한 역할을 해야 하는 중요한 의사결정 과정에 참여할 준비를 할 수 있게 되는 셈이다.

✚ 감사의 글

이 장을 읽고 도움이 되는 논의를 해준 Clark Miller에게 저자들은 감사를 표한다.

✚ 참고문헌

American Association for the Advancement of Science (AAAS). 1993. B*enchmarks for science literacy.* New York: Oxford University Press.

Booker, R. D., and E. Boysen. 2005. *Nanotechnology for dummies.* Indianapolis, IN: Wiley Publishing.

Curtis, C. F., and J. D. Lines. 2001. Should DDT be banned by international treaty? *Parasitology Today* 16 (3): 119–121.

Eccles, J. S., and A. Wigfield. 2002. Motivational beliefs, values, and goals. *Annual Review of Psychology* 53: 109–132.

Freeman, C., and F. Louça. 2001. *As time goes by: The information revolution and the industrial revolutions in historical perspective.* Oxford: Oxford University Press.

Manzer, L. E. 1990. The CFC–ozone issue: Progress on the development of alternatives to CFCs. *Science* 249 (4964): 31–35.

McLachlan, J. A., and S. F. Arnold. 1996. Environmental estrogens. *American Scientist* 84: 452–461.

Miller, C., D. Guston, D. Barben, J. Wetmore, C. Selin, and E. Fisher. 2007. *Nanotechnology & society: Ideas for education and public engagement.* Tempe, AZ: The Center for Nanotechnology in Society.

Neathery, M. F. 1997. Elementary and secondary students' perceptions toward science: Correlations with gender, ethnicity, ability, grade, and science achievement. *Electronic Journal of Science Education* 2 (1).

Pool, R. 1997. *Beyond engineering: How society shapes technology.* New York: Oxford University Press. Ratner, M., and D.

Ratner. 2002. *Nanotechnology: A gentle introduction to the next big thing.* Upper Saddle River, NJ: Prentice Hall.

Schwartz–Bloom, R. D., and M. J. Halpin. 2003. Integrating pharmacology topics in high school biology and chemistry classes improves performance. *Journal of Research in Science Teaching* 40: 922–938.

Smalley, R. E. 2005. Future global energy prosperity: The terawatt challenge. *MRS Bulletin* 30: 412–417.

Section 02

나노과학기술을 7~12학년 교육과정에 융합하기

The Big Ideas of Nanoscale Science & Engineering

서론

교실에서의 나노과학기술

제1부에서 개괄적으로 서술한 나노과학기술의 9가지 빅 아이디어는 이 교과에 대한 핵심 원리를 정의하고 있다. 나노과학기술과 관련된 개념을 깊이 있게 이해하는 것은 이 9가지 빅 아이디어에 달려있다. 또한 이 빅 아이디어들은 교육과정, 교수학습, 평가의 개발 및 배열에 지침을 제공한다. 교육 시스템에 이 성분들을 성공적으로 배열하기 위해 체계적인 과정을 따라야 하는데(Pellegrino et al., 2008), 제2부에서 이를 다룬다.

학습 목표와 빅 아이디어

각 빅 아이디어의 범위는 필연적으로 넓다. 그래서 각 빅 아이디어에 담긴 개념들을 철저하게 이해하는 것은 오랜 시간을 두고 이루어진다. 이 섹션에서는 학생들이 알아야 할 것과 어떻게 알게 할 것인가를 정의하는 '학습 목표'를 제시한다. 다른 말로, 학생들이 특정한 내용과 관련된 지식을 가지고 무엇을 할 수 있을지 명시하는 것이 중요하다.

각 빅 아이디어는 광대한 양의 과학 내용을 포괄하므로, 여러 학습 목표는 각 빅 아이디어를 통합적으로 이해할 수 있도록 짜여야 한다. 또한 나노과학기술의 간학문적 본질과 빅 아이디어들 사이의 상호연결성 때문에 어떤 학습 목표는 다른 여러 빅 아이디어와 연관될 수도 있다.

학생들의 학습을 지원하는 전략을 세우는 첫 단계는 명시적으로 각 빅 아이디어에 담긴 내용 정의에서 시작하는데, 이를 '풀기(unpacking)'라고 한다. 제1부에서는 이 교과의 커다란 범위 안에서 개념을 정교화하고 맥락을 부여하는 것으로 풀기를 시작했다.

제2부에서 이 과정이 계속된다. 빅 아이디어에 연관된 학습 목표와 이에 해당하는 내용을 더 작은 크기로 정의하고, 각 학습 목표에 대한 선수 지식 및 학생들이 가질 수 있는 어려움과 오개념(또는 대안 개념)을 언급한다. 이것들은 모두 교수학습 및 평가의 목적으로 이용된다.

나노과학기술을 과학과 교육과정에 포함하는 일과 관련하여 제기되는 일반적인 질문은 나노과학기술이 어느 정도로 완전히 새로운 과학인지, 즉, 이것이 단순히 전통적인 과학을 보는 새로운 방법인지 묻는 것이다. 제1부에서 각 빅 아이디어가 현행 교육과정과 어떻게 연결되는지에 대해 논의하였다. 제2부에서는 각 빅 아이디어의 내용을 과학교육표준 문서[16]들에 담긴 내용과 연결하면서 좀 더 구체적으로 다루고 현 교육과정에 빠진 부분을 추가로 논의한다.

제2부의 장 구조

각 장은 하나의 빅 아이디어를 나타내고 해당 빅 아이디어에 담긴 내용을 어떻게 교육과정에 포함할지를 간단히 개괄한다. 그리고는 각 장의 학습 목표를 달성하기 위해 요구되는 선수 지식을 기술한다. 다음으로, 학습 목표별 선수 지식을 제시한다(학생의 선수 학습 경험에 따라 선수 지식을 학습 목표에 해당하는 내용과 함께 가르쳐야 할 수도 있다). 학생들이 가지고 있을 수 있는 잠재적 어려움과 오개념에 대해서도 논의한다. 그리고는 학습 목표에 대한 내용을 요약하고 학습 목표가 달성되었을 때 학생들이 수행할 수 있는 지적 과제의 예를 제안한다.

같은 학년 급에 있는 학생들이더라도 이들이 가지고 있는 과학 내용의 특정 측면과 관련된 선수 지식은 매우 다를 수 있다. 그래서 많은 경우에 선수 지식의 기준

---

16 *Benchmarks for Science Literacy* (AAAS, 1993) and *National Science Education Standards* (NRC, 1996)

(예를 들면 학생이 현상을 설명할 때 입자 모델을 사용하는지 아니면 아직 사용하기 전 단계인지)에 따라 '수준(level)'을 정의한다.

마지막으로, 나노과학기술의 내용과 바로 연결한 국가과학표준을 표로 제시하고, 나노과학기술의 이해를 형성하는 데 도움이 되는 것들을 함께 제시한다. 각 장은 나노과학기술의 빅 아이디어와 관련하여 현행 교육과정에서 빠진 것이 무엇인지 논의하면서 마무리한다.

각 Benchmark들은 각 장과 섹션으로 명시되고, 학년 급은 쪽수 다음에 표시된다. 나노과학기술의 표준은 섹션 서두, 학년 급, 쪽수로 표현된다.

결론

각 장의 학습 목표는 방대한 양의 과학 내용을 담고 있으므로 교사는 수업 한 번으로 하나의 학습 목표에 담긴 내용 모두를 다룰 수는 없을 것이다. 대신에 교사와 교육과정 개발자는 나노과학기술의 내용을 풀어내고 학습 목표를 개발하는 첫 단계에서 이 책을 하나의 지침으로 삼을 수 있다. 나노과학기술의 내용과 빅 아이디어들이 어떻게 7~12학년 과학교육과정의 일부가 될 수 있을지 고민하는 사람들에게 이 책이 하나의 자원이 될 수 있기를 희망한다.

✚ 참고문헌

American Association for the Advancement of Science (AAAS). 1993. *Benchmarks for science literacy.* New York: Oxford University Press.

National Research Council (NRC). 1996. *National science education standards.* Washington, DC: National Academy Press.

Pellegrino, J., J. Krajcik, S. Y. Stevens, N. Shin, C. Delgado, S. Geier, et al., 2008. Using Construct-Centered Design to align curriculum, instruction, and assessment development in emerging science. In P*roceedings from ICLS '08: International perspectives in the learning sciences: Creating a learning world, Vol. 3,* ed. G. Kanselaar, V. Jonker, P. A. Kirschner, and F. Prins, 314–321. Utrecht, The Netherlands: International Society of the Learning Sciences.

Chapter

05

크기와 규모[17]

빅 아이디어

크기와 구조 형태에 관련된 요소(예 크기, 규모, 모양, 비율, 차원)로 물질을 묘사하거나 그 행동을 예상할 수 있다.

전체 학습 목표

크기, 규모, 구조와 관련된 개념은 나노 규모에서 일어나는 현상을 개념적으로 이해하는 것을 포함하여 과학의 다양한 분야에서 이해를 형성하는 학생들의 능력에 영향을 미친다. 크기와 규모와 관련해서는 5가지 주요 학습 목표가 있다. 각각은 학생들이 개발하여 특정 교과에 관련지을 수 있는 다양한 지식 및 기능을 나타낸다(이 제안은 꼭 이런 순서로 교육과정에 도입하라는 뜻은 아니다).

이상적으로, 크기, 규모, 구조에 관련된 개념은 과학 학문의 맥락으로 도입되어야 한다. 이 장에서는 학생들이 크기와 규모에 관련하여 발전시켜야 할 지식과 기능의

17 문헌들에서 '크기와 규모'라는 용어를 사용하여 관련된 많은 개념을 언급하고 있다. 크기와 같이 모양도 사물의 특징을 결정하고 S/V 비에 영향을 미치므로 '모양'도 이 단원에 포함한다. 이 빅 아이디어는 '크기(size)와 구조(geometry)'로 명명하여 모양을 포함하는 모든 요소를 다루는 것이 나을 수도 있으나, 나노 기술 분야에서 사용되는 용어와 일관성을 유지하기 위해서 〈크기와 규모〉로 결정하였다.

틀에 대한 윤곽을 보여주기 위해 다양한 학문영역의 사례를 이용한다.

이 단원을 위한 일반적인 선수 지식

학생들은 사칙연산을 수행하고 문제에 그 기능을 적절하게 적용할 수 있어야 한다.

학습 목표 1

물체의 크기를 알기 위해서는 기준을 세워 물체를 비교할 필요가 있다는 사실을 이해해야 한다.

구체적인 선수 지식

학생들은 다음을 할 수 있어야 한다.

- 물체 또는 물질의 특정 형태가 측정이 가능함을 인지한다(NCTN, 1989, p. 45).
- 길이 규모에 따라 유사한 물체의 순서를 정한다(예 개미 < 쥐 < 의자 < 탁자 < 집).
- 조건 속성을 크기에 적용한다(A < B이고 B < C이면, A < C이다).
- 면적과 부피를 정의하고 계산한다(분수와 비례 추론).

학생들이 가질 수 있는 어려움과 오개념

- 센티미터, 인치 또는 새로 만든 단위들을 혼동할 수 있다(NCTM, 2003, 183).
- 두 물체의 상대적 크기와 절대적 크기가 서로 연결되어 있음을 깨닫지 못할 수 있다(Del-gado et al., 2007).

학생들은 다음과 같은 어려움을 가질 수 있다.

- 물체의 끝과 자의 끝이 제대로 맞춰져 있지 않으면 물체의 길이를 정하기 어려워한다(Kenney and Kouba, 1997, p. 142).
- 2차원 또는 3차원의 측정을 어려워한다.

학생들이 배워야 하는 것

사람들은 물질의 크기와 양을 정하기 위해서 측정을 하는데, 물질에 따라 다른 방법이 사용된다. 고체 물체의 길이를 측정할 때는 자가 유용하고, 액체의 부피를 측정할 때는 눈금 실린더나 계량컵이 사용된다. 각각의 도구는 다양한 사물의 크기나 양을 측정할 수 있는 기준 표시가 있다. 마찬가지로, 양을 정의하기 위해서 사용되는 단위도 중요하다. 3인치는 3센티미터와 같지 않고, 20그램(g)은 20리터(liter)와 같지 않다.

표준화된 단위로 정의된 크기는 일반적으로 절대적인 (정량적인) 크기로 여겨진다. 기준 물체를 사용하여 두 물체의 상대적 크기를 가늠하는 것은 또 다른 중요한 기능이다. 기준 물체는 표준 단위와는 달리 수소 원자 또는 인체와 같이 잘 알려진 것이거나 개념적으로 중요한 것일 수 있다(Lamon, 1994; Tretter et al., 2006). "어떤 속성을 측정하는 측정 과정은 원칙적으로 동일하다: 단위를 선택하고, 그 단위를 물체와 비교하고, 단위의 숫자를 보고한다(NCTM, 1989, p. 104)." 표준 기준 단위 대신에 한 물체를 다른 물체에 비교하여 상대적인 (정성적인) 크기를 측정한다. 예를 들면, 개미의 길이는 인간보다 대략 200배 더 작다고 묘사할 수 있고, 적혈구의 직경은 원자보다 대략 50,000배 더 크다.

이어서 학생들이 발전시켜야 할 지식과 기능의 예를 살펴보자.

(1) 분수와 비례 추론을 학습하기 전

학생들은 다음을 할 수 있어야 한다.

- 물체를 측정하고 그 크기나 양을 정하기 위한 기준이 왜 있어야 하고 적절한 단위를 사용해야 하는지 이유를 설명한다.
- 여러 맥락에서 물체의 크기를 묘사한다.

- 길이, 부피, 질량 등 물체와 물질의 양을 측정한다.
- 표준 단위나 기준 물체에 대해 한 물체의 크기를 측정한다.
- 어떤 영상의 크기를 정하기 위해 규모가 왜 필요한지 설명한다.
- 영상 속의 물체 크기를 정하기 위해 규모를 사용한다.
- 점들 사이의 거리를 추산하기 위해 지도의 규모를 사용한다.

(2) 분수와 비례 추론을 배운 후

학생들은 다음을 할 수 있어야 한다.

- 두 물체의 절대 크기와 상대 크기를 연결한다(예 학생들은 연필의 길이가 15 cm 이고 탁자가 20배 클 때 탁자가 300 cm임을 계산할 수 있어야 한다).
- 2차원 크기(면적)와 3차원 크기(부피)가 길이의 변화에 따라 달라짐을 설명한다.
- 2차원과 3차원에서 상대적 크기를 추산한다.

학습 목표 2

학생들은 마이크로, 나노, 원자 및 분자의 세계와 같이 너무 작아서 맨눈으로 볼 수 없는 세계가 있음을 이해해야 한다. 각각에는 세계의 규모를 정의하는 데 도움이 되는 고유한 대표 물체가 있다.

구체적인 선수 지식

학생들은 다음을 이해해야 한다.

- 어떤 세계는 맨눈으로 보기에는 너무 작아서 특별한 도구를 사용하지 않고는 측정할 수 없다.
- 10, 100, 1000, 10000 사이의 값의 차이 또 이 역수들 사이의 값의 차이를 이해한다.

- 밀리(mm), 마이크로(μm), 나노(nm)와 같은 미터 단위를 이해하고 이들이 미터와 센티미터와 같이 더 친숙한 거시 크기의 측정과 어떻게 연관되는지 이해한다.

학생들이 가질 수 있는 어려움과 오개념

- 보이지 않는 세계의 물체는 직접 경험하거나 조작할 수 없는데, 이 때문에 학생들은 작은 물체에 대해 탄탄하게 이해하기를 어려워한다.

학생들은 다음과 같은 오개념을 가질 수 있다.

- 눈으로 볼 수 없는 작은 물체들은 대략 크기가 같다. 하지만 실제로 그 물체들의 크기는 굉장히 다를 수 있다(Tretter, Jones, and Minogue, 2006).
- 개미나 소금 알갱이처럼 작은 거시 물건이 원자나 세포보다 작다(Castellini et al., 2007).

학생들은 소수점(Cohen, Corel, and Johnson, 2002), 비율과 비례(Lesh, Post, and Behr, 1988), 그리고 측정(Kenney and Kouba, 1997)에 대해서 이해하기 어려워할 수 있다.

학생들이 배워야 하는 것

나노 과학에서 연구되는 엄청나게 폭넓은 크기 범위의 물체들을 몇 가지 다른 규모, 또는 세계로 나누는 것은 개념적으로 유용하다. 현상을 관찰하고 측정하는 데 필요한 도구와 물질의 거동을 설명하는 데 사용되는 모델은 각 규모의 세계에 대한 특징을 알려준다. 더불어, 상대적으로 더 친숙한 특정 물체는 종종 기준 또는 이정표로 사용되는데, 이들은 각 세계의 규모를 특징짓는 데 도움이 된다(〈그림 1.2〉). 예를 들면, 인간의 대략적인 키는 거시 세계에서 다른 물체의 크기를 추정할 때 일반적인 기준이 된다(Tretter et al., 2006).

거시 세계는 사람들이 직접 경험하기 때문에 가장 익숙하다. 이 세계에는 특별한 도구를 사용하지 않고도 인간의 눈에 보이는 물체(~10^{-4} m보다 큰)가 있다. 거시 세계에서는 고전 역학을 이용하여 물질의 거동을 예측할 수 있다.

미시 세계는 개별 세포의 세계로, 세포는 이 규모의 세계를 정의하는 대표이자 이정표로 사용된다. 마이크로 세계는 광학 현미경의 도움을 받아서 관찰하고 측정할 수 있다. 이 세계의 물체는 그 크기가 대략 10^{-7}~10^{-4} m(0.1~100 μm 또는 10^{2}~10^{5} nm)에 해당한다. 이 세계의 물질 거동을 설명하는 데는 고전 역학이 일반적으로 적절하다.

나노세계는 그보다 작은 규모이며 10^{-9}~10^{-7} m 또는 1~100 nm로 정의된다. 물체의 가로 · 세로 · 높이 중 한 치수가 이 영역에 해당하면 나노세계에 속한다고 본다. 예를 들면, DNA 이중 나선의 직경은 대략 2 nm이지만, 그 길이는 대략 5 cm이다. 물체의 치수가 다른 규모에 해당할 때, 물체는 가장 작은 치수에 따라 분류된다. 왜냐하면 가장 작은 치수가 그 물체 또는 물질을 관찰할 수 있는 도구를 결정하기 때문이다. 나노세계에서는 광학 현미경이 유용하지 못하다. 대신 가시광선의 파장(<~400 nm)보다 작은 탐침을 가진 기구가 필요하다. 이 세계의 대표 또는 이정표가 되는 물체에는 DNA 이중 나선(약 2.5 nm)과 벅키볼[18](~1 nm)이 포함된다. 이 규모에서 물질의 거동을 설명하려면 고전 역학이 아닌 양자 역학을 적용해야 한다.

원자 규모는 1나노미터보다 작은 물체들에 해당한다. 여기에는 작은 분자, 원자, 원자보다 작은 입자들이 포함되며, 대표적인 물체는 수소 원자로 대략 크기가 0.1 nm이다. 이 규모의 세계에서 물질의 거동을 설명하기 위해서는 양자 역학이 사용된다.

다른 크기를 가진 세계를 구분하는 것은 인위적이고 또 다소 임의적이다. 이러한 구분은 현상을 설명하고 묘사하는 모델과 물체와 현상을 관찰하고 측정하는 도구로 사물을 묶을 수 있다는 점에서 유용하다. 하지만 이런 구분이 절대적인 경계로 여겨져서는 안 된다. 예를 들면, 단백질 같은 몇몇 분자는 큰 분자이긴 해도 나노 규모의 구조물이다. 이런 세계는 학생들이 서로 다른 크기의 세계 및 그 물체가 갖는 특징 사이의 관계를 보고 의견을 나누도록 돕는 모델로 사용되어야 한다. 크기

18 buckyball, fullerene, C_{60}

세계의 관점에서 크기와 미터 단위에 대해 사고하는 것은 크기 자릿수 측면에서 양과 크기에 대해 생각하고 과학적 기호로 크기를 표현하는 데 기초가 된다.

수학과 과학에 대해 어떤 경험을 했느냐에 따라 다르겠지만, 학생들이 개발해야 할 지식과 기능의 예를 제시한다. 학생들은 다음을 할 수 있어야 한다.

- 다른 크기 세계 사이의 물체 크기를 정성적으로, 그리고 정량적으로 연관을 지을 수 있다.
- 각 크기 세계에 대한 대표적인 물체의 이름을 댈 수 있다.

학습 목표 3

학생들은 물체의 크기를 정성적인 방법과 정성적인 방법을 포함하여 다양한 표상으로 나타낼 수 있음을 이해해야 한다. 각 표상은 그 목적에 따라 장점도 있고 단점도 있다.

구체적 선수 지식

학생들은 다음을 이해해야 한다.

- 10, 100, 1000, 10000 사이의 값의 차이, 그리고 이 역수들 사이의 값의 차이를 이해한다.
- 킬로, 센티, 밀리, 마이크로, 나노 같은 미터 단위의 수식어 의미를 이해하고 서로 간의 관계를 이해한다.

학생들이 가질 수 있는 어려움과 오개념

- 선형 척도와 로그 척도의 표상을 혼동할 수 있다(Confrey, 1991).
- 로그 그래프의 해석에 어려움을 느낄 수 있다(Confrey, 1991).

학생들이 배워야 하는 것

과학에서 미터법은 크기와 양을 나타내기 위해 사용되는 일반적인 방법이다. 단위의 수식어는 1천 배씩 다른 미터 크기를 구별하고 사물의 크기에 대해서 소통하는 것을 쉽게 한다. 예를 들면, 수소 원자의 직경은 대략 1미터의 1백조분의 1에 해당한다. 이는 숫자로 0.0000000001 m 또는 0.1 nm로 표현된다. 후자가 더 편리하다면 전자는 더 익숙한 측정 단위이다.

과학적 표기법은 특히 미터법으로 작업할 때 유용하다. 이 경우 수소 원자의 직경은 $\sim 1 \times 10^{-10}$미터로 나타낼 수 있다. 10에 대한 음의 지수는 10에 대한 양의 지수값의 역수로, 10^{-2}은 $(1/10^2)$과 같은 값이다. 그래서 10에 대한 음의 지수 표현은 1보다 작은 수를 지칭할 때 사용되고, 양의 지수 표현은 1보다 큰 수를 표현하는 데 사용된다. 1미터 길이의 막대는 수소 원자보다 약 10,000,000,000배 더 크다. 이를 10^{10}배 더 크다고 쉽게 표현할 수 있다.

물질의 특성과 거동은 대략적인 크기를 기반으로 예측되곤 한다. 예를 들면, 진핵세포는 그 크기가 다르기는 하지만, 세포는 마이크로 세계에 속하므로 특정 세포를 관찰하기 위한 적절한 도구는 광학 현미경이라고 판단한다. 어떤 값을 크기 자릿수,

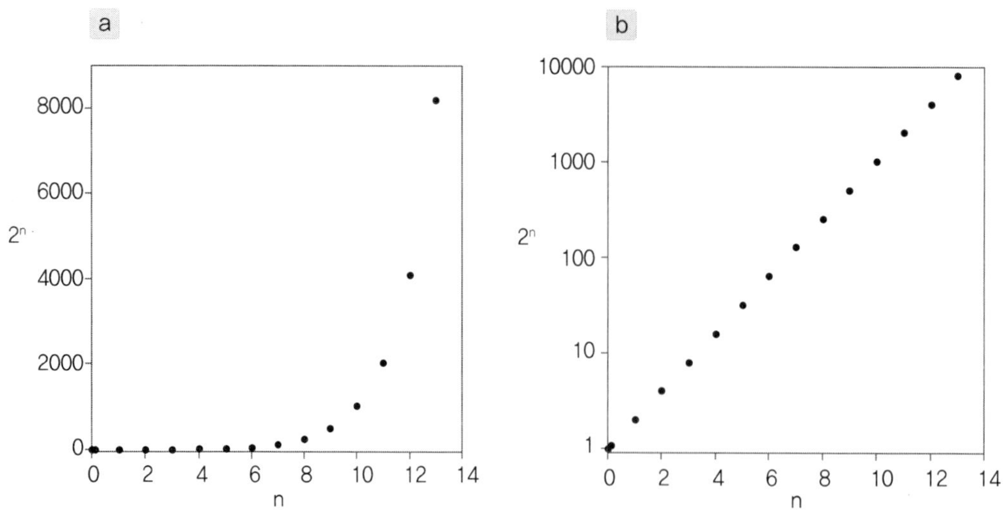

그림 5.1 (a) 2의 기하급수를 지수에 대해 선형으로 나타낸 그림 (b) 2의 기하급수를 로그값으로 나타낸 그림

즉 10의 지수로 생각하면 유용할 때가 있다. 근사적으로 계산하거나 어림할 때 10의 지수를 이용하면 편하고, 이런 어림 계산은 더하기와 곱하기 등 가장 기본적인 수학 연산만으로도 가능하다.

학생들은 물체의 크기를 표현할 때 선형 규모로 하는 것이 가장 익숙하다고 여긴다. 로그 척도는 매우 넓은 범위의 수를 표현할 때 유용하다. 로그 척도에서는 10의 지수, 즉, 10, 100, 1000의 간격을 등간격으로 쓴다. 이 규모를 쓰면 하나의 수선이나 그래프로 나노와 마이크로 규모의 크기를 쉽게 나타낼 수 있다. 하지만 20, 500 등 그 사이의 값들은 로그 척도에서 어림하기가 어렵다.

덧붙이자면 로그 그래프는 기하급수적으로 변하는 경향을 나타내는 데에는 유용하지만, 선형적 특성을 로그 그래프에서 해석해 내기는 어렵다(〈그림 5.1〉).

수학과 과학에서 어떤 경험을 했는지에 따라 크기의 범주가 달라지겠지만, 학생들이 발달시켜야 할 지식과 기능의 예는 다음과 같다.

- 학생들은 하나의 수를 분수, 소수, 과학적 표기 등 다양한 방법으로 나타낼 수 있다.
- 학생들은 크기를 표현할 때 목적에 따라 어떤 방법이 더 유용한지 평가하고 설명할 수 있다.

학습 목표 4

학생들은 규모가 달라지면 현상이 일어나는 방식에 영향을 미친다는 것을 이해해야 한다.

구체적 선수 지식

- 학생들은 물체들 사이의 크기를 정성적으로, 정량적으로 관계지을 수 있어야 한다.

학생들이 가질 수 있는 어려움과 오개념

- 학생들은 소수(Cohen, Corel, and Johnson, 2002), 비율과 비례(Lesh, Post, and Behr, 1988; Misailidou and Williams, 2003), 그리고 측정(Kenney and Kouba, 1997)에 대해서 개념적 어려움을 가질 수 있다.

학생들이 배워야 하는 것

물체, 구조, 과정, 시스템을 포함한 현상 대부분은 최적의 크기 범위를 가지고 있으며, 대부분은 최대 크기 및 최소 크기의 한계를 가지고 있다. 예를 들면, 종달새가 자라서 1미터쯤 되면 날 수 없을 것이고, 아메바 같은 단세포 유기체가 1미터 크기로 커진다면 확산을 통해 영양분과 산소를 공급받을 수 없을 것이다(AAAS, 1993, p. 279). 모델, 시스템, 물체가 어떤 규모에서 잘 기능한다고 해서 다른 규모에서도 마찬가지로 잘 작동하는 것은 아니다. 나노 규모에서 물질은 예측하지 못한 물성을 보일 때가 종종 있다. 예를 들면, 금속은 전도성, 광택, 전성 등과 같은 금속 특유의 특성을 나노 규모에서 잃어버린다(제9장의 학습 목표 1, 2, 3 참조). 고전 역학은 거시 세계에서 물질의 거동을 적절히 설명하지만, 개별 원자 및 분자의 거동을 설명하지는 못한다(제8장의 학습 목표 1 참조).

학생들이 개발해야 할 지식과 기능의 예는 다음과 같다. 학생들이 고려할 수 있는 현상과 그들이 다룰 수 있는 크기의 범위는 수학과 과학에서의 선행 경험에 따라 다르다. 학생들은 다음을 할 수 있어야 한다.

- 모델, 물체, 시스템의 기능과 그 크기를 연관 짓는다.
- 모델, 물체, 시스템이 존재할 수 있는 크기에 한계가 있는 이유를 설명한다.
- 시스템의 규모를 바꾸면 시스템의 작동 방식이 변할 수 있음을 설명한다.

학습 목표 5

학생들은 물체의 부피-대-표면적 비가 크기와 모양에 의존한다는 사실을 이해할 수 있다.

구체적 선수 지식

- 학생들은 정육면체, 사각뿔, 구 등 익숙한 모양의 표면적과 부피를 계산할 수 있다.
- 비율을 이용하여 양을 비교할 수 있다.

학생들이 가질 수 있는 어려움과 오개념

- 학생들은 표면적과 부피의 개념화와 계산에 어려움을 느낄 수 있다(Kordaki and Potary, 1998; Zacharos, 2006).
- 학생들은 비율과 비례에 대해 이해하는 데 어려움을 느낄 수 있다(Lesh, Post, and Behr, 1988; Misailidou and Williams, 2003).

학생들이 배워야 하는 것

물체의 한 차원 규모가 변할 때 표면적과 부피는 비례적으로 변한다. 나노과학기술과 더 관련된 아이디어로, 같은 형태로 크기가 작아지면 부피-대-표면적 비는 증가한다. 예를 들면, 한 변이 1 cm인 정육면체 27개는 한 변이 3 cm인 정육면체 1개와 같은 부피를 갖는다. 하지만 표면적을 비교하면 27개의 작은 정육면체는 표면적이 162 cm^2이고, 한 개의 큰 정육면체는 표면적이 54 cm^2 밖에 되지 않는다. 이 개념은 부피-대-표면적 비가 물질의 구조와 연결되어 있는 나노 규모에서 특히 중요하다.

같은 부피를 가져도 모양이 다르면 표면적이 다르다. 한 예로, 한 변이 1 cm인 정육면체 8개를 모아서 한 변이 2 cm인 정육면체 한 개를 만들 수 있다. 이 큰 정육면체는 표면적이 24 cm^2이다. 8개의 작은 정육면체를 다른 방식으로 한 줄로 세우면 1

cm × 1 cm × 8 cm인 직육면체가 되고, 부피는 34 cm^2가 된다. 두 물체의 부피가 같더라도 모양이 다르면 표면적이 다를 수 있는 것이다. 예를 들면, 구 하나와 정육면체 하나의 부피가 모두 1,000 mm^3라면, 구는 표면적이 483 mm^2이고 정육면체는 600 mm^2이다. 나노 규모에서는 물체의 크기와 모양 모두가 물질의 물리적 화학적 성질에 영향을 미칠 수 있다(제9장의 학습 목표 1 참조).

이 학습 목표에 담긴 지식과 기능에 대해서는 다음과 같이 논의한다. 모양과 계산의 복잡한 정도는 수학과 과학에 대한 학생들의 선행 경험에 따라 다르다. 학생들은 다음을 할 수 있어야 한다.

- 크기의 변화가 어떻게 주변에 노출된 표면의 양을 변화시키는지 정성적으로 설명할 수 있다. 예를 들면 형태를 쪼개면 새 면이 생긴다는 것을 이해한다.
- 더 고급 수학과 과학을 배워감에 따라 부피-대-표면 비와 관련된 현상을 정량적으로 설명할 수 있다.

과학교육표준과 연결하기

Benchmarks와 NSES(AAAS, 1993; NRC, 1996)에 제시된 국가과학표준은 학생들이 초등학교 저학년에서부터 크기와 규모에 관련된 개념 형성을 시작해야 한다고 제안하고 있다. 크기와 규모에 관련된 표준은 〈표 5.1〉에 요약되어 있다. 비슷한 내용이 수학 내용 표준(NCTM, 1989)에 제시되어 있으며, 이 책에서는 인용하지 않았다.

과학교육표준에 없는 내용

국가과학표준 문서들에 크기와 규모에 대한 개념이 잘 나타나 있지만, 학생들은 여전히 이 개념에 대한 학습을 어려워한다(Tretter et al., 2006; Castellini et al., 2007). 앞서 언급한 두 표준 문서에서 크기 자릿수로 생각하는 것의 가치를 다루고 있지만, 다른 규모, 즉 크기 세계에 대한 아이디어는 빠져있다. 규모로 나누는 것은 진핵 세포, 박테리아, 원자, 분자 등 그 크기 세계의 대표적 물체의 크기를 연결할 수 있게 해주고, 거시 세계 이하의 규모에서 존재하는 크기 범위를 학생들이 이해하는 데 도움을 준다. 학생들은 종종 눈에 보이지 않는 작은 것들의 크기 범위가 실제보다 훨씬 작다고 믿는다(Tretter, Jones, and Minogue, 2006). 더불어 이렇게 규모에 따라 나누면 물질의 거동을 설명하는 물리 법칙, 상호작용하는 주된 힘, 해당 규모에서 현상을 관찰할 도구를 연결할 때 개념적으로 유용하다.

나노과학기술과 Benchmarks에 제시된 크기, 수, 표상은 큰 수의 이해를 형성하는 것에만 관계가 있다. 표준에 담긴 과학 내용의 상당 부분이 맨눈으로는 보이지 않는 작은 규모에서 일어남에도 불구하고 거시 세계보다 작은 수와 측정 단위는 강조되고 있지 않다. 학생들이 나노과학기술의 중요한 개념을 형성하기 위해서는 거시 세계보다 작은 크기에 대해 토론하는 능력을 갖출 필요가 있다.

표 5.1 〈크기와 규모〉에 관련된 국가과학표준 요약

내용 설명	표준
수학, 과학, 기술의 관계	
수학, 과학, 기술은 모두 연관되어 있다.	*Benchmarks* 2B/1 6–8, p. 32 2B/3 9–12, p. 33 2B/4 9–12, p. 33 2B/5 9–12, p. 33 *NSES* SI*, 5–8, p. 145 SI, 9–12, p. 175
숫자로 값을 표현하기	
길이, 무게, 나이 등 어떤 특징을 나타낼 때 수를 이용한 표상을 사용할 수 있다.	*Benchmarks* 11D/1 K–2, p. 277 9A/1 K–2, p. 211 2A/4 K–2, p. 26 9A/3 3–5, p. 212
백, 천, 백만 등 상대적인 크기를 이해하는 것은 학생들이 다른 크기 규모의 세계(예 마크로 세계, 마이크로 세계, 나노세계)를 정의하고 과학적 표기를 사용하도록 한다.	*Benchmarks* 12B/9 6–8, p. 291 12B/6 9–12, p. 291 12B/8 9–12, p. 291 11D/1 9–12, p. 279

[표 계속]

수를 나타내는 방법은 매우 많다. 어떤 표현이 가장 유용할지는 목적에 따라 다르다.	*Benchmarks* 9A/3, 6–8, p. 213 12B/2 3–5, p. 290
추정과 상대적 크기	
상황에 따라 어림하기하고 이의 유용성을 아는 것은 중요한 기능이다.	*Benchmarks* 12B/3 K–2, p. 290 12B/5 K–2, p. 290 9A/3 K–2, p. 211 12B/3 3–5, p. 290 11D/2 3–5, p. 277 12B/10 6–8, p. 291
10의 지수 형태로 표기하는 것은 값을 근사하는 데 유용한 도구이다.	*Benchmarks* 9A/1 9–12, p. 214
모양과 구조	
숫자뿐 아니라 모양 또한 현상의 설명에 유용하다.	*Benchmarks* 2C/1 K–2, p. 36 2C/1 3–5, p. 36 9C/4 3–5, p. 223
물질은 1, 2, 3차원으로 측정할 수 있다(표면적과 부피 측정 방법을 배우는 것은 S/V 비를 이해하는 데 필요한 선수지식이다).	*Benchmarks* 9C/1 3–5, p. 223 12B/3 6–8, p. 291 9C/1 6–8, p. 224 9C/2 9–12, p. 225
규모(척도) 정하기(scaling)	
다양한 맥락에서 규모를 정할 줄 아는 것은 중요하다(예 지도에서 척도, 그래프에서 척도).	*Benchmarks* 9C/6 3–5, p. 223 12B/5 6–8, p. 291 9C/6 6–8, p. 224 9C/1 9–12, p. 225
현상이 모든 규모에서 동일하게 작동하는 것은 아니다.	*Benchmarks* 11D/1 3–5, p. 277 11D/2 9–12, p. 279
사물의 표면적과 부피는 비례하여 변하지 않는다. 따라서 표면적 또는 부피에 의존하는 성질의 변화도 비례하여 변하지 않는다. 나노 규모에서 부피-대-표면적 비의 급격한 증가는 나노 규모에서 일어나는 많은 현상을 설명한다.	Benchmarks 11D/1 6–8, p. 278 9C/2 9–12, p. 225
비와 비례를 이해하는 것은 부피-대-표면적 비를 이해하는 데 꼭 필요하다.	*Benchmarks* 12B/2 3–5, p. 290 12B/2 6–8, p. 291 12B/1 9–12, p. 291

*SI=science as inquiry

✚ 감사의 글

이 장을 읽고 도움이 되는 논의를 해준 다음 Cesar Delgado에게 저자들은 감사를 표한다.

✚ 참고문헌

American Association for the Advancement of Science (AAAS). 1993. *Benchmarks for science literacy.* New York: Oxford University Press.

Castellini, O. M., G. K. Walejko, C. E. Holladay, T. J. Thiem, G. M. Zenner, and W. C. Crone. 2007. Nanotechnology and the public: Effectively communicating nanoscale science and engineering concepts. *Journal of Nanoparticle Research* 9 (2): 183–189.

Cohen, D., J. Corel, and N. Johnson. 2002. What very small numbers mean. *Journal of Experimental Psychology: General* 131 (3): 424–442.

Confrey, J. 1991. Learning to listen: A student's understanding of powers of ten. In *Radical constructivism in mathematics education*, ed. A. J. Bishop, H. Bauersfeld, J. Kilpatrick, G. Leder, S. Turnau, G. Vergnaud, and E. von Glaserfeld. Dordrecht, The Netherlands: Kluwer Academic Publishers.

Delgado, C., S. Y. Stevens, N. Shin, M. Yunker, and J. S. Krajcik. 2007. The development of students' conception of size. Paper presented at the National Association for Research in Science Teaching Conference. New Orleans, Louisiana.

Kenney, P.A., and V. L. Kouba. 1997. What do students know about measurement? In *Results from the Sixth Mathematics Assessment of the National Assessment of Educational Progress*, ed. P. A. Kenney and E. Silver. Reston, VA: National Council of Teachers of Mathematics.

Kordaki, M., and D. Potari. 1998. Children's approaches to area measurement through different contexts. *Journal of Mathematical Behavior* 17 (3): 303–316.

Lamon, S. 1994. Ratio and proportion: Cognitive foundations in unitizing and norming. In *The development of multiplicative reasoning in the learning of mathematics*, ed. G. Harel and J. Confrey. Albany: State University of New York Press.

Lesh, R., R. Post, and M. Behr. 1988. Proportional reasoning. In *Number concepts and operations in the middle grades*, ed. J. Hiebert and M. Behr. Hillsdale, NJ: Lawrence Erlbaum Associates.

Misailidou, C., and J. Williams. 2003. Diagnostic assessment of children's proportional reasoning. *Journal of Mathematical Behavior* 22 (3): 335–368.

National Council of Teachers of Mathematics (NCTM). 2003. *Principles and standards for school mathematics.* Reston, VA: NCTM.

National Research Council (NRC). 1996. *National science education standards.* Washington, DC: National Academy Press.

Tretter, T. R., M. G. Jones, T. Andre, A. Negishi, and J. Minogue. 2006. Conceptual boundaries and distances: Students' and experts' concepts of the scale of scientific phenomena. *Journal of Research in Science Teaching* 43 (3): 282–319.

Tretter, T. R., M. G. Jones, and J. Minogue. 2006. Accuracy of scale conceptions in science: Mental maneuverings across many orders of spatial magnitude. *Journal of Research in Science Teaching* 43 (10): 1061–1085.

Zacharos, K. 2006. Prevailing educational practices for area measurement and students' failure in measuring areas. *Journal of Mathematical Behavior* 25 (3): 224–239.

Chapter

06

물질의 구조

빅 아이디어

> 물질은 빌딩 블록으로 구성되어 있는데, 이 빌딩 블록은 종종 위계 구조를 형성한다. 원자는 다른 원자와 상호작용하여 분자를 형성한다. 더 높은 수준의 구조물은 원자, 분자 또는 나노 규모 구조물이 상호작용하여 나노 규모 조립체와 구조물을 형성한 것이다.

원자론과 분자운동론은 물질의 구조, 성질, 거동의 이해를 바탕으로 한다. 이들 이론은 화학 반응성부터 물질의 성질, 더 나아가 집에서 퍼지는 커피 냄새에 이르는 광범위한 현상을 설명한다. 더불어 원자, 분자, 더 큰 조합체 등 물질의 빌딩 블록(building block)의 구조와 움직임에 대한 지식은 훗날 화학을 넘어 생물학, 물리학, 지질학, 물질과학에 대해 학습할 때 도움이 된다.

여러 학습 목표가 이 빅 아이디어와 연관되어 있지만, 이 단원의 세 가지 학습 목표는 나노 물질의 특별한 성질 이해에 필요한 기초 지식을 학습할 수 있도록 해준다. 이 단원에서 제시된 순서는 과학교육과정에서 이 순서로 도입되어야 한다는 것을 의미하지는 않는다.

이 단원을 위한 일반적인 선수 지식

각 학습 목표는 물질의 구조에 대한 서로 다른 측면에 초점을 맞추고 있다. 공통의 선수 지식은 다음과 같다.

- 질량을 가지고 공간을 차지하는 모든 것은 물질로 간주된다.
- 물질은 연속적인 것이 아니고 눈으로는 볼 수 없을 정도로 작은 입자들로 이루어져 있다.
- 물질을 이루는 입자는 끊임없이 움직인다. 이 움직임은 시스템의 열에 의존하고, 그래서 종종 열운동이라고 불린다. 각 입자의 운동은 다른 입자와 충돌하기 전까지는 직선 운동을 하고, 이 충돌은 운동의 방향을 바꾼다.

학습 목표 1

원자는 물질의 근본적인 빌딩 블록이다. 원자의 구조는 원자들이 어떻게 조직화된 집합체와 구조물(예 분자, 고체, 나노입자 등)을 형성하는지에 영향을 미친다.

구체적인 선수 지식

학생들은 다음을 이해해야 한다.

- (+)와 (-) 두 가지 종류의 전하가 존재한다.
- 반대 전하는 서로 끌어당기고 같은 전하는 서로 밀친다.

학생들이 가질 수 있는 어려움과 오개념

학생들은 다음과 같은 오개념이 있을 수 있다.

- 행성이 태양계 주위를 돌 듯 전자는 원자핵 주위를 오비탈 궤도를 따라 돈다 (Griffiths and Preston, 1992; Unal and Zollman, 1999).
- 전자는 전자 구름 속에서 무작위로 움직이기는 하지만 궤도를 갖는 식으로 연속적이다.

- 원자는 "원자"로 이루어져 있다(Renstrom, Anderssön and Marton, 1990).

학생들은 입자들이 무작위 움직임을 한다는 모델을 받아들이는 데 어려움을 가질 수 있다(Kind, 2004).

학생들이 배워야 할 것

원자는 각 원소의 가장 작은 단위이므로 모든 물질의 근본적인 빌딩 블록으로 여겨진다. 원자는 (-) 전하를 띤 전자와 (+) 전하를 띤 양성자 및 중성의 중성자로 이루어졌으며, 너무 작아 광학 현미경으로도 보이지 않는다. (+) 전하를 띤 원자핵은 양성자와 중성자를 가지고 있으며 전자로 둘러싸여 있다. 원자의 양성자 개수는 그 원소의 종류를 결정하고 원자 번호로 표현되며, 이 값은 주기율표에서 그 원소의 자리를 정한다. 중성 원자는 같은 수의 전자와 양성자를 가진다.

원자와 분자는 끊임없이 운동하며, 이를 열운동이라고 부른다. 열운동은 입자들 사이의 전기적 힘의 인력과 척력에 의해서 영향을 받는다. 전기적 힘은 원자 내 전자의 분포로부터 생긴다.

전자는 끊임없이 움직이며 핵을 둘러싼 오비탈 안에 분포한다. 오비탈은 원자의 공간 대부분을 차지한다. 각 오비탈에는 특정수의 전자만 존재할 수 있도록 허용된다. 오비탈 안에서 핵 주위를 도는 전자에 대한 기술은 종종 보어 모델로 불리는 원자의 태양계 모델과 연결된다. 보어 모델이 특정 현상을 설명하는 데 유용하지만, 이 모델은 전자의 움직임을 정확하게 기술하지는 못한다. 전자는 거시 물체와 비슷한 방식으로 거동하지 않는다. 예를 들면, 전자는 궤도를 가지고 있지 않기 때문에 전자의 현재 자리를 통해 미래에 있을 자리를 예측하는 것이 불가능하다(하이젠베르크의 불확정성 원리). 대신 확률을 이용하여 전자가 어디에 있었을 것이고, 어디로 갈지를 기술할 수 있다.

완벽하지는 않지만 전자의 움직임에 대한 더 좋은 모델은 '전자 구름' 모델로, 여기서 '전자 구름'은 전자의 확률 밀도를 나타낸다. 전자 구름 모델은 전자의 양자 역학 거동을 간단한 형태로 시각화할 수 있고 원자 간 상호작용과 분자 결합을 직관적으로 이해하는 데 유용하다(전자의 양자 역학 거동과 하이젠베르크의 불확정성 원리에 대해서는 제8장 〈양자 효과〉를 참조).

이 학습 목표는 폭넓은 내용을 담고 있다. 학생들이 어떻게 이 내용을 적용할 수 있을지에 대한 예는 다음과 같다. 어떤 예는 원자 구조보다는 물질의 기본적인 입자 모델을 이해할 필요가 있다.

(1) 학생들이 원자 구조에 대해서 학습하기 전과 후

학생들은 다음을 할 수 있다.

- 원자 또는 분자 등 입자들의 운동을 기술할 수 있다.
- 입자들의 운동과 열의 관계를 설명할 수 있다.
- 입자의 운동 및 운동과 열의 관계를 포함하는 입자 모델을 이용하여 폭넓은 현상(예 방안에서 퍼져나가는 냄새, 유리 표면에서의 응축 액화 등)에 대해 설명할 수 있다.

(2) 학생들이 원자 구조에 대해서 학습한 후

학생들은 다음을 할 수 있어야 한다.

- 전자 거동을 기술하는 다른 모델들을 설명할 수 있다.
- 전자 거동을 기술하는 다른 모델들을 평가할 수 있고 각각이 언제 유용한지 판단할 수 있다.

학습 목표 2

빌딩 블록의 고유한 성질은 다른 빌딩 블록과 어떻게 결합하는지에 영향을 주며, 이는 물질의 성질에 영향을 준다.

구체적인 선수 지식

이 학습 목표에 담긴 개념을 특정 현상(예 유발 쌍극자, 기체의 응축과 액화, 자기 조립 등)에 적용하기 위해서 학생들은 전자 구름 모델을 가지고 있어야 하고 전자 분포를 확률로 인식할 수 있어야 한다.

학생들이 가질 수 있는 어려움과 오개념

- 학생들은 덩어리 물질의 성질을 개별 원자 또는 분자의 속성으로 여길 수 있다(Ben-Zvi Eylon & Silberstein, 1986; Albanese & Vicentini, 1997).

학생들이 배워야 할 것

모든 물질은 단지 100여 가지의 원자 또는 원소의 조합으로 구성된다. 원자는 다양한 조합과 배열로 상호작용하여 분자를 형성한다. 또는, 크고 확장된 배열 및 격자 형태로 정렬할 수 있다. 원자가 조합하고 배열하는 형태는 그 결과로 만들어지는 물질의 정체를 결정한다. 두 개 이상의 물질이 결합하여 새로운 물질을 만들 때, 그 물질의 성질은 구성한 원 물질의 성질과 다르다.

원자는 전기적 힘으로 상호작용하여 분자나 배열을 형성한다. 이런 상호작용 방식은 화학 영역의 기반이 되고 주기율표상의 원소 위치를 예측할 수 있다. 원자가 전자 또는 최외각 전자는 원자가 다른 원자와 어떻게 상호작용하는지 결정하는 데 도움이 된다.

분자는 원자로 만들어졌으며 분자의 크기는 넓은 범위에 이른다(〈그림 6.1〉). 가장 작은 분자는 비활성 기체와 같이 개별 원자 자체로 이루어진다. 반면 어떤 원자는 단백질, DNA, RNA처럼 수만 개의 원자로 이루어지고 그 크기는 나노 규모에 이른다.

이 나노 규모 구조물들의 빌딩 블록은 벅키볼의 경우에서처럼 원자일 수도 있고 단백질, DNA, RNA의 경우처럼 원자의 집단, 즉 분자일 수도 있다. 20개의 서로

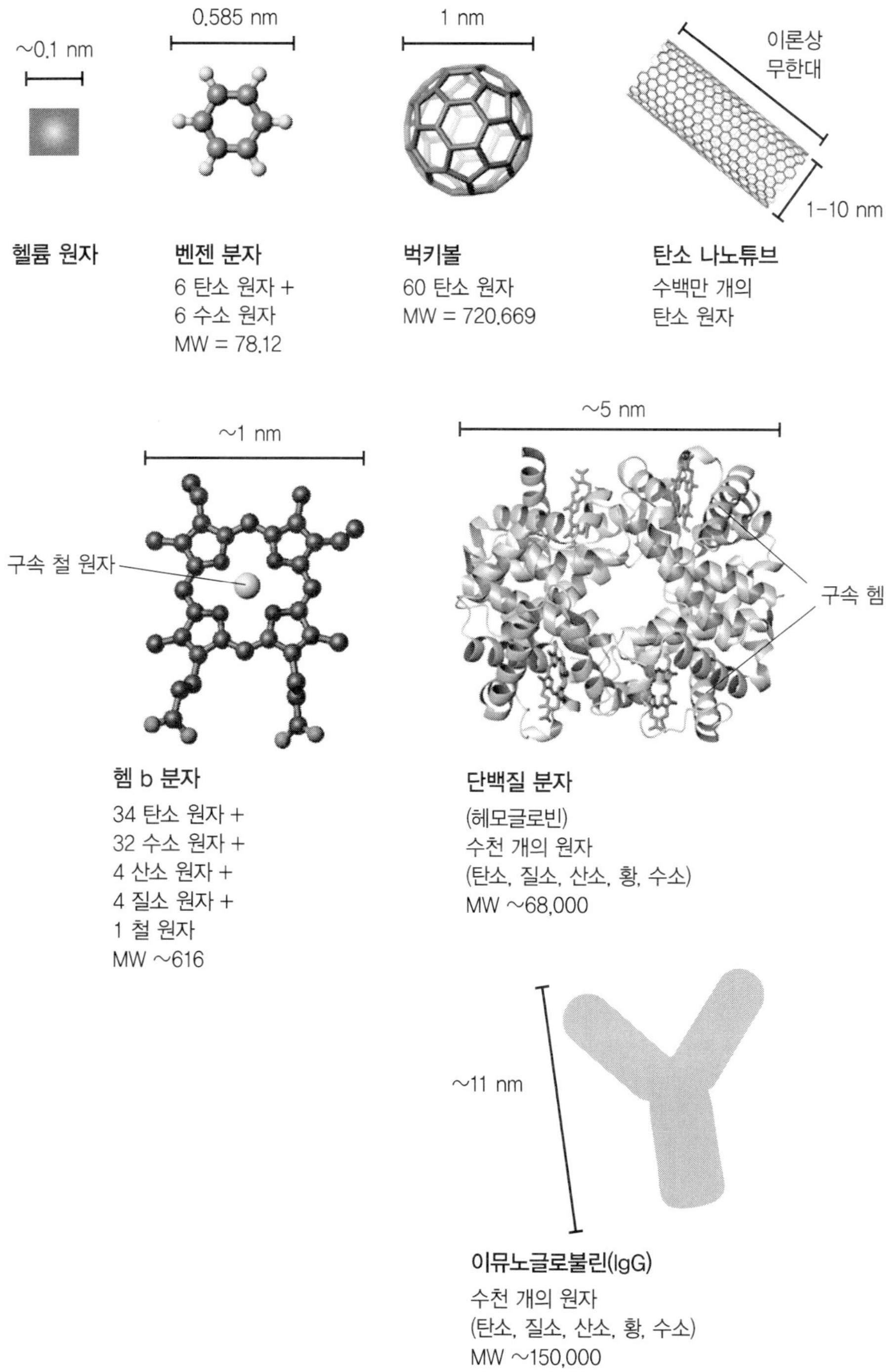

그림 6.1 분자 한 개의 크기 범위를 나타내는 도시

출처: Images were created using MOLMOL (Koradi, Billeter, and Wuthrich, 1996).

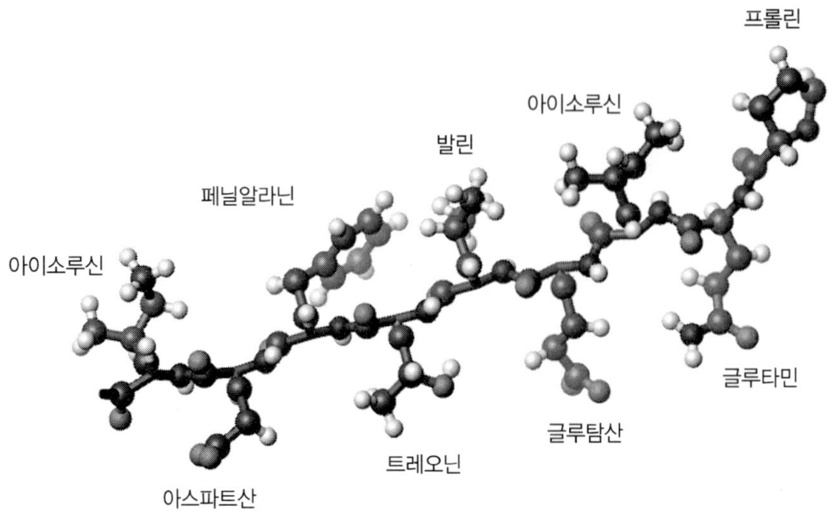

그림 6.2 9개의 아미노산으로 구성된 펩타이드 구조를 나타내는 공–막대 모형 표상
출처: Image created using MOLMOL (Koradi, Billeter, and Wuthrich, 1996).

다른 아미노산은 단백질을 만드는 사슬이 되도록 결합하는 빌딩 블록이다. 〈그림 6.2〉는 7개의 아미노산으로 이루어진 펩타이드 사슬을 나타내고 있다. 4개의 서로 다른 핵산의 조합은 빌딩 블록으로 사슬을 이루어 DNA를 형성한다. RNA는 약간 다른 4개의 핵산으로 이루어진다. 양자점과 같은 물질은 원자들이 나노 규모로 집합한 것이다.

분자와 같이 나노 규모 집합체 또는 구조물의 성질과 거동은 빌딩 블록(원자, 분자, 나노 규모 구조물 또는 조합체)의 배열에 따라 달라진다. 마찬가지로, 나노 규모 빌딩 블록은 다양한 전기적 힘으로 상호작용한다(제7장 〈힘과 상호작용〉에서 분자, 나노 규모 물체 및 조합체 사이의 상호작용을 지배하는 힘을 더 깊이 논의한다). 다이아몬드, 흑연, 석탄, 벅키볼, 나노튜브 등 탄소 동소체들은 빌딩 블록의 배열이 물질의 정체와 그 성질에 영향을 미친다는 것을 보여준다. 〈표 1.4〉에서 보듯이 다양한 형태의 탄소는 비록 그 조성은 동일하지만 성질은 다르다.

전체 구조물 및 조합체를 구성하는 빌딩 블록의 정체는 그 구조와 기능에 영향을 준다. 예를 들면, DNA 서열에서 단 하나의 핵산을 바꾸면 단백질의 결합력이 1000배 가까이 변할 수 있다(Stevens & Glick, 1997). 하나의 핵산을 변경하는 또 다른 효과는 아미노산 코드를 변경하는 것이다. 이는 단백질이 특정 위치에서 다른 아미노산을 가지도록 한다. 단백질은 수백 개의 아미노산 사슬로 이루어져 있지만, 단 하나의 아미노산을 바꾸는 것만으로도 단백질의 구조와 기능에 엄청난 영향을 줄 수 있다(나노 규모에서 중요한 전기적 힘에 대한 깊이 있는 논의는 〈그림 1.6〉 및 이와 관련된 헤모글로빈 관련 본문, 그리고 제7장 〈힘과 상호작용〉 참조).

학생들은 이 학습 목표에 담긴 내용을 이해해 나가면서 이를 다양한 맥락으로 표현할 수 있다. 각각에서 다음과 같은 질문들을 고려할 수 있다.

- 빌딩 블록의 종류가 어떻게 전체의 기능과 성질에 영향을 주는가?
- 빌딩 블록의 성질이 전체의 기능과 성질에 어떤 관련성이 있는가?

학습 목표 3

많은 물질이 위계적 구조로 구성되어 있다.

구체적인 선수 지식

- 이 장의 학습 목표 1 참조

학생들이 가질 수 있는 어려움과 오개념

- 학생들은 물질의 구조를 기술할 때 구조의 위계를 고려하지 못할 수 있다.

학생들이 배워야 할 것

모든 원자는 우리 주변의 물질을 구성한다. 원자는 분자를 만드는 빌딩 블록이다. 분자는 불활성 기체와 같이 단일 원자로 구성될 수도 있고 커다란 단백질이나 DNA처럼 수만 개의 원자로 구성될 수도 있다. 더 높은 수준의 물질 구조물로는 나노 규모의 구조물과 집합체가 있다. 이들을 구성하는 빌딩 블록에는 원자, 분자, 그리고 다른 크기의 나노 구조물과 집합체가 포함된다. 그래서 많은 물질들이 나노 규모의 빌딩 블록으로 만들어진다.

빌딩 건물은 위계를 갖는 구조의 예가 된다. 벽돌은 매우 작은 찰흙 입자로 이루어져 있다. 각 벽돌은 대략 50~100 μm 직경의 수많은 입자로 이루어져 있다(〈그림 6.3〉). 이런 수많은 벽돌은 벽을 만드는 데 사용된다.

많은 자연 물질은 위계 구조를 활용한다. 〈그림 1.7〉에서 뼈, 법랑질, 조개 껍질의 위계 구조를 보여주었으며, 이들 구조는 나노 규모의 빌딩 블록으로 구성되어 있

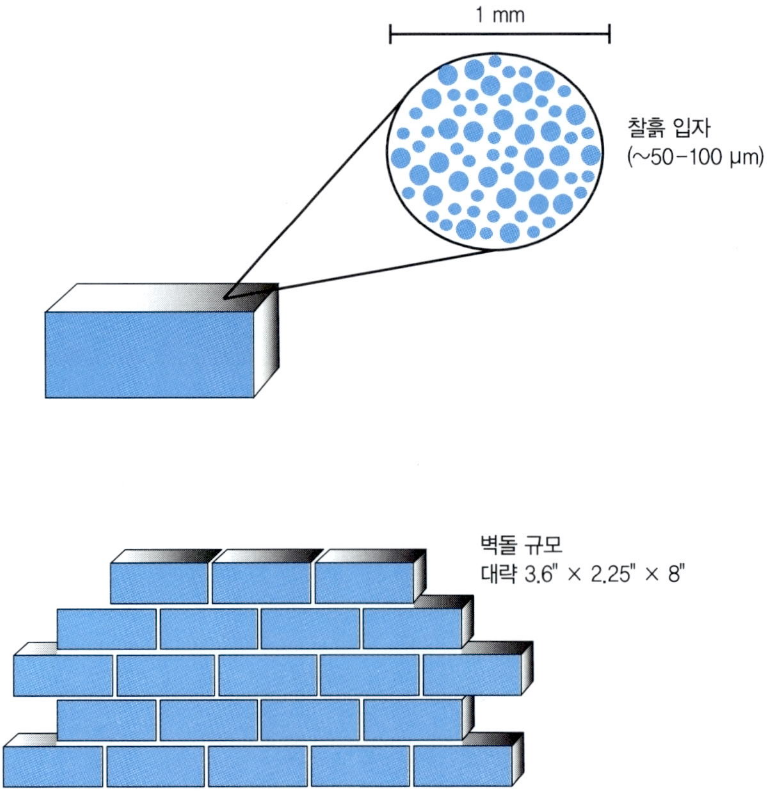

그림 6.3 구조물의 위계 도시. 마이크로 규모 진흙 입자는 블록을 만들고, 블록은 벽을 만든다.

다. 나노 규모의 빌딩 블록이 갖는 장점은 큰 빌딩 블록보다 작은 빌딩 블록이 구조 결함에 덜 민감하다는 것이다(Gao et al., 2003). 왜냐하면 더 큰 빌딩 블록으로 만들었을 때보다 작은 빌딩 블록으로 물질을 만들었을 때의 강도와 밀집도가 더 높기 때문이다. 공학자들은 나노 규모의 물질을 가공하고 조작할 수 있는 최신 기술로 디자인된 물질에 나노 규모의 빌딩 블록을 사용하여 구조적 이점을 활용할 수 있도록 노력하고 있다.

학생들이 이 학습 목표에 담긴 내용을 이해해 나가면서 이를 다양한 현상에 적용할 수 있다. 학생들이 고려할 수 있는 질문들은 다음과 같다.

- 나노 규모의 빌딩 블록을 사용하는 장점은 무엇인가?
- 자연의 또는 인공의 나노 규모 빌딩 블록을 사용하는 불이익 또는 잠재적 위험은 무엇인가?
- 결함에 민감하지 않은 성질이 왜 중요한가? 물질이 결함에 민감하면 어떤 일이 생기는가?
- 마이크로 또는 거시적 크기의 더 큰 빌딩 블록보다 나노 규모 빌딩 블록이 모든 물질의 제작과 이용에서 더 좋은가?
- 물질의 강도는 어떻게 측정하고 비교되는가?

과학교육표준의 연결

학생들이 나노 규모에서 관찰되는 물질의 뛰어난 성질에 대해 그 진가를 알아차리려면 물질의 구조에 대한 철저한 이해가 선행되어야 한다. 빌딩 블록의 종류, 배열, 운동, 그리고 서로 간에 상호작용하는 방식 모두 한 물질의 성질과 거동을 결정하는 데 중요한 역할을 한다. 이 주제와 관련된 Benchmarks와 NSES는 〈표 6.1〉에 요약되어 있다.

과학교육표준에 없는 내용

전통적인 과학교육과정은 물질의 구조와 관련된 많은 개념들을 학생들이 학습하는 데 도움을 준다. 하지만 주요 학습 내용은 분자 수준에서 물질을 조작하는 것으로 제한되어 있으며, 분자의 구성 요소인 원자를 학습하는 것에 초점을 맞출 뿐, 더 큰 분자와 금속, 그리고 나노 규모의 집합체와 구조물의 구조 및 거동은 거의 다루지 않는다.

유발 쌍극자는 전기역학적 힘에 의해 형성되고 물질의 구조와 거동에 중요한 역할을 한다. 유발 쌍극자가 관련된 상호작용은 나노 규모에서 매우 중요하다. 이를 이해하기 위해 학생들은 전자가 원자 안에 어떻게 분포하고 거동하는지 이해해야 한다. 특히 전자의 분포와 움직임에 대한 확률 모델을 이해할 필요가 있다. 학생들은 과학적으로 정확한 원자 모델을 배운 이후에도 전자에 대한 태양계 모델(보어 모델)을 더 선호하는 경향이 있다(Cervellati & Perugini, 1981; Harrison & Treagust, 1996). 정확한 실체가 아닌 **모델**로서의 보어 모델과 전자 구름 모델에 집중하여 상호 간의 유사성과 차별점, 그리고 이 모델들로 예측하고 설명할 수 있는 현상들을 강조하는 것은 교육적으로 어느 수준의 성공을 거두었다(Kalkanis, Hadzidaki, & Stavrou, 2003; McKagan, Perkins & Wieman, 2008).

원자의 전자 구름 모델은 전자의 거동을 가시화하는 방법을 제공하여 학생들이 분자 결합과 원자 및 분자 사이의 상호작용을 이해하는 데 도움을 준다. 이 개념은 표준교육과정에서 강조되고 있지 않다. 전기적 힘은 제7장 〈힘과 상호작용〉에서 더 깊게 다룰 것이다.

두 국가표준교육과정 문서는 원자 구조 모델을 고등학교 과정에 도입하고 있다. 이 시기에 학생들은 원자 구조에 대한 지식, 특히 전자의 거동에 대한 지식이 필요하고, 이를 바탕으로 원자가 다른 원자와 상호작용하는 방법에 대한 이해를 발달시키게 된다. 하지만 (미국의) 초등학교 4~5학년 시기에 이 모델을 접하고는 고등학교 전까지 이를 적용해 볼 기회는 거의 주어지지 않는다. 이처럼 원자 구조 모델의 너무 이른 도입은 수년에 걸쳐 깊이 있는 지식을 쌓게 해주는 대신 그저 암기 연습으로만 그치고 만다. 어린 학생들에게는 물질의 상태, 냄새의 이동 등과 같은 현상의 설명에 필요한 기초적인 입자 모델을 형성하도록 도와주는 것이 더 효과적이고 (Smith et al., 2006), 원자 구조에 대한 더 상세한 학습은 물질의 구조와 거동에 대한 더 깊이 있는 이해를 할 수 있을 때까지 남겨둘 필요가 있다(Stevens, Delgado & Krajcik, 2009).

표 6.1 〈물질의 구조〉와 관련된 국가과학표준

내용 설명	표준
재료와 사물은 작은 부분들로 구성된다.	
재료는 더 작은 부분들로 만들어진다. 재료는 빌딩 블록들에 의해서 특징지어진다.	*Benchmarks* 11A/1 K–2, p. 264 4D/1 K–2, p. 76 *NSES* PS–P[a] K–4, p. 127
재료의 빌딩 블록은 맨눈으로는 보이지 않을 만큼 매우 작을 수 있다.	*Benchmarks* 4D/3 3–5, p. 77 4D/1 6–8. p. 78
원자와 원소	
작은 수의 재료 몇 개를 조합하여 많은 수의 재료를 만들 수 있다.	*Benchmarks* 4D/4 3–5, p. 77 4D/5 6–8, p. 78 4D/6 6–8, p. 78 *NSES* PS–PC 5–8, p. 154 PS–SPM[b] 9–12, p. 179
원자는 물질의 빌딩 블록이다. 원자는 양성자, 중성자, 전자로 구성된다. 더 큰 구조나 조합체를 이해하려면 이를 구성하는 빌딩 블록에 대해서 알아야 한다.	*Benchmarks* 4D/1 6–8, p. 78 4D/1 9–12, p. 80 4D/2 9–12, p. 80 4D/3 9–12, p. 80 *NSES* PS–SA[c] 9–12, p. 178
구조와 조성	
특정 재료들은 새로운 특성을 가진 새로운 재료를 만들기 위해 결합될 수 있다.	*Benchmarks* 4D/4 3–5, p. 77 *NSES* PS–PC[d] 5–8, p. 154 PS–CR[e] 9–12, p. 179

[표 계속]

원자는 확장된 격자로 배열하거나 별개의 분자로 배열할 수 있다. 전자는 원자들 사이의 상호작용을 지배한다.	*Benchmarks* 4D/1 6–8, p. 78 4D/7 9–12, p. 80 4G/2 9–12, p. 96 *NSES* PS–SPM 9–12, p. 178 PS–MF[f] 9–12, p. 179
물질의 특성	
시스템의 열에너지를 변화시키면 재료의 성질이 바뀔 수 있다.	*Benchmarks* 4D/1 3–5, p. 77 *NSES* PS–P K–4, p. 127
주기율표로부터 원자의 성질을 예측할 수 있다.	*Benchmarks* 4D/6 9–12, p. 80 *NSES* PS–SPM 9–12, p. 178–179
원자의 종류, 배열, 운동과 원자의 상호작용 방식은 재료의 성질에 영향을 준다. 이는 나노 규모에서도 마찬가지이다.	*Benchmarks* 4D/8 9–12, p. 80 *NSES* PS–SPM 9–12, p. 179
운동 에너지	
원자와 분자는 계속해서 무작위 운동을 하고 있는데(열운동), 이는 시스템의 열에너지 양에 달려있다. 열운동은 나노 규모에서는 더 중요한데, 나노 규모인 사물의 크기가 운동의 규모와 비슷하기 때문이다.	*Benchmarks* 4D/3 6–8, p. 78 4E/3 9–12, p. 85 4E/4 9–12, p. 85 4D/9 9–12, p. 80 *NSES* PS–CE–ID[g] 9–12, p. 180

[a] Physical Science–Properties of Objects and Materials
[b] Physical Science–Structure and Properties of Matter
[c] Physical Science–Structure of Atoms
[d] Physical Science–Properties and Changes of Properties in Matter
[e] Physical Science–Chemical Reactions
[f] Physical Science–Motions and Forces
[g] Physical Science–Conservation of Energy and the Increase in Disorder

✚ 감사의 글

이 장을 읽고 도움이 되는 논의를 해준 Kelly Hutchinson에게 저자들은 감사를 표한다.

✚ 참고문헌

Albanese, A., and M. Vicentini. 1997. Why do we believe that an atom is colourless? Reflections about the teaching of the particle model. *Science &Education* 6: 251–261.

American Association for the Advancement of Science (AAAS). 1993. *Benchmarks for science literacy.* New York: Oxford University Press.

Ben–Zvi, R., B.–S. Eylon, and J. Silberstein. 1986. Is an atom of copper malleable? *Journal of Chemical Education* 63 (1): 64–66.

Cervellati, R., and D. Perugini. 1981. The understanding of the atomic orbital concept by Italian high school students. *Journal of Chemical Education* 58 (7): 568–569.

Gao, H., B. Ji, I. L. Jager, E. Arzt, and P. Fratzel. 2003. Materials become insensitive to flaws at nanoscale: Lessons from nature. *Proceedings of the National Academy of Sciences, USA* 100 (10): 5597–5600.

Griffiths, A. K., and K. R. Preston. 1992. Grade-12 students' misconceptions relating to fundamental characteristics of atoms and molecules. *Journal for Research in Science Teaching* 29 (6): 611–628.

Harrison, A. G., and D. F. Treagust. 1996. Secondary students' mental models of atoms and molecules: Implications for teaching chemistry. *Science Education* 80 (5): 509–534.

Kalkanis, G., P. Hadzidaki, and D. Stavrou. 2003. An instructional model for a radical conceptual change towards quantum mechanics concepts. *Science Education* 87: 257–280.

Kind, V. 2004. *Beyond appearances: Students' misconceptions about basic chemical ideas.* London: Royal Society of Chemistry.

Koradi, R., M. Billeter, and K. Wuthrich. 1996. MOLMOL: A program for display and analysis of macromolecular structures. *Journal of Molecular Graphics* 14: 51–55.

McKagan, S. B., K. K. Perkins, and C. E. Wieman. 2008. Why we should teach the Bohr model and how to teach it effectively. *Physical Review Special Topics—Physics Education Research* 4 (1): 10–13.

National Research Council (NRC). 1996. *National science education standards.* Washington, DC: NRC.

Renstrom, L., B. Andersson, and F. Marton. 1990. Students' conceptions of matter. *Journal of Educational Psychology* 82: 555.

Smith, C. L., M. Wiser, C. W. Anderson, and J. Krajcik. 2006. Implications of research on children's learning for standards and assessment: A proposed learning progression for matter and the atomic molecular theory. *Measurement: Interdisciplinary Research and Perspectives* 4: 1–98.

Stevens, S. Y., C. Delgado, and J. S. Krajcik. Forthcoming. Developing a theoretical learning progression for atomic structure and inter-atomic interactions. *Journal of Research in Science Teaching.* (Published online August 5, 2009.)

Stevens, S. Y., Delgado, C., Krajcik, J. S. (2009) Developing a hypothetical multi-dimensional learning progression for the nature of matter, *Journal of Research in Science Teaching* 47(6): 687-715. https://doi.org/10.1002/tea.20324

Stevens, S. Y., and G. D. Glick. 1997. Evidence for sequence specific recognition by anti-singlestranded DNA autoantibodies. *Biochemistry* 38 (2): 650–658.

Unal, R., and D. Zollman. 1999. Students' description of an atom: A phenomenographic analysis. *http://perg.phys.ksu.edu/papers/vqm/AtomModels.pdf*

Chapter

07

힘과 상호작용

빅 아이디어

> 물체 간의 모든 상호작용은 여러 종류의 힘으로 기술되지만, 어느 힘이 더 영향이 큰지는 규모에 따라 달라진다. 나노 규모에서 지배적인 힘은 다양한 세기를 갖는 여러 종류의 전기적 힘이다.

힘과 상호작용에 관련된 내용은 대부분의 과학 영역에서 중요하다. 이 개념을 가장 확실하게 도입할 영역은 화학이지만, 생물학, 물리학, 지구과학의 현상에도 이 빅 아이디어를 연계하는 것은 중요하다. 예를 들면, 화학 결합에 관여하는 전기적 힘은 생체 분자 사이의 상호작용 또한 지배하여 생명 과정을 조정하고, 광물의 결정화 과정에서도 결정적인 역할을 한다.

다섯 개의 주요 학습 목표가 힘과 상호작용 빅 아이디어에 연관되어 있다. 여기서 제시된 순서는 학생들에게 이 순서로 도입되어야 한다는 것을 의미하지 않는다. 다섯 번째 학습 목표는 고등학교 교육과정 중 심화 단계의 학생 또는 대학 과정의 낮은 수준에 적합할 것이다. 각 학습 목표의 강조점은 학년급과 과학 영역(화학, 생물학, 물리학, 지구과학 등)에 따라 다르다.

이 단원을 위한 일반적인 선수 지식

각 학습 목표는 물질의 구조에 대한 서로 다른 측면에 초점을 맞추고 있다. 비록 각 학습 목표에서 강조하는 것이 다르지만, 공통의 선수 지식은 다음과 같다.

- 학습 목표 1과 2는 제6장 〈물질의 구조〉에서 나왔다.
- 두 종류의 전하가 있다: 하나는 양(+)전하이고 하나는 음(−)전하이다.
- 서로 다른 전하는 서로 끌어당기고, 같은 전하는 서로 밀친다.

학습 목표 1

원자, 분자, 나노 입자 등 작은 입자는 다양한 방식으로 상호작용하는데, 그 모든 것은 본질적으로 전기적인 상호작용이다. 연속분포의 전기적 힘은 이 크기 영역의 물질 안의 모든 상호작용을 기술한다.

구체적인 선수 지식

학생들이 원자 구조를 학습하기 전, 전기적 힘에 대한 이해를 형성하기 위해서는 다음 개념을 가져야 한다.

- 원자나 원자의 집단(원자단)에 전자가 더 있거나(음이온) 부족할 때(양이온) 이온이 형성된다. 이 같은 일이 일어날 때 원자는 정수값의 알짜 전하를 갖는다.
- 양의 전하를 갖는 이온은 양이온이라고 부르고, 음의 전하를 갖는 이온은 음이온이라고 부른다.
- 어떤 원자 또는 원자단은 다른 것에 비해서 더 잘 이온화되는 경향을 띤다. 일반적으로 금속의 경우, 주기율표상의 같은 그룹(족)의 작은 원자에서 전자를 떼어내는 것이 큰 원자에서 떼어내는 것보다 힘들다.
- 한 그룹에서 (비금속의 경우) 더 큰 것보다는 더 작은 원자가 전자를 가지고 있으려는 경향이 크며, 이를 전기 음성도라고 한다.
- 원자의 반지름이 감소하면 이온화 에너지와 전기 음성도는 증가한다.

- 화학 결합에 참여하는 원자들 사이의 전기 음성도 차이는 결합의 극성을 결정한다.
- 부분 전하는 정수값보다 작은 크기의 전하를 말한다. 부분 전하는 전자가 완전히 이동하지 않고 전자 분포의 이동만 있을 때 만들어진다.
- 편극성(polarizability)은 전자 분포가 변형될 가능성에 대한 측도이다. 어떤 원자나 이온은 전자의 분포가 잘 변형되는 경향을 보인다. 원자나 이온의 크기가 클수록 편극성이 커지는데, 이는 바깥쪽 전자들에 대한 양전하 원자핵의 영향이 줄었기 때문이다. 음이온은 그 모태가 된 원자보다는 편극화되기 쉽다. 전자 분포의 변형을 일으키는 이온 또는 원자는 편극화시키는 힘이 있다고 하는데, 이는 대체로 크기가 작고 전하가 크면 커진다.
- 외각 껍질의 전자는 종종 원자 사이의 상호작용에 결정적인 역할을 한다.

학생들이 가질 수 있는 어려움과 오개념

학생들은 다음과 같은 어려움을 가질 수 있다.

- 수소 결합과 공유 결합의 구별을 어려워할 수 있다(Taber & Coll, 2002).
- 결합과 상호작용에 대해서 스스로 모델을 만들 때 옥텟 규칙에 지나치게 의존하기 때문에 유발 쌍극자 상호작용, 수소 결합, 연속분포의 전기적 힘을 잘 활용하지 못할 수 있다(Pallant & Tinker, 2004).

학생들은 다음과 같은 오개념을 가질 수 있다.

- 결합의 극성을 이온 결합과 공유 결합의 연속성 속에서 생각하기보다는 공유 결합의 2차적 성질 중 하나로 인식한다(Pallant & Tinker, 2004).
- 전자는 결합한 두 원자 사이의 동일한 거리에서 가장 오래 머문다(Taber & Coll, 2002).

- 수소 결합은 두 수소 원자 사이에서 나타난다(Taber & Coll, 2002; Pallant & Tinker, 2004).
- 분자 내 힘(intramolecular force)보다 분자 간 힘(Intermolecular force)이 더 세다 (Taber & Coll, 2002).
- 결합한 물질은 반드시 분자의 형태로 존재한다(Pallant & Tinker, 2004).
- 전하와 전하가 상호작용하면 결합이 형성되지 않고 중성화가 일어난다(Boo, 1998; Pallant & Tinker, 2004).
- 분자 간 결합으로 이온 결합 고체를 설명한다(Tallant & Tinker, 2004; Özmen, 2004).

학생들이 배워야 할 것

넓은 범위의 전기적 힘은 나노 및 원자 크기의 사물 사이 상호작용을 지배한다. 다양한 조합의 전기적 힘은 원자, 분자, 나노 규모 사물 및 물질 사이의 대부분 상호작용을 통제한다.

정전기적 상호작용은 위치가 분리된 전하 사이에 나타난다. 이온 간 상호작용, 쌍극자 간 상호작용, 공유 결합은 정전기적 상호작용의 예이다. 이온 간 및 쌍극자 간 상호작용의 세기는 쿨롱의 법칙(〈그림 7.1〉)으로 기술되며, 이는 상호작용의 세기가 두 전하의 양(q_1, q_2)과 떨어진 거리(r)에 의존함을 나타낸다. 이 수식에 있는 다른 요인은 진공 상태의 유전율(ε_0)이다. 이 물리량은 전기장이 어떻게 주변 환경과 영향을 주고받는지를 기술한다.

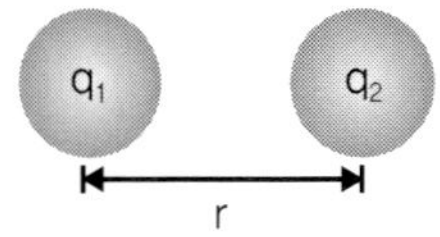

$$F = \frac{1}{4\pi\varepsilon_0}\frac{q_1 q_2}{r^2}$$

그림 7.1 쿨롱 법칙

(1) 이온 결합

이온 간 상호작용은 서로 반대 전하를 갖는 이온 사이에서 나타난다. 화학에서 이 상호작용은 한 원자 또는 여러 원자로 이루어진 이온 사이에서 일어나며, 이를 이온 결합이라고 부른다. 이온 결합은 하나 또는 여러 원자로 구성된 두 반대 전하를 띤 이온(예 NaCl, $MgSO_4$) 간의 정전기적 힘에 의한 상호작용에 관여한다. 생물학에서 이온 간 상호작용은 염다리라고 불리는데, 생체 분자들 사이 또는 안에서 나타

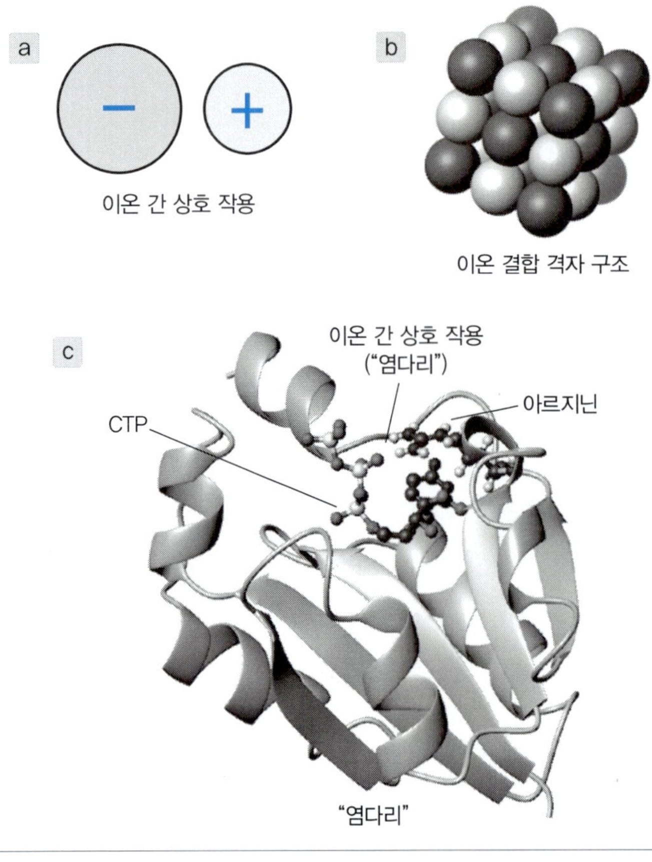

그림 7.2 이온 간 상호작용은 전하를 띤 사물 사이의 정전기적 힘의 지배를 받는다.
(a) 이온 간 상호작용의 단순 모델 (b) NaCl의 이온 결합 격자 구조. 짙은 회색은 Cl– 음이온이고, 밝은 회색은 Na+ 양이온 (c) CTP(citidine triphosphate)의 인산 그룹 작용기 속 산소 음이온과 아르지닌 사슬 쪽 양이온 사이의 염다리(salt bridge)

출처: Coordinates were obtained from the RCSB Protein Data Bank, structure 1COZ. Figures b and c were made using MOLMOL (Koradi, Billeter, and Wuthrich, 1996).

난다. 〈그림 7.2〉는 이온 간 상호작용을 3차원으로 보여준다. 효소에서 CTP(cytidine triphosphate) 중 인산 그룹의 (-) 전하를 띤 산소와 (+) 전하를 띤 아르지닌(arginine) 사슬 사이에 나타나는 염다리와 NaCl 이온 고체 부분 사이의 상호작용이다. 생물학과 관련된 수용액 환경에서 나타나는 이온 간 상호작용의 경우 유전율이 높은 물의 영향으로 그 상호작용의 세기는 상대적으로 약하다. 반면에 이온성 고체에서는 상호작용하는 두 원자 사이가 진공이므로 반대 전하 사이의 인력은 훨씬 더 강하다.

(2) 쌍극자간 상호작용

분자 안에서 어떤 원자들은 다른 원자들보다 더 강하게 전자를 끌어당긴다. 전자를 끌어당기는 경향은 전기 음성도로 정의된다. 결합하고 있는 두 원자 사이의 전기 음성도 차이로 전자는 균등하지 않게 분포하고, 이 때문에 부분 전하가 발생한다. 공유 결합을 하고 있는 원자에서 부분 전하가 발생하면 **영구적** 쌍극자 모멘트가 형성된다. 일산화 탄소와 에탄올이 이 같은 극성 분자의 예이고, 메탄과 이산화 탄소는 무극성 분자의 예이다. 쌍극자의 세기(μ)는 디바이(debye) 단위로 측정된다. 무극성 분자는 쌍극자 모멘트 값이 0이 된다. 〈그림 7.3〉은 극성과 무극성 분자의 예를 보여준다. 부분 전하는 δ+와 δ-로 나타낸다. 극성 분자의 부분 전하 사이의 인력과 척력은 쌍극자 간 상호작용으로 여긴다. 이 정전기적 상호작용은 이온 간 상호작용보다 훨씬 약하다.

수소 결합은 가장 강한 쌍극자 간 상호작용에 속한다. 수소 결합은 산소, 질소, 불소와 같이 전자를 강하게 끌어당기는 원자에 붙어있는 수소 원자가 관여하며, 이때 수소 원자는 (+)의 부분 전하를 갖게 된다. 이 수소 원자는 전기 음성도가 매우 크고 비공유 전자쌍을 가지고 있는 원자(예 산소, 질소, 불소)와 상호작용하여 수소 결합을 만든다. 다른 원자들도 상호작용의 대상에 포함되지만 그 힘이 훨씬 약하다. 비록 〈그림 7.4〉에 나타난 것과 같이 수소 결합은 분자 간 상호작용으로 여겨지지만, 〈그림 1.8〉과 〈그림 1.9〉에서와 같이 분자 내 상호작용에도 관여한다. 수소 결합은 상대적으로 약하지만, 물질의 구조에 중요한 역할을 한다. 예를 들면, 수소 결합은 물에서 보이는 여러 특별한 성질을 설명하며 단백질, DNA, RNA의 구조와 안정성에 기여한다.

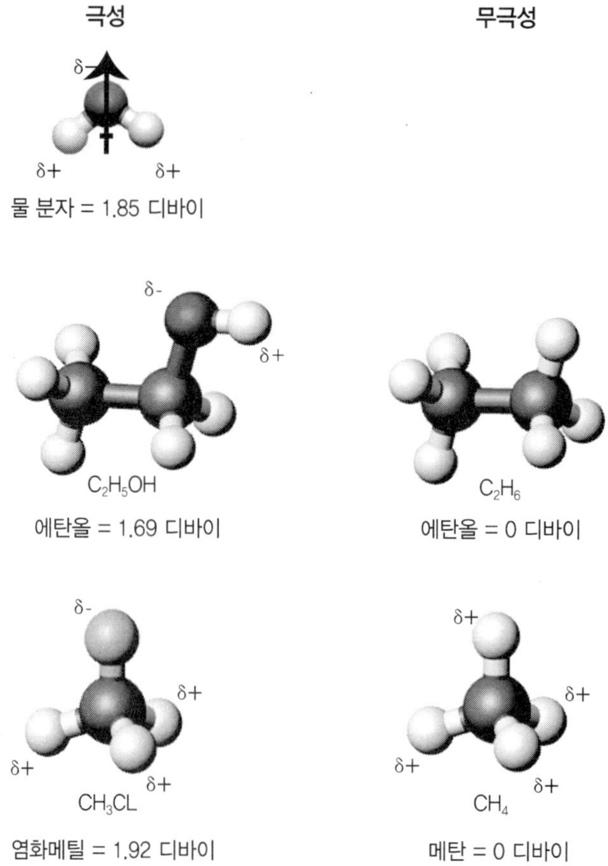

그림 7.3 극성 분자와 무극성 분자의 도시

출처: Images were created using MOLMOL (Koradi, Billeter, and Wuthrich, 1996). Coordinates were downloaded from *www.nyu.edu/pages/mathmol/library.*

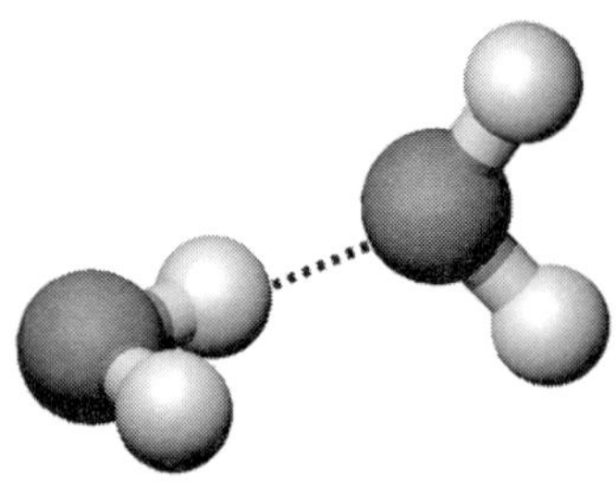

그림 7.4 물 분자 사이의 수소 결합

출처: Image was created using MOLMOL (Koradi, Billeter,and Wuthrich, 1996). Coordinates were downloaded from *www.nyu.edu/pages/mathmol/library.*

(3) 공유 결합 상호작용

공유 결합은 원자 사이에 하나 또는 그 이상의 전자를 공유하고 이로 인한 인력으로 분자를 강하게 유지하게 하는 특성이 있다. 이런 종류의 상호작용은 전기 음성도가 비슷한 비금속 사이의 상호작용을 기술하는 데 사용되는 경향이 있다. 비록 공유 결합이 중성 원자 사이에서 나타나지만, 원자 사이에 공유된 전자는 매우 근접한 두 원자 사이에서 나타나는 인력과 척력을 안정화시키는 역할을 하므로 정전기적 인력으로 여긴다.

이온 간 및 쌍극자 간 상호작용과 달리 공유 결합의 세기는 두 원자 사이의 거리(r)와 상호작용하는 **각도**에 의존한다(〈그림 1.12〉). 공유 결합으로 상호작용하는 원자들은 O_2, H_2O와 같은 낱개의 분자를 형성하거나 펩타이드 사슬, DNA 사슬 등 확장된 사슬을 만들고, 다이아몬드, 흑연, 석영 등과 같은 확장된 네트워크 구조를 형성하기도 한다.

정전기적 상호작용은 영구적 전하가 관여한다. 하지만 모든 전기적 힘에 정전하가 관여하지는 않는다. 금속 결합과 유발 쌍극자는 전기 동력학적 상호작용이 관여하는 상호작용의 예이다.

(4) 금속 결합

전자가 원자 및 공유 결합 안에만 존재한다면 우리는 이 전자를 편재되어(localized) 있다고 한다. 금속은 원자들이 규칙적인 패턴을 가지고 확장된 격자 형태를 이루고 있는 것이다. 금속의 전자는 편재되어 있지 않아서 한 원자의 전자가 원자 격자 전체에 공유된다. 금속 결합은 (+)의 전하를 띤 금속 이온과 비편재된 전자 사이의 인력으로 금속의 전기전도도, 전성, 열전도도, 광택 등의 특성이 나타나게 한다.

(5) 유발 쌍극자

원자 및 분자의 종류와 관계없이 물질을 구성하는 입자들 사이에는 인력이 작용한다. 전자의 끊임없는 움직임은 순간적으로 전하의 불균형을 일으키고 이는 순간적으로 쌍극자(유발 쌍극자)를 만든다. 이 불균형 또는 전하의 분리로 원자들은 비록 중성이라고 해도 서로 전기적으로 끌리게 된다. 전하의 순간적 불균형에 기인한 인력은 London 분산력[19]에 기인한다. 이 힘은 불활성 기체도 응축하거나 얼게 한다. London 힘 분산력은 모든 종류의 원자 및 분자 사이에서 나타나고 그 힘의 세기는 모든 정전기적 힘보다는 약하다. 정전기적 상호작용과 같이 상호작용의 세기는 전하 사이의 거리(d)에 비례하지만, London 분산력의 경우 분리된 전하의 위치 에너지가 거리의 6승에 반비례하므로(d^{-6}), 거리에 따라 더 급격하게 감소한다(정전기적 힘의 경우 d^{-2}에 의존한다).

무극성 분자의 쌍극자 모멘트는 다른 방법들로도 만들어진다. 무극성 분자를 전기장 속에 넣으면 전자 분포의 변형이 생겨 쌍극자 모멘트가 유발된다. 이온이나 영구적 쌍극자도 무극성 원자에 쌍극자를 유발할 수 있다(〈그림 1.12〉).

(6) 연속분포의 전기력

앞에서 설명한 전기적 상호작용 중 어느 것도 순수하게 하나의 형태로 나타나지 않지만, 이러한 분절적인 분류는 기술상의 편의를 위해 널리 이용되고 있다. 예를 들면, 공유 결합으로 형성된 분자가 언제나 무극성은 아니다. 공유 결합도 종종 이온 결합성을 가지며, 이를 극성 공유 결합이라고 부른다. 결합에 참여하는 입자 사이의 매우 작은 전기 음성도 차이 또한 공유 결합 분자 안에서 전자 공유의 불균형을 초래한다. 물과 메탄올이 극성 공유 결합 분자의 예이다. 이온 결합은 결코 반대 전하들 사이의 순수한 인력만으로 존재하지 않는다. 원자나 이온의 편극성[20] 때문에 어느 정도는 공유 결합 특성을 항상 가지고 있다. 따라서 현실에서는 원자 간의 전기적 힘이 연속적으로 발생하는 것으로 여겨져야 한다. 힘의 유형화는 전자가 상호작용에 어떻게 개입하는지 기술하는 데 도움을 주는 편리한 이정표가 된다.

이 학습 목표는 광대한 양의 내용을 담고 있다. 학생들은 이 학습 목표를 이해해

---

19 런던 분산력(London dispersion force): 분자 간에 작용하는 약한 인력이다. 분자 간의 거리가 가깝고 분자량이 클수록 증가하고, 같은 분자량일 때는 표면적이 큰 분자일수록 증가한다. 쌍극자 모멘트가 없는 분자들 간에도 힘이 작용하고 있음을 의미한다.

20 polarizability. 음전하와 양전하의 평균적 위치가 변화 · 분리되어 쌍극자 모멘트를 갖는 현상이다.

나가면서 다음 내용과 같은 과제를 수행할 수 있어야 한다.

(7) 학생들이 원자 구조에 대해서 학습하기 전과 후

- 정의된 모양과 전하를 갖는 구조물들이 어떻게 상호작용하는지 예측할 수 있다.

(8) 학생들이 원자 구조에 대해서 학습한 후

- 다른 방식으로 상호작용하는 원자에서 전자의 역할을 설명할 수 있다.
- 이온 간, 쌍극자 간, 공유 결합, 유발 쌍극자 간 상호작용 등 다른 상호작용에서 전자의 거동 차이를 설명할 수 있다.
- 주어진 원자 및 분자에서 일어나는 상호작용의 유형을 예측할 수 있다.

(9) 심화 과정

이 장에서는 나노 규모에서 일어나고 중요한 힘에 대해서 총망라하여 기술하기보다는 힘과 상호작용에 대해 고등학생들이 접하게 될 내용만을 다루었다. π-쌓기, 마이크로-유체 힘, 표면 힘 등의 다른 내용들은 심화 과정에 적합할 것이다.

학습 목표 2

상호작용하는 단위들의 성질은 집합체의 형성과 기능에 중요한 역할을 한다.

구체적인 선수 지식

학생들이 원자 구조를 학습하기 전 이 개념에 대한 이해를 형성할 때 다음 개념을 이해해야 한다.

- 이 장의 학습 목표 1 참조
- 제6장 〈물질의 구조〉의 학습 목표 1 참조

학생들이 가질 수 있는 어려움과 오개념

학생들은 다음과 같은 어려움을 가질 수 있다.

- 학생들은 극성 개념을 적용하기 어려워할 수 있다(Taber & Coll, 2002).
- 학생들은 수소 결합과 공유 결합을 헷갈릴 수 있다(Özmen, 2004; Taber & Coll, 2002).
- 학생들은 상호작용을 설명하는 데 옥텟 규칙에 의존하곤 한다(Taber, 1998; Taber & Coll, 2002).

학생들이 배워야 할 것

나노 및 원자 크기의 사물은 다양한 전기적 힘을 통해 상호작용한다. 두 사물이 서로 반대되는 전하를 가지고 있으면 서로 끌어당길 것이고, 같은 전하를 가지고 있으면 서로 밀칠 것이다. 여러 상호작용의 합이 인력이면 두 사물은 가까이 다가가서 하나의 집합체 또는 복합체를 형성할 것이다.

상호작용의 세기는 상호작용하는 두 사물을 분리하는 데 필요한 에너지로 정의하는데, 전기적 힘의 종류가 다르면 그 세기도 다르다. 유발 쌍극자에 의한 상호작용은 공유 결합성 힘 또는 정전기적 힘보다 더 약하다. 물과 메탄의 성질을 비교하면 London 분산력과 수소 결합의 세기 차이를 알 수 있다(〈표 7.1〉). 물과 메탄은 분자량이 비슷하기 때문에 분자 사이의 London 분산력의 세기는 비슷하다. 하지만 물 분자 사이에는 수소 결합이라는 추가적인 상호작용이 발생한다. 이 상호작용은 London 분산력보다 훨씬 강하므로 물과 메탄의 녹는점 및 끓는점에서 큰 차이가

표 7.1 물과 메탄의 물성 비교

물질	화학식	분자량(g/mol)	녹는점(℃)	끓는점(℃)
물	H_2O	18	0	100
메탄	CH_4	16	−182.5	−161.6

나타난다.

상호작용하는 단위들의 특성은 서로 간에 나타나는 전기적 힘의 종류 결정에 중요하다. London 힘의 분산력은 모든 종류의 원자 및 모든 사물 사이에서 나타난다. 불활성 기체는 무극성이고 대칭적 구조를 가지므로 London 분산력이 이 기체 원자 사이에 나타나는 유일한 힘이다. 분자나 집합체가 극성이면, 이들 사이에 정전기적 상호작용이 나타날 것이다.

한 상호작용의 상대적 세기는 관계하는 원자의 다른 성질에도 의존한다. 예를 들면, London 분산력은 원자, 분자 및 물질의 크기(즉, 전자의 수)에 비례해서 증가한다. 주기율표의 제7족을 따라 내려가면서 녹는점이 증가하는 현상(상온에서 플루오린과 염소는 기체, 브롬은 액체, 아이오딘은 고체)은 바로 이 경향을 보여주는 것이다. 이러한 경향은 유사한 조성을 갖는 더 큰 분자에서도 관찰된다. 마찬가지로 비슷한 분자량을 갖는 분자에서 쌍극자 모멘트가 클수록 끓는점과 녹는점이 높아진다. 이온 결합 상호작용은 전기 음성도 차이가 큰 두 원자 사이에서 나타나는 경향이 있다. 따라서 두 원자 사이의 전기 음성도 차이가 클수록 이온 결합 상호작용은 더 높아진다.

모양도 두 구조물이 복합체를 형성할지 결정하는 데 중요한 역할을 한다. 퍼즐 조각을 맞추는 것은 모양 상보성의 한 예이다(〈그림 7.5〉). 이 모델로 생각해 볼 수 있는 또 다른 측면은 퍼즐 조각을 맞추는 것이 상호작용하는 표면의 양을 극대화한다는 것이다. 이와 같은 맥락에서 학생들이 상호작용을 다룰 때 단지 모양을 고려하는 것에서 그치지 않고 전기적 힘까지 생각할 수 있도록 지도해야 한다.

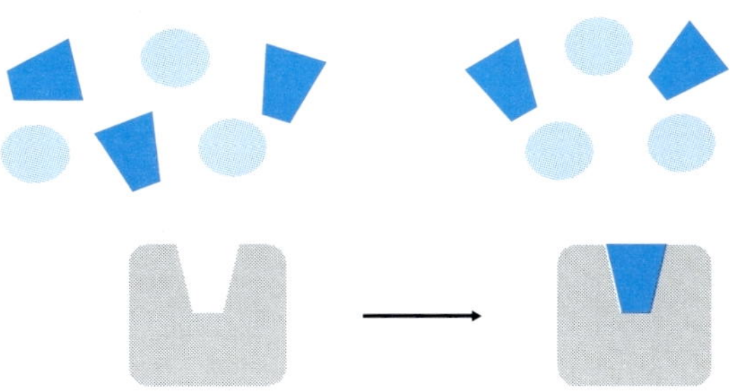

그림 7.5 형태의 상보성으로 사물을 인식하는 퍼즐 모델

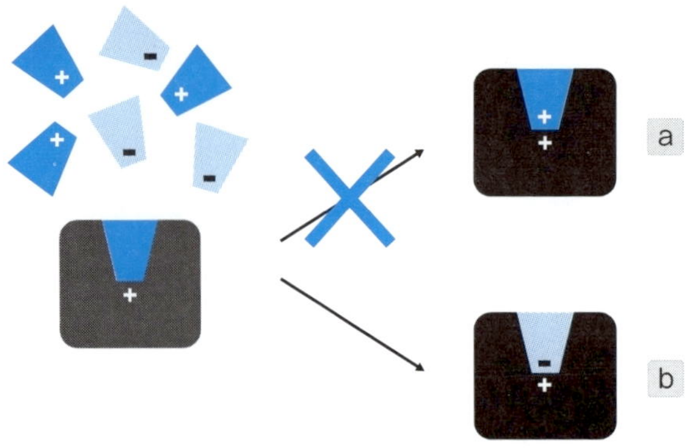

그림 7.6 형태만이 상호작용의 유일한 주요 원인은 아니다.
(a) 전기력이 상보적이지 않아서 중합체 형성이 일어나지 않는다. (b) 전기력이 상보적이므로 중합체 형성이 가능하다.

모양과 상보적인 전기적 상호작용은 두 구조물 사이에 복합체를 형성할 가능성이 있는지를 결정하는 중요한 요인이다. 한 예로, 자물쇠와 열쇠를 생각해 보자. 어떤 자물쇠에 들어가는 열쇠는 다수 존재할 수 있지만, 단 하나의 열쇠만이 모든 면에서 맞는 접촉(상호작용)을 하여 자물쇠를 열 수 있다. 나노 규모의 실물들에서 이 상호작용은 상보적인 전기적 힘이다. 〈그림 7.6〉은 모양과 전하에 의존하는 상호작용에 대한 간단한 모델을 나타낸다. 모양에 있어서는 상보적이지만 (+) 전하를 띤 두 사물이 결합하는 것은 불가능하고 서로 반대 전하를 띤 경우는 가능하다.

〈그림 7.7〉은 전기적 힘의 상보성은 선호되는 상호작용에서 결정적임을 나타낸다. I 물체와 II 물체 사이에 모양과 전하는 상보적이다. I 물체와 III 물체의 모양은 상보적이지만, 전기적 힘은 상보적이지 못하여 인력보다 척력이 더 크다(〈그림 7.7 b〉). III 물체를 위아래로 뒤집으면 복합체 형성이 가능할 수도 있다. 물체 IV와 V는 모양이 상보적이지 못하지만, 전기적 힘은 상호작용이 유리한 방향이다(물체 I과 II 사이의 상호작용만큼은 아니지만).

분자 크기에서는 이 현상을 DNA 염기쌍에서 볼 수 있다. 염기들은 수소 결합에 참여하는 원자들을 위한 비계(scaffold)로서 역할을 한다(〈그림 2.7〉). 아데닌과 티민은 서로 짝지을 때 두 개의 수소 결합을 형성하고, 구아닌과 시토신은 짝지을 때 세 개의 수소 결합을 형성한다. 이렇게 간단한 코드의 특이성은 16개 이상의 염기

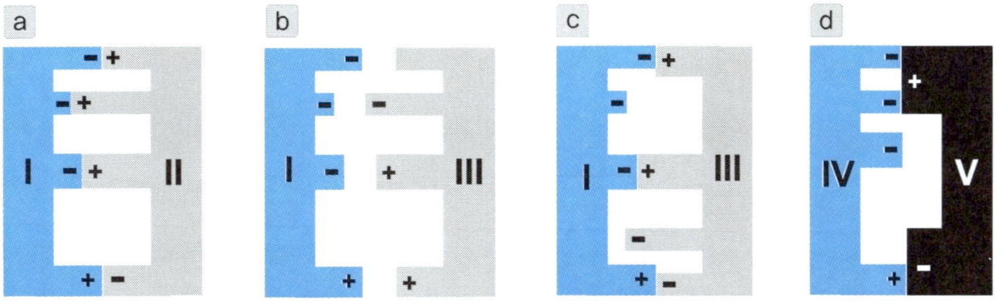

그림 7.7 반대 전하 간의 상보적 배열은 결합 상호작용의 중요한 부분이다.
(a) 형태와 전하의 상보성이 있는 경우 (b) 형태의 상보성은 있으나 전하 상보성은 없는 경우 (c, d) 전하의 상보성은 있으나 형태의 상보성이 없는 경우

로 이루어진 한 가닥 DNA 서열이 수백만 개의 염기로 이루어진 DNA 서열 속에서 고유한 상보 결합을 찾아낼 수 있다는 것이다. 이 특이성은 PCR(polymerase chain reaction) 방법에서 활용되어 분자생물학을 혁명적으로 발전시켰다. 현재 과학자들은 DNA의 특이성을 나노 규모에서 정밀하게 구조를 집합시키는 데 사용하고 있다(Seeman & Lukeman, 2005; Mbindyo et al., 2001; Park et al., 2008).

전기적 힘은 원자 및 분자의 집합체가 갖는 기능에 있어서도 역할을 한다. 예를 들면, 수소 결합은 단백질 분자가 그 구조를 유지하는 데 중요한 역할을 한다. 알부민(달걀흰자의 주요 단백질)은 일련의 알파 나선 구조를 형성하는 아미노산 사슬로 이루어져 있다(〈그림 7.8〉). 알부민 구조에 결합이 없으면 달걀흰자는 투명한 액체 상태이다. 하지만 달걀흰자를 요리하면 열에 의해 알파 나선 구조를 유지하는 수소 결합이 깨진다(〈그림 1.8〉). 단백질 구조는 망가지고, 아미노산 사슬은 붕괴하며 체계가 흐트러진다. 그 결과 색은 흰색으로 바뀌고 고체가 된다.

단백질 사슬 내 단 한 개의 아미노산 변형은 분자 내의 중요한 상호작용을 변화시켜서 단백질의 구조와 기능을 변화시킬 수 있다. 예를 들면, 헤모글로빈의 B 사슬에서 (+) 전하를 띤 아미노산인 글루탐산을 중성 아미노산인 발린으로 변이시키면 분자 내 전기적 상호작용을 깨뜨려 전체 단백질의 구조와 기능의 변화를 가져온다. 이런 변이의 한 가지 예가 낫형 적혈구에 의한 빈혈이다(〈그림 1.6〉).

학생들은 이 학습 목표에 담긴 내용을 이해해 나가면서 이를 다양한 현상에 적용

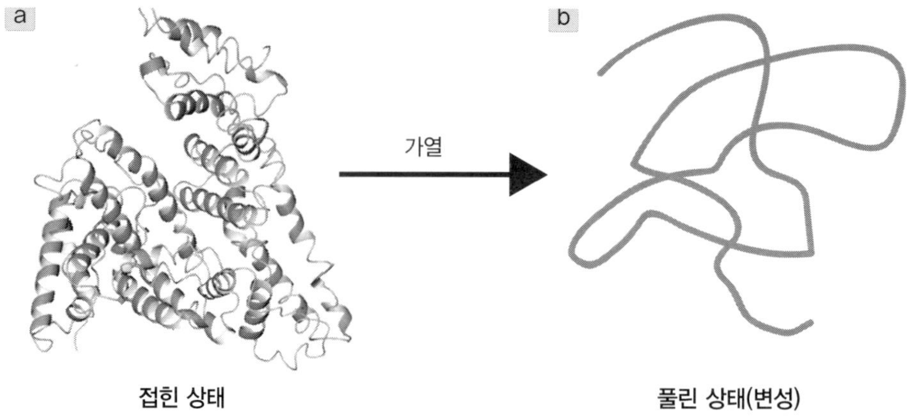

그림 7.8 알부민의 리본 구조
(a) 접힌 상태로 활성화 (b) 풀린 상태로 변성

출처: Images were created using MOLMOL (Koradi, Billeter, and Wuthrich, 1996). Coordinates for the folded protein were obtained from the RCSB Protein Data Bank (1ao6).

할 수 있다. 몇 가지 예를 아래에 소개한다.

(1) 학생들이 원자 구조에 대해서 학습하기 전과 후

- 사물의 모양과 극성을 조사하여 사물들이 서로 어떻게 상호작용할지 예측할 수 있다.

(2) 학생들이 원자 구조에 대해서 학습한 후

학생들은 다음을 할 수 있다.

- 전기적 힘에 대한 자신의 지식을 적용하여 어떤 물체 또는 집합체는 상호작용하고 어떤 것은 하지 않는지 그 이유를 설명할 수 있다.
- 물 분자, 불활성 기체, 단백질, DNA 등 폭넓은 구조물들의 성질과 기능에 전기적 힘이 어떻게 영향을 주는지 설명할 수 있다.

학습 목표 3

사물의 특성과 그 환경을 포함한 많은 요인이 모든 상호작용의 형성(과 세기)에 영향을 준다.

구체적인 선수 지식

학생들이 이 내용에 대한 이해를 형성할 때 학습 목표 1을 이해해야 한다.

학생들이 가질 수 있는 어려움과 오개념

학생들은 다음과 같은 어려움을 가질 수 있다.

- 분자 수준에서 일어나는 현상과 거시적 수준에서 일어나는 현상을 관련짓기 어려워할 수 있다(Treagust, Chittleborough & Mamiala, 2002).
- 극성 개념의 적용을 어려워할 수 있다(Taber & Coll, 2002).
- 상호작용하는 실체들만이 아닌 주위 환경의 입자까지 고려하는 것을 힘들어할 수 있다.

학생들은 종종 물질을 구성하는 입자들이 정지해 있다는 오개념을 가지고 있다(Harrison and Treagust, 2002).

학생들이 배워야 할 것

빌딩 블록의 열운동은 집합체의 형성과 기능에 꼭 필요한 요소이다. 0 K 이상의 온도에서 원자와 분자는 끊임없이 움직이고 있으며, 이는 서로 간의 인력과 척력에 의해서 좌우된다. 모든 입자는 다른 입자와 충돌하기 전에는 직선으로 운동한다. 두 입자의 인력 또는 척력은 서로의 이동 경로를 변화시킨다. 이와 같은 형태로 입자가 끊임없이 움직이는 운동을 열운동이라고 하는데, 분자 규모에서 일어나며 원자와 분자의 무작위 운동을 설명한다. 공간상의 무작위 운동뿐만 아니라 화학 결합을 중심으로 원자가 회전하는 운동과 화학 결합을 따라 진동하는 운동도 열운동에 포함한다. 열운동의 규모는 매우 작아서 거시적인 세계에서는 보이지 않는다. 하지만 열운동은 원자나 분자 크기의 사물의 거동에 중요한 요인이 된다. 물질을 구성하는 입자의 움직이는 정도는 시스템의 열에 비례하여 증가하거나 감소한다.

화학 반응에서 생성물이 생기는 속도는 열운동과 관련이 있다. 시스템의 열량 변화는 입자의 운동에 영향을 주고, 이는 곧 원자 사이의 상호작용에 영향을 준다. 온도와 더불어 압력과 물질의 절대 농도 및 상대 농도 또한 상호작용의 형성에 중요한 요인이다. 이 세 가지 요인은 두 입자가 어떻게 충돌하고, 어떻게 상호작용을 일으키는지에 영향을 미친다.

이뿐 아니라, 두 원자 사이의 상호작용 생성 여부와 그 세기에 영향을 미치는 다른 요인들도 존재한다. 두 반대 전하 사이의 힘은 상호작용하는 입자의 전하 크기와 상호 간의 거리에 의존한다(〈그림 7.1〉). 환경의 변화 역시 정전기적 상호작용의 세기에 영향을 미친다. 극성 용매는 정전기적 상호작용을 약하게 하지만 **소수성 효과**(물과 같은 극성 환경에서 무극성 물질의 거동을 설명)를 증가시킨다. 무극성 분자와 극성 용매 사이의 유발 쌍극자-쌍극자 상호작용은 극성 용매 사이의 쌍극자-쌍극자 상호작용보다 약하기 때문에 무극성 물질은 극성 환경에 놓였을 때 서로 뭉치는 경향이 있다. 이는 물과 기름이 서로 섞이지 않는 현상을 설명한다. 소수성 효과에 대한 나노 크기의 생물학적 사례로 단백질 접힘, 미셀(Micelle)과 세포막 형성을 들 수 있는데, 이들은 친수성 머리와 소수성 꼬리를 가진 인산지질(phospholipid)의 조립을 형성한다. 인산지질이 수용액 환경에 도입되면 〈그림 7.9〉와 같이 서로 모여 친수성 머리쪽은 물과 접하고 소수성 꼬리쪽은 안쪽을 향한다. 인지질이 무극성 환경에 놓인다면 구조는 뒤바뀌어 친수성 머리쪽이 안쪽을 향하고 소수성 꼬리쪽이 밖으로 향한다.

주변 환경의 산성도 상호작용의 형성과 세기에 영향을 준다. 용매의 pH는 어떤 작용기가 전하를 띠는지 또는 중성인지에 영향을 줄 수 있다. 예를 들면, pH 5.4에서 히스티딘 아미노산은 양전하를 갖는다. pH가 7.0으로 증가하면 히스티딘은 H^+

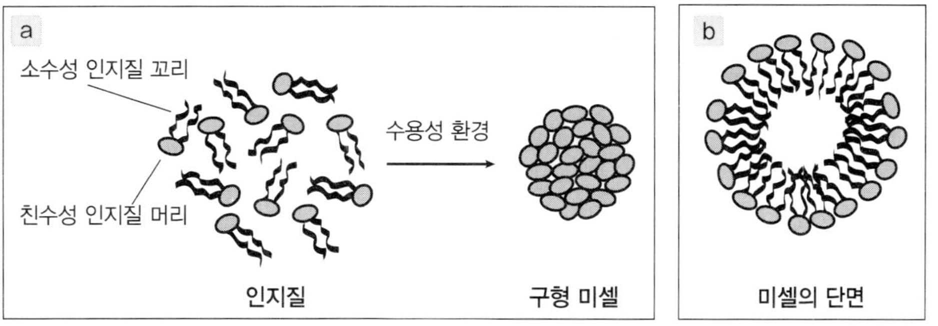

그림 7.9 (a) 인지질에 의해 형성된 미셀(micelle)의 표상 (b) 미셀이 수용액 환경에 놓였을 때 인지질의 친수성과 소수성 부분의 배열을 나타내는 미셀 단면

를 전부 잃고 중성이 된다.

학생들은 이 학습 목표에 담긴 내용을 이해해 나가면서 이를 다양한 현상에 적용할 수 있다. 이때 다음과 같은 질문을 생각할 수 있다.

(1) 학생들이 원자 구조에 대해서 학습하기 전

- 주어진 사물 및 구조의 상호작용에 주위 환경이 어떻게 영향을 미치는가?
- 열운동이 존재한다는 것을 어떻게 알 수 있는가?
- 열은 어떻게 입자의 열운동에 영향을 주는가?
- 언제 어떻게 열운동이 물질의 성질에 영향을 미치는가?

(2) 학생들이 원자 구조에 대해서 학습한 후

- 마이크로 크기 이하의 규모에서 상호작용에 어떤 환경 변인이 어떤 영향을 미치는가?
- 왜 다른 환경 변인들이 각각의 방법으로 상호작용에 영향을 미치는가?

학습 목표 4

전기적 힘은 넓은 범위의 거시 현상을 설명하는 데 필요하다. 학생들은 다양한 거시적 (실생활 속) 현상을 설명하는 데 전기적 힘에 대한 지식을 적용할 수 있어야 한다.

구체적인 선수 지식

학생들이 이 내용에 대한 이해를 형성할 때 학습 목표 1과 2를 이해해야 한다.

학생들이 가질 수 있는 어려움과 오개념

- 학생들은 거시 현상을 분자 수준에서 일어나는 현상과 연결하는 데 어려움을 가질 수 있다(Pallant & Tinker, 2004; Treagust, Chittleborough & Mamiala, 2002).

학생들이 배워야 할 것

다양한 전기적 힘은 나노, 분자, 원자 크기의 사물 간 상호작용에 지배적으로 작용한다. 학생들은 전기적 힘의 지식(학습 목표 1)을 실생활에서 관찰되는 거시적인 현상을 지배하는 상호작용에 연결할 수 있어야 한다.

(1) 학생들이 원자 구조에 대해서 학습한 후

학생들은 전기적 힘에 대한 지식을 다음 질문에 답하는 데 적용할 수 있어야 한다.

- 손에 묻은 기름을 씻어내는 데는 비누가 필요하지만, 꿀을 씻어내는 데는 물만 있으면 되는 이유는 무엇인가?
- 설탕 알갱이보다 가루 설탕이 컵에 더 잘 달라붙는 이유는 무엇인가?
- 카펫에 풍선을 문지른 후 천장에 붙이면 일정 시간 매달려 있다. 풍선을 카펫에

비빌 때 풍선에 일어난 일은 무엇인가? 천장에 붙었던 풍선이 무한히 계속해서 매달려 있지 않은 이유는 무엇인가?

학습 목표 5

상호작용을 완벽하게 기술하는 것은 상호작용을 지배하는 힘과 전체 시스템의 에너지 변화의 기술을 포함한다.

구체적인 선수 지식

학생들이 이 내용에 대한 이해를 형성할 때, 학습 목표 1, 2, 3을 이해해야 한다.

학생들이 가질 수 있는 어려움과 오개념

- 학생들은 종종 힘과 에너지를 동일시한다(Horton et al., 2001).

학생들이 배워야 할 것

깁스 에너지(Gibbs energy) 또는 자유 에너지는 시스템의 에너지를 기술하기 위해 종종 사용된다. 어느 시스템의 두 상태 사이의 자유 에너지 차이는 한 상태에서 다른 상태로 그 시스템이 이동하고자 하는 경향의 척도로 사용된다(〈식 7.1〉). 자유 에너지는 그 시스템의 엔탈피(H), 엔트로피(S), 그리고 온도(T)에 의존한다. 엔탈피 변화(ΔH)는 시스템 내 두 상태 사이의 열에너지 차이를 나타낸다. 상호작용의 경우 ΔH는 한 시스템 내 모든 실체 사이의 알짜 상호작용과 관련되어 있다. ΔS는 시스템 내 두 상태 사이의 엔트로피, 즉 무질서도의 변화를 나타낸다. 복합체가 형성되면 조합되는 어떤 부분의 무질서도는 낮아지지만, 전체 시스템을 고려해 보면 전체 무질서도는 더 커질 것이다.

$$\Delta G = \Delta H - T\Delta S$$

식 7.1 깁스 자유 에너지

어느 시스템의 에너지를 고려할 때, 관심 있는 상호작용뿐만 아니라 주변을 구성하는 분자, 용매와의 상호작용 및 이들 사이의 상호작용도 고려되어야 한다. 예를 들면, 수용액 환경에서 빌딩 블록의 무극성 부분 주위에는 물이 질서 있게 껍질을 형성한다. 무극성 부분들이 상호작용하면 질서 있게 존재하던 물 분자들은 전체 용매 속으로 빠져나가고 자유롭고 무질서하게 움직인다. 빠져나간 물 분자들은 질서 있는 껍질을 형성했던 상태보다 훨씬 무질서하므로, 전체적으로 엔트로피 증가를 일으키고 시스템의 두 상태 사이의 자유 에너지 변화에서 엔트로피 변화(ΔS)에 크게 기여한다. 이 효과는 단백질 접힘과 세포막 형성과 같은 과정에서 중요하다.

열역학 제2법칙에 따르면 닫힌계는 엔트로피가 최대화하는 방향으로 이동하고자 한다. 하지만 빌딩 블록들이 모여서 정돈된 형태를 형성함으로써 더 질서 있게 변하는 것이 에너지 측면에서 더 선호되기도 한다($\Delta G < 0$). 비록 빌딩 블록들이 질서 있게 복합체를 형성하지만, 용매 분자가 자유로워지는 것을 포함한 전체 시스템을 고려하면 무질서도가 더 커질 수 있다.

심화 주제-학생들이 원자 구조에 대해서 학습한 후

자유 에너지 개념은 고등학교 심화 과정 학생 및 대학교 학부 과정 학생들에게 적절할 것이다. 특히, 시스템의 에너지를 고려하는 것은 어려운 개념이다.

과학교육표준의 연결

국가과학표준(Benchmarks, AAAS, 1993; 나노과학기술, NRC, 1996)에서는 다음과 같이 제안한다: 초등과 중등 학교급의 과학교육과정은 밀고 당김, 자석, 전기, 중력의 거동과 같이 힘의 거시 세계 적용에 초점을 맞추고, 고등학교급에서는 양전하와 음전하를 이용하여 전기적 인력과 척력을 도입하고 궁극적으로 원자 규모에서 일어나는 상호작용까지 다룬다. **국가과학표준**에는 유치원에서 12학년에 이르기까지 힘에 대한 개념들이 개발되어 있다. 이는 〈표 7.2〉에 요약되어 있다.

과학교육표준에 없는 내용

분자 수준에서 전자기력의 중요성이 표준교육과정에 기술되어 있지만, 정전기적 힘에 초점이 맞춰져 있다. 중성의 원자와 분자에도 여전히 전기적으로 서로 인력이 작용한다는 것은 중요한 개념임에도 학생들이 이해하기 어렵다. 전기역학적 힘(electrodynamic force)은 특히 나노, 분자 및 원자 크기의 물질 거동과 구조에 중요한 역할을 한다. 다음의 학습 목표는 초기의 나노과학학습 목표 설정을 위한 워크숍에서 개발되었다.

> 중성 원자의 전자는 순간적으로 또는 영구적으로 전하 불균형을 일으키고 쌍극자를 만든다. 전하의 이 같은 불균형 또는 분리는 원자들이 중성일지라도 전기적으로 서로 끌리게 한다. 이 힘은 영구적으로 전하를 띤 사물 사이의 힘보다는 약하고 항상 인력이 작용한다.

학생들은 화학 결합으로의 전기적인 힘을 배우는데, 종종 화학 결합을 전기적인 힘과 구별되도록 배울 때가 있다(Levy Nahum et al., 2007). 이 같은 경직된 분류는 학생들이 전기적 힘을 화학 결합에서 더 나아가 생물 분자 인식 및 정전기 등 넓은 범위의 현상에 적용할 수 있게 하는 데에 방해가 된다. 워크숍에서 도출된 다른 개념은 나노와 원자 규모의 상호작용을 지배하는 전기적 힘의 연속성을 기술하고 있다.

> 원자는 이온 결합, 공유 결합, 수소 결합, 유발 쌍극자 상호작용 등 다양한 방식으로 상호작용하고, 이는 모두 본질적으로 전기적인 상호작용이다. 이들 상호작용은

연속분포를 갖는 전기적 힘을 생성하는데, 이는 원자 사이의 모든 상호작용을 설명한다. 상호작용의 세기는 관련된 원자와 그 주변에 의존한다.

2001년 이후 고등학교 과학 교과(생물학, 화학, 물리학)에서 순서상 생물학을 나중에 배우도록 학습 순서를 변경하려는 움직임이 있었다. 이 같은 방식으로 학생들은 생물학적인 기능의 물리학적 기반을 이해하는 기초를 다질 수 있다. 모든 과정에서 다른 영역의 개념들을 통합하는 것이 더 나은 대안일 수 있다(Tinker & Xie, 2006).

이 같은 또는 유사한 변화는 학생들이 나노과학기술을 포함하여 새로 생성되는 과학을 이해하는 데 요구되는 학문 영역들 사이의 연결고리를 만들 수 있도록 도와줄 것이다. 학생들은 생물학에서 상호작용에 관여하는 힘들에 대해 배울 때, 화학에서 배운 힘을 연결 짓지 못한다. 예를 들면, 물의 거동을 설명하는 수소 결합은 DNA 가닥을 유지하는 수소 결합과 연결되어야 한다. 화학보다 생물학을 먼저 배우는 바람에 용어의 의미를 채 이해하기도 전에 개념부터 접하는 경우가 생기기도 한다(Taber & Coll, 2002). 그러므로 학생들은 주요한 개념들을 연결 짓지 못한다. 연결 짓기를 강조하면 상호작용에 참여하는 사물과 관계없이 나노 크기에서 상호작용을 지배하는 힘이 같다는 사실을 학생들에게 이해시키는 데 도움이 될 것이다.

에너지와 관련하여 국가과학표준에 담긴 개념은 나노, 원자, 분자 규모의 현상에 집중하지 않는다. 국가과학표준의 고려 대상은 모든 학생이기 때문이다. 엔탈피, 엔트로피, 자유 에너지처럼 복잡한 개념은 심화 단계 학습자를 위해 남겨져 있다. 안타깝게도 이 개념들을 학생들에게 어떻게 가르칠지에 대한 방법은 거의 알려지지 않았다. 힘과 상호작용에 대한 검증된 학습 과정을 개발하는 연구를 진행하다 보면 이 문제에 답을 할 수 있게 될 것이다.

표 7.2 〈힘과 상호작용〉의 이해 증진과 관련된 국가과학표준

내용 설명	표준
힘과 움직임	
밀거나 당겨서 위치와 움직임이 변할 수 있다.	*Benchmarks* 4F/2 K–2, p. 89 4F/3 6–8, p. 90 *NSES* PS–M[a] K–4, p. 127
사물의 움직임이 변하는 양은 힘에 비례하고 질량에 반비례한다.	*Benchmarks* 4F/1 3–5, p. 89 4F/1 9–12, p. 91 *NSES* PS–M K–4, p. 127
자석은 접촉하지 않고도 특정 물체에 힘을 가한다.	*Benchmarks* 4G/2 K–2, p. 94 4G/2 3–5, p. 94
중력	
중력은 질량을 가진 사물 사이에 작용하는 인력이다. 중력의 세기는 두 사물의 질량과 상호 간의 거리에 의존한다.	*Benchmarks* 4G/1 6–8, p. 95 4G/1 9–12, p. 96 *NSES* PS–MF 9–12, p. 180
전기력	
전기적으로 변화된 사물은 다른 사물에 힘을 가한다.	*Benchmarks* 4G/3 3–5, p. 94
전기와 자기는 상호 연관되어 있다.	*Benchmarks* 4G/3 6–8, p. 95 4G/5 9–12, p. 97 *NSES* PS–MF[b] 9–12, p. 180
두 종류의 전하가 존재하는데, 하나는 양전하이고 하나는 음전하이다.	Benchmarks 4G/3 9–12, p. 96
전기력의 세기는 두 전하의 거리 제곱에 반비례한다.	*NSES* PS–MF 9–12, p. 180
두 작은 입자 사이의 전기력은 중력보다 강하다.	Benchmarks 4G/2 9–12, p. 96 *NSES* PS–MF 9–12, p. 180

[표 계속]

전기력은 원자와 분자를 함께 유지하는 주요한 힘이다. 이것은 원자의 가장 바깥쪽 전자들을 포함한다.	*Benchmarks* 4D/1 9–12, p. 80 4G/2 9–12, p. 96 *NSES* PS–MF 9–12, p. 180 PS–SA[c] 9–12, p. 178 PS–SPM[c] 9–12, p. 178
물성	
어느 소재의 물리적 성질은 소재를 구성하는 분자들 사이의 상호작용에 영향을 받는다.	*NSES* PS–SPM 9–12, p. 179
환경 요인	
원자 및 분자의 상호작용 방식에 영향을 주는 요인은 다양하다(예 농도, 온도, pH, 환경의 극성).	*Benchmarks* 4D/3 6–8, p. 78 4D/4 6–8, p. 78 4D/8 9–12, p. 80 4D/9 9–12, p. 80 *NSES* PS–CR[d] 9–12, p. 179
에너지	
에너지는 여러 가지 형태로 발견된다.	*Benchmarks* 4E/3 6–8, p. 85 4E/4 6–8, p. 85 4E/2 9–12, p. 86 *NSES* PS–MF 5–8, p. 155 PS–CE–ID[e] 9–12, p. 180
에너지는 보존된다: 에너지는 생성되거나 파괴되지 않는다.	*Benchmarks* 4E/1 6–8, p. 85 4E/1 9–12, p. 86
동역할 이론과 엔트로피	
원자와 분자는 끊임없이 무작위 운동을 한다. 모든 물질은 더 무질서한 상태로 바뀌려는 경향을 지닌다.	*Benchmarks* 4E/4 6–8, p. 85 4E/2 9–12, p. 86 *NSES* PS–CE–ID 9–12, p. 180 LS–MEO[f] 9–12, p. 186

[a] Physical Science—Position and Motion of Objects
[b] Physical Science—Motions and Forces
[c] Physical Science—Structure and Properties of Matter
[d] Physical Science—Chemical Reactions
[e] Physical Science—Conservation of Energy and the Increase in Disorder
[f] Life Sciences—Matter, Energy, and Organization in Living Systems

✚ 감사의 글

이 장을 읽고 도움이 되는 논의를 해준 Shanna Daly에게 저자들은 감사를 표한다.

✚ 참고문헌

American Association for the Advancement of Science (AAAS). 1993. *Benchmarks for science literacy.* New York: Oxford University Press.

Boo, H. K. 1998. Students' understandings of chemical bonds and the energetics of chemical reactions. *Journal of Research in Science Teaching* 35 (5): 569–581.

Harrison, A. G., and D. F. Treagust. 2002. The particulate nature of matter: Challenges in understanding the submicroscopic world. In *Chemical education: Towards research-based practice*, ed. J. K. Gilbert, O. De Jong, R. Justi, D. F. Treagust, and J. H. van Driel. Dordrecht, The Netherlands: Kluwer Academic Publishers.

Horton, C., with other members of the Modeling Instruction in High School Chemistry Action Research Teams. June 2001, August 2002, and August 2004. Student alternative conceptions in chemistry. Tempe, AZ: Arizona State University. *www.daisley. net/hellevator/misconceptions/misconceptions.pdf*

Koradi, R., M. Billeter, and K. Wuthrich. 1996. MOLMOL: A program for display and analysis of macromolecular structures. *Journal of Molecular Graphics* 14: 51–55.

Lederman L. 2001. Revolution in science education: Put physics first! *Physics Today* (September): 44–48.

Levy Nahum, T., R. Mamlok–Naaman, A. Hofstein, and J. Krajcik. 2007. Developing a new teaching approach for the chemical bonding concept aligned with current scientific and pedagogical knowledge. *Science Education* 91 (4): 579–603.

Mbindyo, J. K. N., B. D. Reiss, B. R. Martin, C. D. Keating, M. J. Natan, and T. E. Mallouk. 2001. DNA-directed assembly of gold nanowires on complementary surfaces. *Advanced Materials* 13 (4): 249–254.

National Research Council (NRC). 1996. *National science education standards.* Washington, DC: NRC.

Özmen, H. 2004. Some student misconceptions in chemistry: A literature review of chemical bonding. *Journal of Science Education and Technology* 13 (2): 147–159.

Pallant, A., and R. Tinker. 2004. Reasoning with atomic-scale molecular dynamic models. *Journal of Science Education and Technology* 13 (1): 51–66.

Park, S. Y., A. K. R. Lytton–Jean, B. Lee, S. Weigand, G. C. Schatz, and C. A. Mirkin. 2008. DNA-programmable nanoparticle crystallization. *Nature* 451: 553–556.

Seeman, N. C., and P. S. Lukeman. 2005. Nucleic acid nanostructures: Bottom–up control of geometry on the nanoscale. *Reports on Progress in Physics* 68: 237–270.

Taber, K. S. 1998. An alternative conceptual framework from chemistry education. *International Journal of Science Education* 20 (5): 597–608.

Taber, K. S., and R. K. Coll. 2002. Bonding. In *Chemical education: Towards research–based practice*, ed. J. K. Gilbert, O. De Jong, R. Justi, D. F. Treagust, and J. J. van Driel. Dordrecht, The Netherlands: Kluwer Academic Publishers.

Tinker, R., and Q. Xie. 2006. *Nanoscience and the new secondary science curriculum.* Concord, MA: Concord Consortium.

Treagust, D. F., G. Chittleborough, and T. L. Mamiala. 2002. Students' understanding of the role of scientific models in learning science. *International Journal of Science Education* 24 (4): 357–368.

Chapter

08

양자 효과

빅 아이디어

세계의 규모와 조건에 따라 각기 다른 모델로 물질의 행동을 잘 설명하고 예측할 수 있다. 특히, 물체의 크기와 질량이 나노 규모를 거쳐 점점 작아질수록 양자 효과의 중요성이 커진다.

고전 역학의 토대에서 뉴턴의 운동 법칙은 거시 세계의 사물의 운동과 거동을 묘사하는 데 사용된다. 거시 세계의 사물에는 행성 같은 천체와 눈에 보이는 사물들이 포함된다. 하지만 사물 또는 물질의 크기나 질량이 나노 및 원자 크기로 작아지면 물질의 거동을 예측할 때 고전 역학을 이용할 수 없게 된다. 이때에는 양자 역학이 물질의 거동을 설명하는 확률 모델로 사용되어야 한다.

양자 이론은 매우 복잡하고 앞선 모델이다. 하지만 어떤 측면은 나노 규모의 물질에서 나타나는 특이한 성질을 인식하고 이해하는 데에 도움이 되므로 학생들이 접근할 만하다. 이 장에서는 매우 작은 규모의 물질에서 나타나는 구조와 거동에 대한 학생들의 이해를 돕는 4개의 학습 목표를 제시한다. 꼭 이 장에서 제시된 순서로 학교 과학교육과정에 접목해야 하는 것은 아니다.

이 단원을 위한 일반적인 선수 지식

각 학습 목표는 물질의 구조에 대한 서로 다른 측면에 초점을 맞추고 있다. 각 학습 목표의 강조점은 다르지만, 공통적인 선수 지식은 다음과 같다.

- 뉴턴의 운동 법칙은 거시 세계의 물질 거동을 예측하고 고전 역학의 토대가 된다. 고전 역학의 원리 중 하나는 특정 시간에 대한 사물의 위치와 운동량을 알면 과거와 미래의 경로 예측이 가능하다는 것이다.
- 양성자와 중성자를 포함하는 밀집도가 높은 원자핵으로 원자가 구성되어 있고, 핵은 음의 전하를 띤 전자로 둘러싸여 있다. 전자는 껍질들 속에 분포되어 있다. 주기율표로 각 원소의 원자에 전자가 얼마나 있는지 예측할 수 있다.

추가로 학생들은 다음을 이해해야 한다.

- 거시 세계, 마이크로 세계, 나노 및 원자 세계에서의 길이 측정
- 거시 세계의 사물과 다른 세계(마이크로, 나노, 그 이하 세계)의 사물의 크기를 정성적으로 또 정량적으로 어떻게 연관 짓는 방법

학습 목표 1

모든 물질은 입자성과 파동성을 동시에 가지고 거동한다. 물질이 나노 규모까지 작아지면 파동성의 중요성이 커지며 물질의 거동을 예측하고 설명하기 위해 양자 역학이 필요해진다.

구체적인 선수 지식

학생들은 파동에 대한 경험과 파동이 어떻게 거동하는지 알아야 한다

- 파장과 진동수의 관계
- 굴절과 간섭

학생들이 가질 수 있는 어려움과 오개념

- 학생들은 하나의 실체가 어떻게 파동으로도 입자로도 거동할 수 있는지 개념화하는 데 어려움을 겪을 수 있다(Olsen, 2002).

학생들이 배워야 할 것

모든 것은 관찰하는 방법에 따라 파동 또는 입자 같은 성질을 나타낸다. 전자의 입자성에 대한 실험적인 증거는 음극선(전자의 빔) 실험으로 관찰되었다. 19세기 말 톰슨은 전자빔의 경로에 자기장의 영향을 측정하여 전자의 질량-대-전하 비를 계산하였다. 그는 음극 물질의 종류와 관계없이 이 비가 일정하다는 사실을 알아냈다. 전자의 파동 성질은 전자빔에 의한 회절과 간섭 패턴으로 나타난다. 원자 또는 원자보다 작은 세계의 모든 입자와 마찬가지로, 빛(광자) 또한 입자성과 파동성을 모두 갖는다. 실제로 모든 사물은 파동의 성질을 보이지만, 총알이나 야구공과 같이 큰 물체일 경우 그 파장이 너무 작아서 관찰할 수 없으며 우리는 단지 평균적인 위치만을 관찰하게 된다. 사물의 크기가 나노 크기 및 원자 크기까지 작아지면 사물의 크기에 비해 파장과 파동으로서의 특성이 더 중요해진다.

학생들은 이 같은 기본적인 양자 역학적 원리를 이해해 나가면서 물질의 양자 역학적 거동에 대한 실험 및 이론적 증거를 고려할 수 있어야 한다. 이때 다음과 같은 점들을 고려할 수 있다.

- 파동-입자의 이중성은 무엇을 의미하는가? 그 증거는 무엇인가?
- 물질이 파동과 같은 거동을 보이는 동시에 입자와 같은 거동을 보인다는 것이 무엇을 암시하는가?
- 고전 역학으로 (예 나노 및 원자 크기의) 거동을 예측하지 못한다면, 이는 틀린 이론인가? 그러면 우리는 왜 뉴턴 법칙을 계속 배우고 사용하는가?
- '터널링(tunneling)'은 무엇인가? 언제 이 현상이 일어날 수 있는가? 어째서 일어나는가?

• 터널링과 관련된 현상은 무엇이 있는가?

학습 목표 2

원자 또는 원자보다 작은 시스템에는 불연속적인 특정한 양의 에너지만이 흡수되고 방출될 수 있다. 이는 많은 나노 규모의 시스템에서도 그렇다.

구체적인 선수 지식

• 학생들은 에너지에 대한 기본적인 개념을 이해해야 한다.

학생들이 가질 수 있는 어려움과 오개념

• 고전 역학은 모든 조건과 규모에서 물질의 거동을 정확하고 효과적으로 예측하고 기술할 수 있다고 믿을 수 있다(Kalkanis, Hadzikaki & Stavrou, 2003).

학생들이 배워야 할 것

대부분의 시스템은 모든 양의 에너지도 흡수할 수 있지만, 어떤 시스템은 특정한 양의 에너지만 드나들도록 허용된다. 이런 경우, 에너지 준위가 양자화되었다고 한다. 이런 시스템은 전통적으로 원자 또는 원자보다 작은 규모에서 발견되고, 이런 현상은 양자점 같은 나노 규모에서도 관찰된다. 금속 표면에서 전자가 방출되는 현상인 광전효과는 입사광의 세기보다는 파장에 의존하는데, 이는 양자화 현상을 잘 보여준다(〈그림 8.1〉). 전자 방출을 일으키는 에너지는 $h\nu$ 값의 정수 배이다(여기서 h는 플랑크 상수이고 ν는 입사광의 문턱 진동수[21]이다). 이 현상은 더 큰 힘을 가했

21 광전 효과에서 금속에 쬐어서 전자가 방출될 수 있는 최소한의 빛의 진동수.

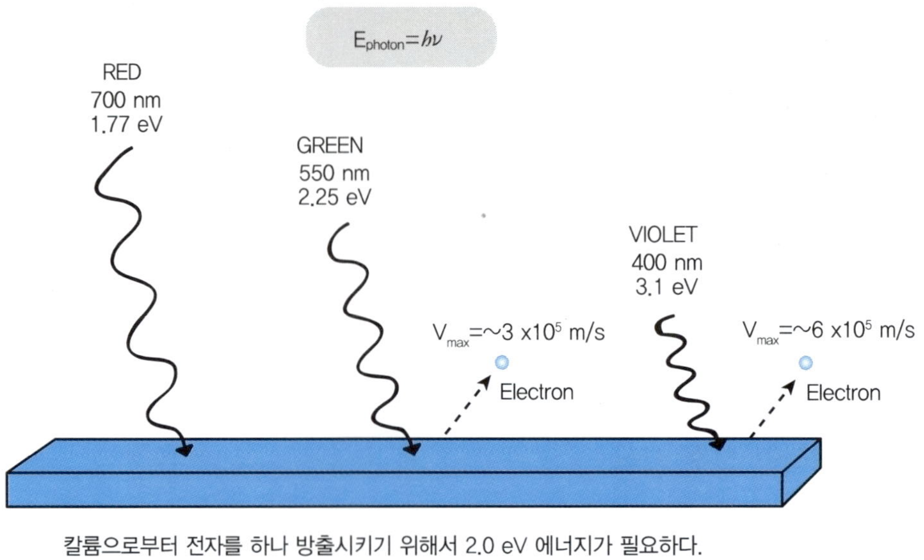

그림 8.1 광전효과를 나타내는 개념도

을 때 반응이 더 크거나 빠르게 나타나는 일상의 경험과는 반대이다.

에너지 준위의 양자화는 나노 규모에서 도체가 반도체로 변이하는 것과 관련이 있다(제2장 〈크기 의존 성질〉, 〈그림 1.15〉, 〈그림 1.16〉). 양자점은 양자화된 에너지 준위를 가지고 있는 나노 규모의 반도체이다.

학생들은 다음과 같은 질문에 답할 수 있을 것이다.

- 시스템에 언제 양자 역학을 적용하고 언제 고전 역학을 적용해야 하는가?
- 물질, 전자, 광자 등과 같은 거동에 대한 양자 역학적 예측과 고전 역학적 예측의 차이는 무엇인가?
- 어떻게 전도성 금속이 반도체로 변할 수 있는가? 어떤 일이 일어나는가? 왜 이런 일이 일어나는가?
- 어떻게 양자점이 작동하는가? 왜 크기가 양자점의 방출 색에 영향을 주는가?

학습 목표 3

나노, 원자 또는 원자보다 작은 규모에서의 물질에 어떤 일이 일어났고 일어날지 정확하게 아는 것은 불가능하다

구체적인 선수 지식

학생들은 다음을 이해해야 한다.

- 모든 사건의 발생은 확실하게, 불가능하게, 또는 그 사이의 어떤 정도로 나타낼 수 있다.
- 확률은 일반적으로 분율, 비율, 퍼센트로 표현할 수 있다. 어떤 사건은 다른 것보다 예측하기 쉽다.
- 예측은 과거의 것에 기반하여 이루어지는데, 이때 과거와 미래의 사건이 같은 조건에서 일어남을 가정한다.
- 한 사건의 발생 가능성을 예측할 때 수학적 모델이 유용할 수 있다.

학생들이 가질 수 있는 어려움과 오개념

학생들은 다음과 같은 어려움을 가질 수 있다.

- 확률 모델로 개념화하고 작업하기 어려워할 수 있다(Kalkanis, Hadzikaki & Stavrou, 2003).
- 이미 일어난 사건과 연관 지어 일어날 사건의 확률을 고려하는 것을 쉽게 하지 못할 수 있다(예 동전이 여러 번 계속해서 앞면이 나왔다면, 다음에 뒷면이 나올 확률이 높다고 믿는다; AAAS, 1993).

학생들이 배워야 할 것

파동-입자 이중성으로 어떤 한계들이 발생한다. 고전 역학의 영역 안에서는 어느 순간에 한 사물의 위치와 운동량을 결정할 수 있다면 그 사물의 운동 경로를 예측할 수 있다. 하지만 파동-입자 이중성이 중요해지면 위치를 정확하게 결정하는 것이 불가능하다. 단지 확률적으로 그 위치를 정의할 수 있을 뿐이다. 이 변화는 작은 영역의 나노 규모, 원자 또는 원자보다 작은 규모의 매우 작은 사물에서 나타난다.

관찰 가능한 물리량 중에는 동시에 정확하게 측정할 수 없는 짝들이 있다(예 위치와 운동량, 에너지와 시간). 한 물리량을 정확하게 측정하려 할수록, 다른 것은 필연적으로 더 부정확해진다. 예를 들면, 전자나 광자와 같은 입자는 그 위치를 측정하려는 행동이 그 경로와 운동량을 변화시키기 때문에 입자의 정확한 경로 예측이 불가능하다. 물질의 정확한 거동을 예측하는 것은 불가능하고, 어떤 일이 일어날지에 대한 확률만을 말할 수 있다. 이는 양자 역학의 근본적인 개념 중 하나이다.

(1) 학생들이 원자 구조에 대해서 학습하기 전

학생들은 다음을 할 수 있어야 한다.

- 사건이 일어날 확률과 그 확률의 의미를 설명한다.
- 익숙한 현상(예 날씨, 주사위를 굴려 홀수가 나올 확률 등)을 예측할 때 사용하는 확률의 예를 들 수 있다.

(2) 학생들이 원자 구조에 대해서 학습한 후

학생들은 다음을 할 수 있어야 한다.

- 불확정성의 원리를 설명하고 그것이 무엇을 의미하는지, 그리고 어떤 경우에 이 원리가 중요한지 설명한다.
- 원자 주위의 전자 분포에 대한 확률 모델을 포함하여 원자 구조에 대한 모델을 설명하고 사용한다(제6장의 학습 목표 1).

- 전자 밀도의 개념으로 유발 쌍극자 상호작용을 설명한다.

학습 목표 4

전자의 양자 역학적 거동은 주기율표에서 원소의 배치를 설명하는 데 도움이 된다.

구체적인 선수 지식

- 양성자, 중성자, 전자, 광자는 각각 입자적 특성으로 정의된다.

학생들이 가질 수 있는 어려움과 오개념

- 비록 유용한 비유이기는 하지만, 전자의 각운동량(또는 스핀)은 고전 역학의 거시 세계에서 축 주위를 도는 각운동량과 다르다.

학생들이 배워야 할 것

스핀은 전자 및 광자 등 기본 입자들의 중요한 특성이다. 스핀은 입자가 가지고 있는 내재적인 각운동량으로 정의된다. 고전 역학 모델에서의 사물은 연속적인 값을 갖는 각운동량으로 회전할 수 있다. 하지만 양자 역학에 따르면 각운동량은 양자화되어 있다.

스핀은 원자의 구조와 분자 결합에서 중요한 역할을 한다. 1925년 파울리는 원소의 주기율을 설명하기 위해서 '배타 원리'를 개발했다. 오비탈 근사에서 원자와 같은 한 시스템 내의 각 전자는 고유하다. 전자의 스핀 상태는 +1/2와 -1/2 두 값만이 허용된다. 그러므로 한 오비탈에는 단지 2개의 전자만이 들어갈 수 있다(하나는 +1/2 스핀을, 다른 하나는 -1/2 스핀을 갖는다). 한 오비탈 내의 두 전자는 짝을 이루는 것으로 여긴다. 원자 내의 모든 전자는 서로 다른 양자 상태를 가져야 하므로 추가된 전자가 있다면 다른 오비탈에 들어가야 한다(제1장 〈양자 효과〉 참조).

학생들은 파울리 원리가 무엇이고 원소의 특성과 주기율표상의 배치에 이 원리를 어떻게 관련지을지 설명할 수 있어야 한다.

과학교육표준의 연결

비록 양자 역학이 복잡하고 어려운 주제이지만, 몇몇 개념들은 고등학교급에서 정성적으로 소개하기에 적절하다. 〈표 8.1〉은 국가과학표준에 제시된 양자 역학과 관련된 개념들을 나타낸다.

과학교육표준에 없는 내용

뉴턴 역학의 한계를 나타내기 위해 국가과학표준 문서에서 과학사적 관점으로 아인슈타인의 상대성 이론을 논의하고 있다(AAAS, 1993). 양자 역학의 어떤 개념들은 고등학교 교육과정에 소개된 많은 개념을 이해하는 데 필요하지만, 작은 규모에서 고전 역학의 실패와 양자 역학의 필요성은 국가과학표준 문서에 논의되지 않았다. 비록 고등학교 화학 교육과정에서 원자의 구조, 주기율표에서의 경향, 화학결합에 대해서 다루지만, 파울리의 배타 원리는 명시적으로 기술되어 있지 않다. 더불어, 유도 쌍극자 상호작용에 대해 이해하려면 원자의 확률적 전자 구름 모델이 필요하다.

국가과학교육표준에 양자 역학적 개념이 많지 않은 이유는 교육과정이 **모든** 학생을 위한 것이기 때문이다. 양자 역학 개념은 어려운 데다 직관적이지 않아서 모든 학생이 그 의미를 파악하기는 힘들다. 중고등학교에 어느 정도 이 복잡한 개념을 도입할지 결정해야 한다. 이 장에서는 교육자와 과학자들이 고등학교 학습자에게 적절하다고 제안하는 몇 가지 기초적인 개념에 대해서 논의하였다. 하지만 이 개념들을 학생들이 이해하기 위해서는 적어도 며칠간 학습이 필요할 것이다. 이 개념들을 학생들이 어떻게 학습해야 하는지 알려진 바가 거의 없으므로 연구자와 교육과정 개발자들은 더욱 노력을 쏟아 추상적인 양자 역학 개념에 대한 학습을 지원해야 한다. 그러다 보면 양자 역학을 수업에 어떻게 도입할지 결정할 수 있을 것이다.

표 8.1 〈양자 효과〉의 이해 증진과 관련된 국가과학표준

내용 설명	표준
에너지 준위	
원자나 분자의 구성 조합 각각에 서로 다른 에너지 준위가 관련되어 있다.	*Benchmarks* 4E/4 9–12, p. 86 4E/5 9–12, p. 86 NSES PS–EIM[a] 9–12, p. 179
파동	
빛은 물질과 세 가지 방법으로 상호작용한다: 흡수, 투과[22], 산란. 사람의 눈은 전자기파 스펙트럼 중 매우 작은 영역을 볼 수 있다.	*Benchmarks* 4F/2 6–8, p. 90 4F/5 6–8, p. 90 *NSES* PS–TE[b] 5–8, p. 155
빛의 파장은 태양으로부터 온 빛의 에너지와 관련되어 있다.	*NSES* PS–TE 5–8, p. 155
파동은 여러 형태로 나타나는데(예 빛, 소리, 지진, 물의 파), 모두 비슷한 거동을 보인다.	*Benchmarks* 4F/4 6–8, p. 90 4F/6 9–12, p. 92 *NSES* PS–EIM 9–12, p. 180
전하를 띤 입자가 가속도 운동을 하면 전자기파가 생성된다.	*Benchmarks* 4F/3 9–12, p. 92 *NSES* PS–EIM 9–12, p. 180
불확정성	
나노, 원자, 아원자 규모에서 물질의 거동은 정확하게 예측할 수 없다. 특정 사건이 일어날 확률을 결정할 수 있을 뿐이다.	*Benchmarks* 11C/7 9–12, p. 275 11A/4 9–12, p. 266

[표 계속]

22 역자 각주: transmission은 '투과'로 번역하는 것이 맞으나, 맥락을 고려하여 '방출(emission)'로 번역하였다.

	Benchmarks
예측의 정확도는 여러 요인에 의해 결정된다.	9D/1 K–2, p. 227 9D/2 K–2, p. 227 9D/1 3–5, p. 228 9D/2 3–5, p. 228 9D/3 3–5, p. 228 9D/6 3–5, p. 228 9D/1 6–8, p. 229 9D/2 6–8, p. 229 9D/1 9–12, p. 230 9D/8 9–12, p. 230

[a] Physical Science—Interactions of Energy and Matter
[b] Physical Science—Transfer of Energy

✚ 감사의 글

이 장을 읽고 도움이 되는 논의를 해준 Alexa Matteyses에게 저자들은 감사를 표한다.

✚ 참고문헌

American Association for the Advancement of Science (AAAS). 1993. *Benchmarks for science literacy*. New York: Oxford University Press.

Kalkanis, G., P. Hadzidaki, and D. Stavrou. 2003. An instructional model for a radical conceptual change towards quantum mechanics concepts. *Science Education* 87: 257–280.

National Research Council (NRC). 1996. *National Science Education Standards*. Washington, DC: NRC.

Olsen, R. V. 2002. *Introducing quantum mechanics in the upper secondary school: A study in Norway. International Journal of Science Education* 24 (6): 565–574.

Chapter

09

크기 의존 성질

빅 아이디어

물질의 성질은 규모에 따라 바뀔 수 있다. 특히, 덩어리 물질과 개별 원자나 분자 사이에 전이가 일어나는 과정에서 물질은 종종 예상치 못한 성질을 보이고, 이로부터 새로운 기능이 생긴다.

나노 규모에서 관찰되는 고유하고 예측하지 못한 성질은 완전히 새로운 현상이라 전통적인 교육과정에는 포함되어 있지 않다. 나노 규모 사물과 현상의 성질 및 응용은 매우 광범위하기에 관련 개념들은 물리학, 화학, 생물학, 지구과학의 여러 곳에 맞춰 넣을 수 있다. 이런 성질들을 탐색하면 학생들이 그 특성의 원천에 집중하게 되어 물질의 일반적인 구조와 거동을 더 잘 이해할 수 있다는 이점이 있다.

이 단원을 위한 일반적인 선수 지식

각 학습 목표는 '크기 의존 성질'에 대한 서로 다른 측면에 초점을 맞추고 있다. 각 학습 목표의 강조점은 다르지만, 공통의 선수 지식은 다음과 같다.

- 물질의 본성을 결정하는 성질과 특성은 물질의 물성이다.
- 물성은 물질이 어떻게 보이고 거동하는지, 주변과 어떻게 상호작용하고 반응하는지, 어떤 응용에 사용할 수 있을지를 결정한다.
- 물질은 눈으로 보이지 않을 정도로 작은 입자로 이루어져 있다. 물질 속의 (원자, 분자) 입자는 무질서하게 끊임없이 움직이며, 이를 열운동이라고 한다.
- 빌딩 블록의 종류, 운동, 이들이 어떻게 배열하는지에 따라 물질의 물성이 주어진다. 분자의 빌딩 블록은 원자이다. 원자, 분자, 나노 규모 구조물 및 조합체는 더 큰 나노 규모 구조물과 조합체의 빌딩 블록이 될 수 있다.
- 개별 원자와 분자는 (거시적인) 덩어리 물질의 물성과 동일한 성질을 나타내지 않는다.
- 어떤 종류의 성질(세기)은 두 물질의 구별에 일반적으로 더 신뢰할 만하다.
- 제5장의 학습 목표 2, 〈크기와 규모〉

학습 목표 1

사물의 크기가 작아짐에 따라 부피-대-표면적 비는 증가한다. 그 결과, 사물의 크기가 나노 규모에 다가가면 표면에 존재하는 분자의 비가 급격하게 증가하고, 표면에 관련된 성질들이 더 중요해진다.

구체적인 선수 지식

크기가 어떻게 표면과 관련된 성질에 영향을 주는지 알기 위해서는 다음을 이해해야 한다.

- 표면적은 사물의 표면을 모두 덮는 데 필요한 단위 면적의 총수이다.
- 사물의 부피는 차지하는 공간의 척도이다.
- 이 두 양의 상대적 값은 비로 나타낸다.
- 물질은 다른 물질과 화학적으로 반응하여 다른 물성을 갖는 새로운 물질을 형

성한다.

- 물질 내 원자 및 분자의 상호작용 본성과 이들의 배열은 물질의 특징적인 성질에 영향을 준다.
- 주변 환경의 특성을 변화시키면 화학적 반응성에 영향을 줄 수 있다.

학생들이 가질 수 있는 어려움과 오개념

학생들은 물질 속의 모든 원자나 분자가 표면과 내면의 구별 없이 동일한 방법으로 거동한다고 믿을 수 있다. 학생들은 다음과 같은 어려움을 가질 수 있다.

- 표면적과 부피를 계산하고 개념화하는 것을 어려워할 수 있다(Kordaki & Potari, 1998; Zacharos, 2006).
- 비와 비례의 이해를 어려워할 수 있다(Lesh, Post & Behr, 1988; Misailidou & Williams, 2003).

학생들이 배워야 할 것

사물의 1차원 길이를 변화시키면 표면적과 부피가 불균등하게 변하고, 표면적과 부피에 의존하는 물성도 마찬가지로 불균등하게 변할 것이다. 3차원 전체에서 크기를 줄이면 부피-대-표면적 비는 증가한다. 이 변화는 표면에 존재하는 원자 수의 증가에서 명확하게 나타난다. 고체 내부의 원자와 달리 표면의 원자는 완전하게 결합되어 있지 않기 때문에 내부의 원자에 비해 높은 에너지를 갖는다. 더불어 표면 원자가 놓인 화학적 환경은 물질 내부의 원자가 놓인 환경과 다르다.

화학 반응에는 주변의 원자, 또는 분자와 물질 표면의 원자가 관여한다. 노출된 표면적의 증가는 화학 반응의 **속도**에 영향을 준다. 마찬가지로, 녹는점 및 용해 같은 물리적 변화는 표면에 의존하는 성질로, 이 과정에는 표면의 원자나 분자가 주변의 원자나 분자와의 상호작용이 관여한다.

나노 크기의 물체에서 표면에 있는 원자의 비율이 극적으로 증가하기 때문에 표면 힘(예 런던 분산력)과 관련된 상호작용은 나노 크기의 물질의 행동에 극적으로 영향을 미칠 수 있다. 거시 규모에서도 크기 감소에 따른 표면적 증가 효과를 확인할 수 있다. 예를 들어, 알약을 더 작은 조각으로 으깨면 알약의 용해 속도가 증가한다.

학생들이 탐구하고 설명해야 할 크기 의존 성질과 관련된 몇 가지 개념이 있다.

(1) 학생들이 원자 구조에 대해서 학습하기 전

학생들은 다음을 할 수 있어야 한다.

- 변환 속도(예 화학적 또는 물리적 변환)와 표면 대 부피 비율 사이에는 어떤 관계가 있는가?
- 표면적 의존 성질과 부피 의존 성질을 분류한다.

(2) 학생들이 원자 구조에 대해서 학습한 후

학생들은 다음을 할 수 있어야 한다.

- 화학적 또는 물리적 변화가 일어나는 동안 분자 또는 원자 수준에서 무슨 일이 일어나고 있는가?
- 표면적의 증가가 분자나 원자 수준에서 물질의 상호작용 방식을 변화시키는 이유는 무엇인가?

학습 목표 2

물질의 특성 중 일부는 시료가 원자 규모까지 작아지는 과정에서 크기에 따라 변한다.

구체적인 선수 지식

나노과학기술과 관련된 크기 의존 성질에는 전기적 성질, 과학적 성질, 기계적 성질, 자기적 성질이 있다. 이런 성질과 관련된 물질의 논의는 과학의 여러 맥락에서 나타나는데, 각각이 모두 다른 선수 지식을 요구한다.

학생들이 가질 수 있는 어려움과 오개념

학생들은 다음과 같은 오개념을 가질 수 있다.

- 개별 원자나 분자의 성질이 덩어리 상태일 때와 같다. 예를 들면, 금 원자의 색이 일반적인 금색이라고 믿을 수 있다(Ben-Zvi, Eylon, and Siberstein, 1986; Albanese and Vicentini, 1997).
- 세기 성질은 물질의 양과 관계없이 항상 같다.

학생들이 배워야 할 것

나노 규모에서 관찰되는 특성의 변화에는 부피-대-표면적 비의 증가 외에 다른 요인들도 영향을 준다. 물질마다 다른 특성을 갖는데, 이는 물질의 구성, 즉 원자의 종류와 배열, 움직임, 그리고 원자 간의 상호작용하는 방법에 따라 달라진다. 아래에서 논의되는 크기 의존 성질은 고전적인 세기 성질이 규모에 따라 어떻게 변화하는지 보여준다. 이러한 예들은 이미 과학 교육과정에 있는 중요한 아이디어들과 관련이 있지만, 학생들은 또한 무수한 다른 예들을 탐구할 수 있다.

귀금속(예 은, 금, 구리)에 대한 다양한 크기 의존 성질이 연구되어 있다. 금의 나

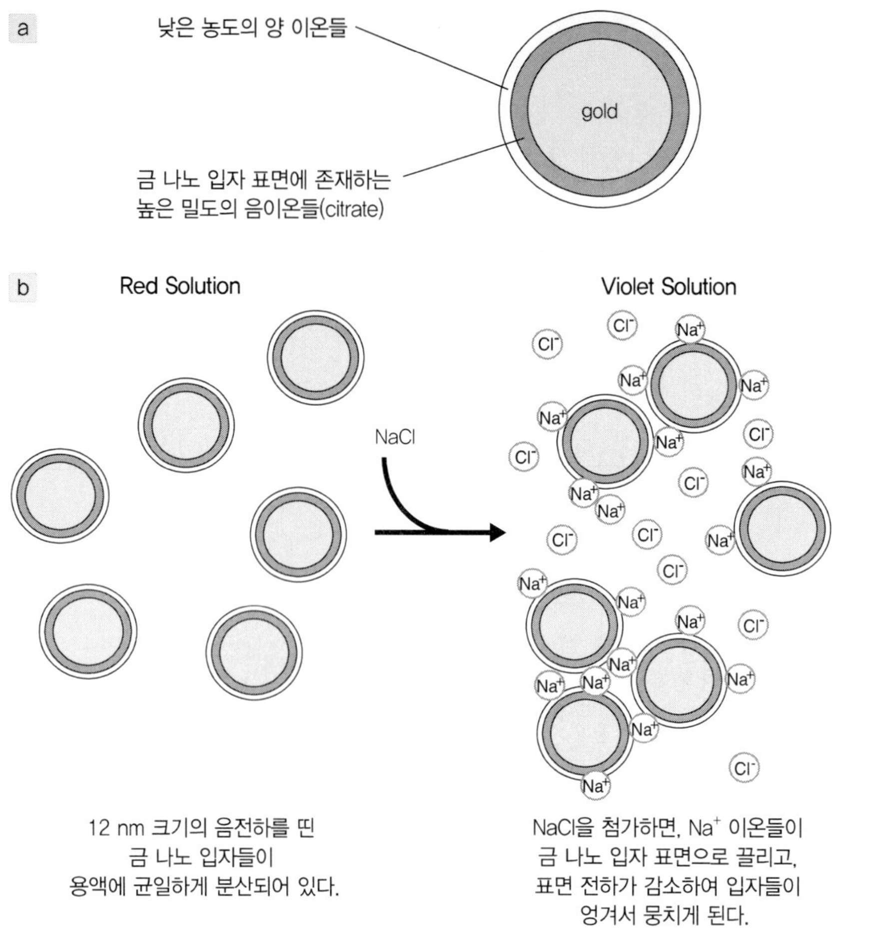

그림 9.1 (a) $HAuCl_4$와 시트르산삼나트륨의 반응으로 만는 금 나노 입자. 음의 전하를 띤 citrate가 표면을 덮고 있다(Handely, 1989b). (b) 12 nm 금 나노 입자로 이루어진 콜로이드 용액. 전해질 성분이 변하면 금 나노 입자들은 엉겨서 뭉친다(McFarland et al., 2004).

노 규모 성질 중 일부는 제2장의 크기 의존 성질 부분에서 논의되었다. 금 나노 입자의 광학적 특성의 크기 의존성은 교실에서도 쉽게 입증된다. 지름이 약 13 nm인 나노 입자를 포함하는 콜로이드 금 용액은 쉽게 합성할 수 있다(Handley, 1989a). 〈그림 9.1 a〉는 금 나노 입자의 구성을 보여준다. 금 입자는 음전하로 덮여 있다. 농축된 염화나트륨 용액 몇 방울을 추가하면 나노 입자의 전하가 변화하여 응집이 발생한다. 입자의 크기가 증가하면 빛이 입자와 상호작용하는 방식이 달라져 보라색이 된다(〈그림 9.1 b〉).

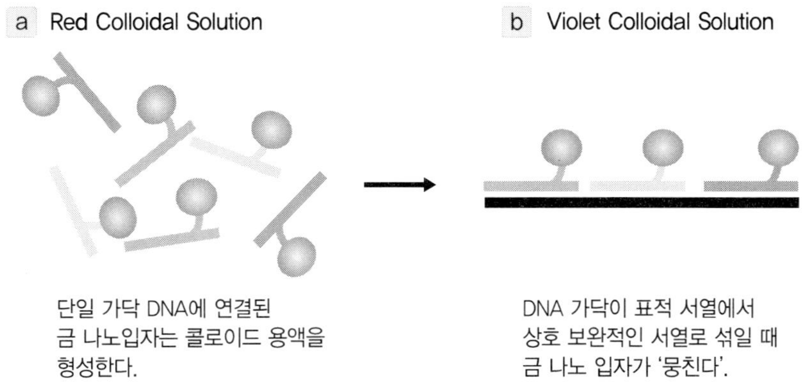

그림 9.2 (a) 금 나노 입자와 단일 가닥 DNA가 연결되어 있다. 이 상태에서 금 나노 입자 용액은 적색이다. (b) 상보 결합하는 DNA에 금 나노 입자와 연결된 DNA 가닥이 결합하면 나노 입자들이 뭉치면서 용액이 보라색으로 변한다.

크기 의존 현상은 바이오-센서를 만드는 데 이용되어 왔다(Elghanian et al., 1997). 과학자들은 금 나노 입자에 연결된 DNA 가닥의 상보 결합 특이성을 활용하여 특정 DNA 서열을 검출하였다. 금 나노 입자는 특정 DNA 가닥에 연결되어 있는데, 이 구조는 용액에서 적색을 띤다. 이 용액에 상보적인 DNA 서열이 추가되면 〈그림 9.2〉와 같이 DNA 상보 결합 상호작용이 일어난다. 추가된 DNA 서열과 나노 입자의 조합으로 입자는 더 커지게 되고, 이 결과로 금 나노 입자 용액은 적색에서 자색으로 변하면서 원하는 DNA가 검출되었음을 알려준다. 나노 규모의 광학적 성질의 다른 예로 나비 날개, 오팔, 비눗방울에서 보이는 무지개색을 들 수 있다.

물질을 특징짓는 데 사용되는 물질의 특성은 덩어리 상태 물질에 해당한다(예 전도도, 자성). 즉, 물질의 특성은 물질의 원자 또는 분자의 평균적인 거동을 설명한다. 그러나 나노 규모에서는 입자의 수가 적어서 개별 입자의 거동이 전체의 특성에 영향을 미치게 된다. 예로 자석을 들 수 있는데, 자석이 충분히 작은 조각으로 나뉘면 자석의 자기 모멘트는 물질에 항상 존재하는 입자의 무작위 운동에 더 민감해진다. 초상자성[23] 한계로 알려진 특정 지점에서 물질의 고유한 열에너지는 자기 모멘

23 초상자성(superparamagnetic)은 강자성체나 강자성 물질의 나노 입자에서 나타나는 물질이 갖는 자기적 특성의 한 형태로, 입자의 크기가 작아지면서 하나의 자기 영역으로 구성된 준입자처럼 움직이기 때문에 나타난다.

트의 방향을 바꾸는 데 필요한 에너지와 유사해진다. 이 임계 입자의 크기는 나노 규모 안에 존재한다. 하드 디스크 드라이브와 데이터 기록 테이프는 자성 재료에 의존하는 응용 분야 중 하나로, 초상자성의 한계가 데이터 저장을 위해 사용할 수 있는 자성 재료의 한계를 결정한다.

나노 규모에서 전기적 특성은 거시 규모일 때와 같지 않을 수 있다. 거시 규모에서 도체인 물질은 나노 규모에서 반도체가 되거나 전도성을 완전히 잃을 수 있고, 그 반대 현상도 가능하다. 이 현상은 물질의 전자가 '속박'될 때 발생한다(이 현상에 대한 설명은 1장의 〈양자 효과〉 참조).

학생들은 다양한 크기 의존 성질을 탐색할 수 있다. 이들이 다룰 수 있는 질문은 다음과 같다.

- 재료의 크기는 광학적 특성에 어떤 영향을 미치는가?
- 데이터 저장을 위해 사용할 자성 재료에 크기 제한이 있는 이유는 무엇인가?
- 원자 또는 분자 규모의 어떤 특성이 물질을 도체 또는 절연체로 만드는가?

학생들은 다음을 할 수 있어야 한다.

- 열운동이 재료의 관찰된 특성에 미치는 영향을 설명한다.
- 동일한 재료가 도체에서 반도체로, 절연체로 어떻게 바뀔 수 있는지 설명하고 전환 과정에서 어떤 일이 일어나는지 설명한다.

학생들은 물질 현상에 관해서 설명할 때 분자, 원자 또는 아원자[24] 현상을 설명에 포함해야 한다.

---

24 아원자 입자는 원자보다 작은 중성자, 양성자와 같은 복합입자 또는 표준 모델에 따라 다른 입자로 만들어지지 않는 소립자이다. 아원자 입자의 개념은 빛이 입자성과 파동성을 모두 갖는다는 것이 입증되었을 때 정립되었다.

학습 목표 3

나노 구조의 모양은 고유한 특성을 나타낼 수 있다.

구체적인 선수 지식

- 2차원, 3차원을 포함한 다른 모양에 대해 알고, 각 모양의 부피와 표면적을 계산할 줄 수 있다.

학생들이 가질 수 있는 어려움과 오개념

학생들은 다음과 같은 오개념을 가질 수 있다.

- 물질의 특성은 모양에 의존하지 않는다.
- 물질의 특성은 x, y, z 모든 방향에 대해서 동일하다.

학생들이 배워야 할 것

일반적으로 구조와 특성 사이에는 인과관계가 있다. 나노 규모에서 모양은 때때로 물질의 특성을 결정하는 역할을 한다. 예를 들어, 구형의 은 나노 입자의 콜로이드 현탁액은 노란색인 반면, 유사한 크기의 정방정계 입자의 현탁액은 적색을 띠고, 오각형 입자는 녹색이다(Mock et al., 2002). 실제로 정방정계 입자를 가열하면 모서리가 둥글어지며 입자가 주황색으로 변하고, 더 가열하면 황록색이 나타난다. 따라서 모양의 작은 변화가 은 나노 입자의 광학적 특성에 극적인 영향을 미친다.

나노 입자의 색은 크기와 모양이 물질의 특성에 미치는 영향을 보여주는 생생한 예를 제공하지만, 색의 근원인 플라즈몬 공명은 개념의 수준이 높고 복잡한 주제이다. 학생들은 또한 더 접근하기 쉬운 현상들을 탐구할 수 있다. 예를 들어, 나노 규

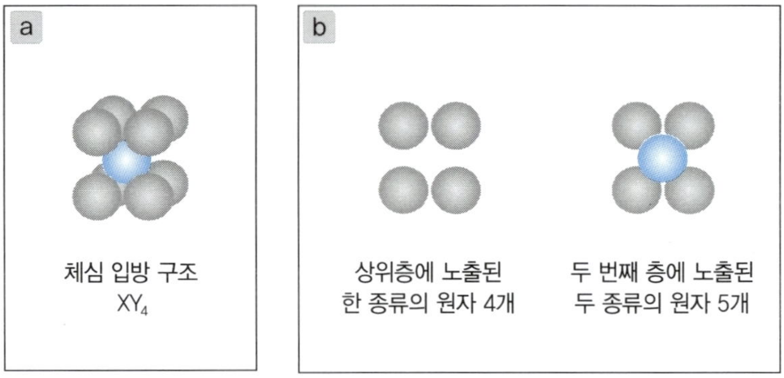

그림 9.3 (a) 체심 입방 구조로 쌓여있는 원자들 (b) 층이 다른 표면들은 원자의 수와 종류가 다를 수 있다.

모에서 물질의 특성은 방향에 따라 다를 수 있다. 이것의 한 예는 다른 형태의 탄소와는 다른 특별한 특성을 가진 탄소 나노튜브이다. 특히, 탄소 나노튜브는 반도체일 수도 있고 도체일 수도 있다. 그러나 이들은 도체나 반도체로서 단지 2차원으로 전기를 전도한다.

모양을 변경하면 표면적과 부피가 불균형하게 변할 수 있다. 따라서 면적과 부피에 따라 달라지는 특성도 불균형하게 변할 것이다(자세한 내용은 이 장의 학습 목표 1과 5장 〈크기와 규모〉의 학습 목표 5를 참조).

결정성 고체의 원자들은 질서정연하고 반복적인 방식으로 배열된다. 환경에 노출된 결정의 표면에 따라 다른 수의 미충족 결합이 표면에 있을 것이다. 예를 들어, 〈그림 9.3〉에 나타난 바와 같이 체심 입방체 포장에서는 표면을 절단하는 방법에 따라 표면에 4개 또는 5개의 원자가 있을 것이다. 또한 표면에는 어떤 면이 노출되는지에 따라 다른 종류의 원자가 존재할 수 있다. 덩어리 재료의 거친 표면에서 표면의 차이는 평균화되어있다. 그러나 반도체 산업에서 사용되는 것과 같이 정밀하게 제조된 재료의 경우, 표면 상태의 차이에서 나타나는 상이한 표면 에너지 효과가 중요할 수 있다.

이 학습 목표는 학생들이 여러 가지 어려운 개념에 대한 지식을 통합해야 하므로 고등학교 과정이나 졸업 전 단계에 적합할 것이다.

과학교육표준의 연결

나노 규모에서 발생하는 물질의 특성을 완전히 이해하기 위해서, 학생들은 이미 존재하는 특성의 유형과 그 특성의 근원을 이해해야 한다. Benchmarks와 NSES는 모두 초등학교 초기 학년에 물질의 특성 개념을 도입한다. 물질의 특성과 관련된 표준은 〈표 9.1〉에 요약되어 있다.

과학교육표준에 없는 내용

NSES와 Benchmarks는 K-12 학교급에서 물질의 특성과 관련된 아이디어를 도입하지만, 일부 아이디어는 현재 과학의 관점에서 설명되지 않는다. NSES는 물질의 양과 관련하여 세기 성질이 변하지 않는다고 명시하고 있다(NRC, 1996, p. 154). 그러나 우리는 이제 세기 성질이 나노 규모에서 변한다는 것을 알기 때문에 더 이상 물질의 양과 무관하다고 말할 수 없다. 대신, 우리는 그것들을 거시 규모 내에서 양의 변화가 발생하는 덩어리 속성에만 적용되는 제한된 특성으로 생각해야 한다. 특성 변화는 직접 경험하기에는 너무 작은 규모로 발생하므로 어려운 개념이다.

Benchmarks는 규모가 물질의 특성에 미칠 수 있는 영향에 대해 명시적으로 논의하지만(Benchmarks의 경우 D/26-8, p. 278; llD/29-12, p. 279; 9C/29-12) (AAAS, 1993, p. 225), NSES는 그렇지 않다. Benchmarks는 표면 의존 성질과 부피 의존 성질의 차이에 초점을 맞춘다. 그러나 이러한 Benchmarks는 물질의 구조와 관련된 부분에 나열되어 있지 않기 때문에 물질의 특성 연구와 연결될 가능성은 낮다. 학생들이 관련된 수학과 과학 개념을 개념적으로 연결하기 위해서는 연결이 명시되어야 한다.

Atlas of Science Literacy 2권에서는 나노 규모에서 관찰된 특성의 변화와 관련된 두 가지 Benchmarks가 추가되었다.

> 적은 수의 원자로 구성된 물체는 같은 종류의 원자로 구성된 거시적인 물체와는 다른 특성을 나타낼 수 있다.
>
> (AAAS, 2007, p. 55, 8B/H5)

> 원자와 분자가 모여서 10억분의 1미터로 측정되는 구조를 형성할 수 있다. 이 규모의 구조(나노 규모라고 한다)와 그러한 구조로 구성된 물질의 특성은 부피-대-표면적의 비율 증가 및 다른 규모에서 다른 힘의 상대적 강도의 변화로 인해 거시적 규모의 특성과 매우 다를 수 있다. 나노 크기의 재료 특성에 대해 알면 새로운 재료를 개발하고 기존 재료를 새롭게 사용하는 데에 도움이 된다.
>
> (AAAS, 2007, p. 55, 8B/H6)

이러한 새로운 벤치마크는 재료 과학의 새로운 맵에 통합되었다(AAAS, 2007).

표 9.1 크기 의존 성질의 이해와 관련된 국가과학표준

내용 설명	표준
일반적인 물성	
사물은 그것을 구성하고 있는 재료와 특성으로 설명될 수 있다.	*Benchmarks* 4D/1 K–2, p. 76 NSES PS–P[a] K–4, p. 127
물질은 각각의 독특한 방식으로 다른 물질과 반응한다. 주기율표는 원소의 특정한 성질을 예측한다.	*Benchmarks*, 4D/6, 6–8, p. 78–79 4D/6, 9–12, p. 80 *NSES* PS–PC[b] 5–8, p. 154 PS–SPM[c] 9–12, p. 178
세기 성질은 두 물질을 구별하는 데 있어서 크기 성질보다 더 신뢰할 수 있다.	*NSES* PS–PC 5–8, p. 154
물성에 영향을 미치는 요인	
원자의 배열은 그 물질의 성질에 영향을 준다.	*Benchmarks* 11C/5 6–8, p. 274 4D/8, 9–12, p. 80 *NSES* 9–12 PS–SPM 9–12, p. 178

[표 계속]

환경은 주어진 물질에 의해 나타나는 물리적 특성에 역할을 할 수 있다	*Benchmarks* 4D/2, K–2, p. 76 4D/1 3–5, p. 77 4D/4 6–8, p. 78 *NSES* PS–P K–4, p. 127
표면–의존 성질과 부피–의존 성질	
어떤 성질은 재료의 표면적에 의존하고, 다른 성질은 부피에 의존한다.	*Benchmarks* 11D/1, 6–8, p. 278 9C/2, 9–12, p. 225
기타	
물질의 기타 성질과 관련된 표준	*Benchmarks* 4G/4, 9–12, p. 97 9C/1, 6–8, p. 224 *NSES* E&SS–PEM[d] K–4, p. 134 PS–CR[e] 9–12, p. 179

[a] Physical Science—Properties of Objects and Materials
[b] Physical Science—Properties and Changes of Properties in Matter
[c] Physical Science—Structure and Properties of Matter
[d] Earth and Space Science—Properties of Earth Materials
[e] Physical Science—Chemical Reactions

✚ 감사의 글

이 장을 읽고 도움이 되는 논의를 해준 Gina Ney에게 저자들은 감사를 표한다.

✚ 참고문헌

Albanese, A., and M. Vicentini. 1997. Why do we believe that an atom is colourless? Reflections about the teaching of the particle model. *Science & Education* 6: 251–261.

American Association for the Advancement of Science (AAAS). 1993. *Benchmarks for science literacy*. New York: Oxford University Press.

American Association for the Advancement of Science (AAAS). 2007. *Atlas of science literacy*. Vol. 2. Washington, DC: AAAS

Ben–Zvi, R., B.–S. Eylon, and J. Silberstein. 1986. Is an atom of copper malleable? *Journal of Chemical Education* 63 (1): 64–66.

Elghanian, R., J. J. Storhoff, R. C. Mucic, R. L. Letsinger, and C. A. Mirkin. 1997. Selective colorimetric detection of polynucleotides based on the distance-dependent optical properties of gold nanoparticles. *Science* 277: 1078–1081.

Handley, D. A. 1989a. Methods for synthesis of colloidal gold. In *Colloidal gold: Principles, methods, and applications*, ed. M. A. Hayat. San Diego: Academic Press.

Handley, D. A. 1989b. The development and application of colloidal gold as a microscopic probe. In *Colloidal gold: Principles, methods, and applications*, ed. M. A. Hayat. San Diego: Academic Press.

Kordaki, M., and D. Potari. 1998. Children's approaches to area measurement through different contexts. *Journal of Mathematical Behavior* 17 (3): 303–316.

Lesh, R., R. Post, and M. Behr. 1988. Proportional reasoning. In *Number concepts and operations in the middle grades*, ed. J. Hiebert and M. Behr. Hillsdale, NJ: Lawrence Erlbaum Associates.

McFarland, A. D., C. L. Haynes, C. A. Mirkin, R. P. Van Duyne, and H. A. Godwin. 2004. Color my nanoworld. *Journal of Chemical Education* 81 (4): 544A–544B.

Misailidou, C., and J. Williams. 2003. Diagnostic assessment of children's proportional reasoning. *Journal of Mathematical Behavior* 22 (3): 335–368.

Mock, J. J., M. Barbic, D. R. Smith, D. A. Schultz, and S. Schultz. 2002. Shape effects in plasmon resonance of individual colloidal silver nanoparticles. *Journal of Chemical Physics* 116 (15): 6755–6759.

National Research Council (NRC). 1996. *National science education standards*. Washington, DC: National Academy Press.

Zacharos, K. 2006. Prevailing educational practices for area measurement and students' failure in measuring areas. *Journal of Mathematical Behavior* 25 (3): 224–239.

Chapter

10

자기 조립

빅 아이디어

어떤 물질은 특수한 상황에서 스스로 체계적인 구조를 조립한다. 이 과정은 나노 규모에서 물질을 조작하는 데 유용한 수단이 된다.

자기 조립은 사람이 개입하지 않고도 저절로 물질을 구조화하는 과정이다(Whitesides, Mathias, and Seto, 1991; Whitesides and Boncheva, 2002). 자기 조립 과정은 자연과학과 응용과학의 맥락에서 도입될 수 있다. 특히, 제7장 〈힘과 상호작용〉에 기술된 내용을 이해하는 데에 도움을 줄 수 있다. 이 장에서는 자기 조립과 관련된 세 가지 학습 목표를 논의한다. 본문에 제시된 순서는 교육과정에서 이 순서대로 배워야 한다고 제안하는 것은 아니다.

이 단원을 위한 일반적인 선수 지식

각 학습 목표는 자기 조립 빅 아이디어의 여러 측면을 나타내고 있다. 각 학습 목표의 강조점은 다르지만, 공통의 선수 지식은 다음과 같다.

- 자기 조립된 구조물은 구성 성분의 물성과 다른 물성을 가질 수 있고, 그로 인해 새롭고 유용한 물질이 된다.
- 자기 조립하기 위해서는 구성 성분들이 서로 선택적으로 상호작용할 수 있어야 한다.
- 같은 구성 성분이라 해도 조건과 과정에 따라 다른 형태의 구조물로 자기 조립할 수 있다.
- 구성 성분들이 상호작용하여 안정한 구조물을 형성하려면, 알짜 인력이 작용하여 성분들을 붙잡고 있어야 한다.
- 나노 규모에서 전자기력이 일반적으로 지배적인 상호작용이다.

학습 목표 1

물질은 여러 다른 힘을 통해 상호작용함을 이해한다.

구체적인 선수 지식

- 학생들은 물질이 여러 가지 형태의 힘을 통해 상호작용함을 알아야 한다.

학생들이 배워야 할 것

자기 조립은 구성 성분들이 적절한 환경에 놓일 때 일어나며 예측 가능하고 조직화된 구조를 이룬다. 자기 조립 과정은 은하계 형성에서 DNA 복제에 이르기까지 모든 규모에서 일어난다. 자기 조립 과정에서 지배적인 힘의 종류는 자기 조립의 규모에 따라 달라진다. 태양계나 은하계 같은 천체 규모의 조립에서는 중력이 지배적이고, 나노 규모에서는 전기력이 지배적이며 자기력이 사용될 때도 있다.

(1) 학생들이 원자 구조에 대해서 학습하기 전

물질의 규칙성을 이용하여 자기 조립되는 구성 성분들 사이의 상호작용을 예측하거나 설명할 수 있다. 물질의 규칙성은 다음과 같다.

- 전자기력: 같은 전하는 반발하고 반대 전하는 끌어당긴다.
- 소수성 상호작용: 소수성이 유사한 물질은 서로 끌고 반대 성질 물질은 서로 멀리한다.

이 규칙성을 적용하여 다음을 할 수 있다.

- 왜 물에서 밀가루가 덩어리지는지 설명할 수 있다(소수성 상호작용).
- 비눗물로 접시의 기름때를 씻는 메커니즘을 설명할 수 있다(소수성 상호작용).
- 전하를 띠거나 자성을 가진 사물들이 어떻게 자기 조립하는지 예측할 수 있다.

(2) 학생들이 원자 구조에 대해서 학습한 후

- 전기력을 이용해서 분자 수준에서 자기 조립 현상을 기술한다.

학습 목표 2

구조, 조성, 운동, 구성 물질의 성질 및 자기 조립이 일어나는 환경 등의 여러 요인이 자기 조립에 영향을 미친다는 사실을 이해한다.

구체적인 선수 지식

- 자기 조립을 정의하고 자기 조립 과정의 사례를 제시할 수 있어야 한다.

(1) 학생들이 원자 구조에 대해서 학습하기 전

학생은 다음을 이해해야 한다.

- 자석은 다른 자석을 밀치기도 하고 끌기도 한다.
- 자석은 접촉하지 않고도 어떤 사물을 움직이게 한다.
- 모양은 물질이 어떻게 상호작용하는지에 영향을 준다. 하지만 모양을 퍼즐 조각에서의 모양으로 생각하기보다는 상호작용하는 표면적을 최대화하는 관점에서 생각해야 한다.

(2) 학생들이 원자 구조에 대해서 학습한 후

학생은 다음을 이해해야 한다.

- 나노 규모 또는 분자 규모의 사물 사이에는 여러 종류의 전기력이 작용한다(제7장 〈힘과 상호작용〉의 학습 목표 1 참조).
- 원자는 음의 전하에 둘러싸인 양의 핵으로 이루어져 있다.
- 전자는 원자 간 상호작용에 관계한다(제6장 〈물질의 구조〉의 학습 목표 1 참조).

학생들이 가질 수 있는 어려움과 오개념

제7장 〈힘과 상호작용〉의 학습 목표 2, 3, 4와 제6장 〈물질의 구조〉의 학습 목표 1 참조

학생들이 배워야 할 것

무엇인가를 성공적으로 만들기 위해서는 물질의 선택이 중요하다. 자기 조립에 사용될 물질을 평가할 때 몇 가지 특성이 고려되어야 한다. 조성과 구조는 구성 성분이 어떻게 상호작용할지 결정하며, 특정 물질은 주어진 조건에서 상호작용하기에 더 적합할 수 있다. 구성 성분들은 예측 가능하면서 조직화된 구조로 자기 조립하기 위해 구체적인 방법으로 상호작용해야 한다. 자기 조립하는 빌딩 블록들의 특성으로 인해 이런 방식의 상호작용이 가능하다(제7장 〈힘과 상호작용〉의 학습 목표 1, 2 참조).

빌딩 블록들이 자기 조립을 할 때 환경도 중요한 역할을 한다. 각 성분은 서로 가까이 움직일 수 있어야 하므로 온도, 압력, 각 성분의 농도 등과 같은 특성들은 자기 조립이 자발적으로 일어날지 또 어떻게 일어날지에 영향을 미친다. 나노 규모에서 열운동은 특히 중요한 역할을 한다. 극성이나 pH도 마찬가지이다. 예를 들면, 물에서 이온 간 상호작용은 공기 중이나 진공 상태일 때보다 물일 때 훨씬 더 약하고, 용액이 이온화된 염을 포함하고 있는 경우에는 더 약하다(제7장 〈힘과 상호작용〉의 학습 목표 3에서 자기 조립에 적용 부분을 참조).

초기 조건에서 작은 차이는 최종 현상에서 매우 큰 차이를 일으킬 수 있다.

–Henri Poincaré, 1908

학생들은 다음을 할 수 있다.

- 빌딩 블록 물질과 환경의 특성을 알아내고 평가하여, (1) 어떻게 빌딩 블록들이 조직화하여 자기 조립하는지 예측하고, (2) 왜 빌딩 블록들이 자기 조립하는지 설명할 수 있다.

학생들이 할 수 있는 수준은 선행 지식과 경험에 따라 다르다.

(1) 학생들이 입자 모델과 분자에 대해서 배우기 전

상호작용의 퍼즐 모델을 만들 수 있으며 왜 특정 퍼즐 조각들이 서로 맞춰지는지 설명할 수 있어야 한다.

수업에서 자기 조립은 다음과 같은 현상으로 나타낼 수 있다.

- 자석 사이의 상호작용 및 특이성. 초등학생은 자석의 상호작용 특이성을 알고 있다. 자석은 특정 물질만 끌어당기고, 자석끼리는 상호작용의 방향성이 있음을 알고 있다(AAAS, 1993).
- 비눗방울, 비눗방울에 갇힌 기름

학생들은 이런 현상들이 어떻게 일어나는지, 그리고 어떤 변수에 따라 조립과정이 일어나는지 정성적으로 설명할 수 있어야 한다.

(2) 학생들이 입자 모델과 분자에 대해서 배운 후

분자 수준에서 물질의 구조에 대해서 배웠다면, 학생들은 준-거시적 물질의 자기 조립을 다룰 수 있다. 예를 들면 다음과 같다.

- 눈송이는 왜 주로 육각형인지 설명할 수 있다(〈그림 10.1〉 참조).
- 비누의 친수성 부분과 소수성 부분은 물, 에탄올, 헥세인에서 어떻게 거동할지 예측할 수 있다.

학습 목표 3

자기 조립의 과정은 힘과 에너지 측면에서 설명될 수 있음을 이해한다.

구체적인 선수 지식

학생들은 다음을 이해해야 한다.

- 학습 목표 1, 2 참조
- 제6장 〈물질의 구조〉의 학습 목표 1 참조
- 제7장 〈힘과 상호작용〉의 학습 목표 1, 2, 3 참조

학생들이 가질 수 있는 어려움과 오개념

- 제7장 〈힘과 상호작용〉의 학습 목표 1, 2와 제6장 〈물질의 구조〉의 학습 목표 1 참조

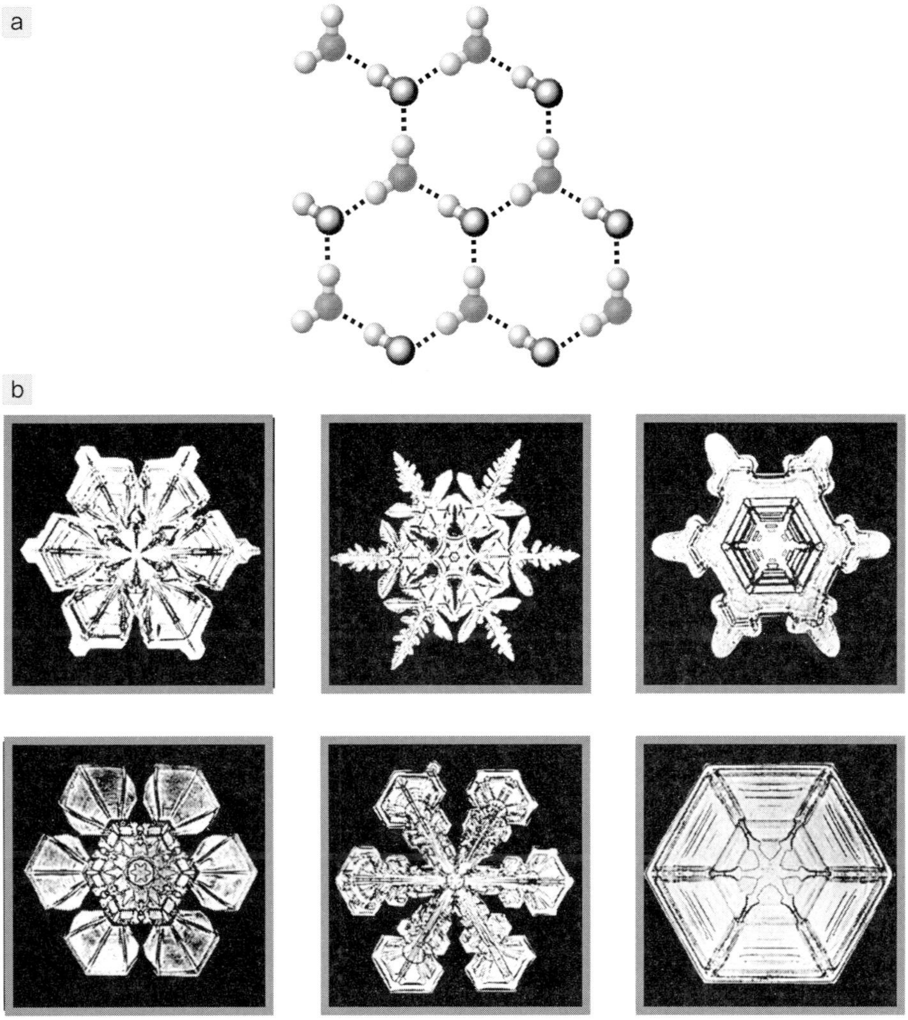

그림 10.1 (a) 구름 속에 온도와 압력 조건에서 물 분자는 응고하면서 육각형 패턴으로 결정화한다. 그림에서 점선은 수소 결합을 나타낸다. (b) 따라서 눈송이는 거의 언제나 육각형이다.

출처: 이미지는 MOLMOL(Koradi, Billeter, Wüthrhrich, 1996)을 이용해서 그렸다. 좌표는 *www.nyu.edu/pages/mathmol/library*에서, 눈꽃송이 이미지는 NOAA Photo Library에서 얻었다. 이미지 사진은 1902년 *Monthly Weather Review*를 위해 Wilson Bentley가 촬영하였다.

학생들이 배워야 할 것

자기 조립 과정에서 많은 빌딩 블록이 위치를 조정하는 상호작용이 일어난다. 이 과정이 자발적으로 진행되려면 초기 상태와 최종 상태 사이의 자유 에너지(ΔG) 변화가 음수여야 한다. 최종 조립을 구성하기 위해서는 결합하는 개체뿐만 아니라 빌딩 블록을 둘러싼 환경의 분자를 포함한 전체 시스템을 고려해야 한다(자기 조립 현상에 적용된 7장 〈힘과 상호작용〉의 학습 목표 참조).

Note 에너지 관점에서 시스템을 분석하는 것은 고급 개념으로, 고등학교 2학년 화학 또는 물리학 교과목이나 대학 학부 과정에 적절할 수 있다.

과학교육표준의 연결

자기 조립 이면에 있는 대부분의 과학 개념은 〈힘과 상호작용〉 빅 아이디어에 담겨있다. 더불어 자기 조립되는 빌딩 블록을 완전하게 이해해야 자기 조립 과정을 설명할 수 있으며, 〈물질의 구조〉 빅 아이디어에 담긴 개념과 연계할 때도 마찬가지이다. 하지만 자기 조립에만 고유하게 사용되는 아이디어도 존재한다. 〈표 10.1〉은 Benchmarks와 NSES에 기록된 과학교육표준 중 자기 조립과 관련된 것을 요약하였으며, 다른 빅 아이디어에서 도표화되지 않은 내용을 포함하고 있다.

과학교육표준에 없는 내용

자기 조립과 직접 관련된 표준은 없지만, 전기력, 상호작용, 시스템 등 자기 조립 과정에 관련된 여러 개념은 표준 문서에 제시되어 있다. 그럼에도 과학교육과정에는 공학과 기술에 구체적으로 관련된 개념이 종종 빠져 있다. 자기 조립을 통해 학생들은 조직화되고 고차적인 구조를 설명하거나 합성하기 위해 물질과 환경을 비판적으로 평가하는 설계하는 방법을 배울 수 있다.

자기 조립은 생명과학, 천체물리학, 지질학, 화학 등 과학의 많은 원리에 중요한 함의를 가진 보편적인 과정이다. 따라서 근본적인 개념인 힘, 상호작용, 에너지 등을 여러 원리와 연결할 수 있도록 해준다.

표 10.1 〈자기 조립〉 이해와 관련된 개념을 포함한 국가과학표준

내용 설명	표준
부분 또는 전체	
물질은 부분들이 모여서 만들어진다. 전체 물질의 기능 및 성질은 부분들의 기능 및 성질과 다를 수 있다.	*Benchmarks* 11A/1 K-2, p. 264 11A/3 K-2, p. 264
부분들의 관계는 전체의 작동에 영향을 미친다.	*Benchmarks* 11A/2 K-2, p. 264 11A/1 3-5, p. 265 11A/2 K-5, p. 264 11A/1 9-12, p. 266 *NSES* UCP[a] p. 116
원자의 배열과 거동은 더 큰 구조물의 특성을 결정한다(제6장 〈물질의 구조〉 참조).	*Benchmarks* 4D/7 9-12, p. 80 4D/8 9-12, p. 80 *NSES* PS-SPM[b] 9-12, p. 179
합성	
사물은 자연에서 만들어진 것과 합성하여 만들어진 것으로 분류된다.	*Benchmarks* 8B/2 3-5, p. 188 *NSES* ST[c] K-4, p. 188
물질 또는 구성 성분을 선택하는 것은 최종 생성물을 성공적으로 만드는 데 중요하다.	*Benchmarks* 8B/1 K-2, p. 188
대량 생산은 생성물을 만드는 데 매우 효과적인 방법이다.	*Benchmarks* 8B/4 3-5, p. 189
설계	
물질 설계 과정에는 많은 요인이 고려되어야 한다.	*Benchmarks* 8B/1 6-8, p. 190 8B/4 9-12, p. 191 *NSES* ST 5-8, p. 166
시스템	
시스템은 여러 다른 방법으로 조직화될 수 있다.	*Benchmarks* 11C/3 9-12, p. 275 *NSES* UCP, p. 116-117

[표 계속]

현상을 설명하기 위해서는 전체 시스템이 고려되어야 한다.	*Benchmarks* 11A/2 6-8, p. 265 11A/3 6-8, p. 265
평형	
평형 개념은 많은 현상을 설명하는 데 도움이 된다.	*Benchmarks* 11C/1 6-8, p. 274 11C/2 6-8, p. 274 11C/3 6-8, p. 274 11C/1 9-12, p. 275 11C/5 9-12, p. 275 *NSES* UCP, p. 118

[a] Unifying Concepts and Processes
[b] Physical Science – Structure and Properties of Matter
[c] Science and Technology

✚ 참고문헌

American Association for the Advancement of Science (AAAS). 1993. *Benchmarks for science literacy.* New York: Oxford University Press.

Koradi, R., M. Billeter, and K. Wuthrich. 1996. MOLMOL: A program for display and analysis of macromolecular structures. *Journal of Molecular Graphics* 14: 51–55.

National Research Council (NRC). 1996. *National science education standards.* Washington, DC: NRC.

Whitesides, G. M., and M. Boncheva. 2002. Beyond molecules: Self-assembly of mesoscopic and macroscopic components. *Proceedings of the National Academy of Sciences, U.S.A.* 99 (8): 4769–4774.

Whitesides, G. M., J. P. Mathias, and C. T. Seto. 1991. Molecular self-assembly and nanochemistry: A chemical strategy for the synthesis of nanostructures. *Science* 254: 1312–1326.

Chapter

11

도구와 장치

빅 아이디어

새로운 도구와 장치의 발달은 과학적 과정의 동력이 된다. 최근 전문화된 도구의 발달은 과학자들이 전례 없는 정밀도로 나노 물질을 조사, 조작, 측정, 제작, 탐지하도록 도왔고, 이로써 물질을 한층 높은 새로운 수준으로 이해할 수 있게 되었다.

과학자들에게 주어지는 도구는 무엇을 연구할 것인지를 결정한다. 따라서 새로운 도구가 개발되면 탐색과 조사를 위한 새로운 세상이 열리게 된다. 도구의 접근성이 높아질수록 새로운 질문과 이해가 늘어나는데, 이는 과학적 과정에 필수적이다. 나노 규모 세상에 더 다가가게 해주는 원자 힘 현미경, 전자 주사 현미경 등의 도구 개발로 나노과학기술 분야는 빠르게 발전하고 있다.

〈도구와 장치〉 빅 아이디어에 대한 네 가지 학습 목표가 있다. 학업 성취 등급과 과학 분야(화학, 물리학, 생명과학, 지구과학)에 따라 학습 목표의 다른 측면들에 집중할 필요가 있다. 본문에 제시된 순서는 교육과정에서 이 순서대로 배워야 한다고 제안하는 것은 아니다.

이 단원을 위한 일반적인 선수 지식

학생들은 학습 목표에 공통으로 포함된 특정 지식을 갖추어야 하며, 그 내용은 다음과 같다.

- 도구는 과학자가 세상을 탐색하고 조사하도록 해준다.
- 연구 중인 세상은 종종 너무 멀거나, 너무 작거나, 너무 빨라서 어떤 방식으로든 측정할 수 없는데, 이런 경우 인간의 오감만으로는 연구할 수 없다.
- 역사의 발전에 따라 도구와 장치는 과학자의 감각을 증강하도록 발전해왔다. 예를 들면, 망원경과 광학 현미경은 시력을 향상시킨다. 이러한 도구는 과학자들이 우주에 대한 더 정확한 묘사와 특성 파악, 궁극적인 이해를 가능하게 해주었다.
- 도구는 현상의 관찰과 측정에 있어 더 신뢰할 수 있고 재현 가능한 방법을 제공한다(예 자, 저울)
- 모든 도구는 한계가 있는데, 한계의 원인은 기술적인 이유일 수도 있고 조사하는 시스템의 문제일 수도 있다. 따라서 목적이 다르면 도구도 달라져야 한다.
- 주어진 현상을 조사하기 위해 알맞은 도구를 선택하는 것은 과학적 실행의 중요한 부분이다.
- 적절한 도구를 선택하기 위해서는 반드시 현상의 크기를 고려해야 한다. 그러기 위해서는 대상의 상대적 크기를 이해해야 한다. 특히, 거시적, 미시적, 나노, 원자 세계와 같이 크기의 범위에 의해 구성되는 '세상'을 정의하고 서로 간에 어떻게 관련되는지를 이해해야 한다(제5장 〈크기와 규모〉의 학습 목표 2 참조).
- 다른 규모에서 물질을 가시화하고 조작하기 위해서는 다른 도구를 사용한다.

학습 목표 1

나노 규모의 구조물은 광학 현미경으로 볼 수 없을 정도로 작기 때문에 나노 규모에서 감지, 측정, 조사하기 위해서는 특수한 도구가 필요하다.

구체적인 선수 지식

학생들은 다음을 이해해야 한다.

- 전자기파 스펙트럼은 넓은 파장 범위의 빛을 나타낸다. 전자기파 스펙트럼의 파장 범위는 감마선(10^{-12} m 이하)부터 라디오파(10^{-4} m)에 이른다. 가시광선은 매우 작은 스펙트럼 영역(400~700 nm 또는 4×10^{-7}~7×10^{-7} m)에 해당한다. 빛으

로는 볼 수 없는 대상을 연구하기 위해 다른 파장 영역의 전자기파를 사용할 수도 있다.

- 어떤 사물을 관찰하기 위해서는 사용하는 전자기파의 파장이 그 사물보다 작거나 비슷한 크기여야 한다.

학생들이 가질 수 있는 어려움과 오개념

- 학생들은 광학 현미경으로 원자와 분자를 볼 수 있다고 믿을 수 있다(Griffiths and Preston, 1992; Harrison and Treagust, 2002).

학생들이 배워야 할 것

나노 규모 사물은 너무 작아서 맨눈으로 볼 수 없다. 너무 작아서 보지 못하는 것을 관찰하기 위한 논리적인 접근법은 돋보기나 현미경을 사용해서 대상을 확대하는 것이다. 하지만 광학 현미경은 0.2 μm(2×10^{-7} m)보다 큰 사물만을 관찰할 수 있다. 빛의 굴절 현상 때문에 광학 현미경의 해상도는 사용하는 빛 파장의 반으로 제한된다. 가시광선의 파장은 400 nm(4×10^{-7} m)에서 700 nm(7×10^{-7} m) 사이에 해당한다. 그래서 광학 현미경으로 구별할 수 있는 사물의 가장 작은 크기는 200 nm(2×10^{-7} m)이다. 나노 규모는 1~100 nm(10^{-9}~10^{-7} m)로 정의되므로, 광학 현미경은 나노 규모 세상을 연구하는 데 적합하지 않다.

과학자들은 나노 규모의 물질을 탐색하기 위해 다른 도구를 사용해야 하는데, 작은 크기의 현상을 연구할 수 있도록 파장이 더 작은 전자기파를 사용하기도 한다. X-선을 사용하면 분자나 다른 작은 구조물의 구조를 결정할 수 있다. 원자의 직경이 대략 10^{-10} m인데 X-선의 파장은 대략 10^{-12}~10^{-9} m이므로, 원자를 구별할 수 있는 해상도를 갖는다.

전자 주사 현미경(scanning electron microscope, SEM)과 같은 도구들은 전자 빔을 사용하여 시료의 표면을 주사한다. 주사한 전자가 시료 표면에서 산란되어 돌

아오는 것을 측정하는데, 해상도가 1 nm에 이르는 높은 해상도를 가지며 3차원 이미지도 형성할 수 있다. 주사 탐침 현미경(scanning probe microscope, SPM)은 시료를 주사하기 위해 물리적인 탐침을 사용한다. 점자책을 손가락으로 읽는 것처럼(〈그림 3.3〉 참조), 이 도구는 매우 미세하고 뾰족한 침을 시료 표면에 주사하여 접촉하는 감각을 증강시킨다. 이 방식으로 SPM은 표면의 이미지를 생성한다. 이 현미경은 원자 크기보다 작은 분해능을 갖는다. 시료의 성질이 다른 경우에는 탐침의 종류를 달리해서 표면의 정보를 얻을 수 있다. 가장 보편적인 SPM으로 원자 힘 현미경(atomic force microscope, AFM)과 주사 터널링 현미경(scanning tunneling microscope, STM[25])이 있다. AFM은 원자 내 힘 또는 원자 간 힘을 검출하고, 주사 터널링 현미경은 시료에 흐르는 터널링 전류를 검출한다(제1장 〈양자 효과〉의 STM 내용 참조). 다른 탐침을 사용하여 자기력의 크기와 방향을 측정하거나 열전도도를 측정하기도 한다.

이 학습 목표의 내용은 어떤 분야에서 도입되는가에 따라 달라진다. 몇 가지 가능성 있는 학습 성과는 다음과 같다.

- 일반적으로 사용하는 측정 도구(예 저울, 눈금실린더, 자)의 쓰임과 한계를 기술한다.
- 작아서 눈으로 잘 보이지 않는 현상을 관찰하고 측정하는 도구(예 돋보기, 광학 현미경)의 한계를 기술한다.
- 높은 해상도로 이미지를 만들 수 있는 탐침을 설계한다.

학생들은 다음 질문에 답할 수 있다.

- 탐침의 크기가 측정의 정밀도와 정확도에 어떻게 영향을 미치는가?

25 STM의 기능을 설명하는 배경 개념으로 양자 역학 개념은 과학고 학생들에게 적절할 것이다.

학습 목표 2

과학자와 공학자는 나노 규모의 구조물을 조작, 분리, 합성하는 특수한 도구와 기술을 개발해왔다.

구체적인 선수 지식

- 이 장의 학습 목표 1 참조

학생들이 가질 수 있는 어려움과 오개념

- 학생들은 너무 작아서 볼 수 없는 것들을 다룰 수 있을 만큼 작은 도구는 존재하지 않는다고 생각할 수 있다.

학생들이 배워야 할 것

벽돌로 구조물을 만들 때 손을 쓰면 쉽게 할 수 있다. 만약 빌딩 블록이 철강 빔이나 콘크리트 블록처럼 크다면 특수한 도구나 기계를 사용해서 블록을 조작한다. 마찬가지로 빌딩 블록이 너무 작으면 특수한 도구가 있어야 블록을 원하는 방식으로 조작할 수 있다. 모래 알갱이를 정밀하게 줄 세우려면 족집게가 필요한 것처럼 말이다.

나노 규모의 사물을 조작하는 것은 더욱더 어렵다. 새로운 도구와 기술로 과학자와 공학자는 나노 규모에서 생산적이고 효율적으로 작업을 하며, 물질의 빌딩 블록을 정교하게 조절한다. 〈그림 11.1〉은 주사 터널링 현미경 도구를 사용해서 철 원자를 관찰한 것이다. 이 사례는 도구를 사용해서 개별 원자를 분석할 수 있음을 보여준다. 과학자와 공학자는 주사 터널링 현미경 및 다른 도구를 사용해서 나노 규모의 물질을 분석하고 조작한다.

궁극적으로 학생들은 다음을 할 수 있다.

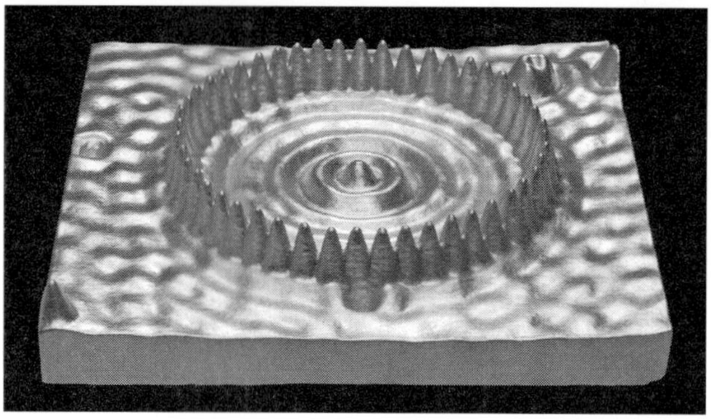

그림 11.1 철 원자의 관찰

출처: Julian Voss-Andreae, Wikimedia Commons

- 작은 사물을 다룰 때 왜 특수한 도구가 필요한지 설명할 수 있다.
- 나노 규모의 물질을 설계하거나 가공하거나 조작할 때 어떤 어려움이 있는지 기술하고, 이 어려움을 극복하도록 한 도구의 사례를 제시할 수 있다.

학습 목표 3

나노 규모 세상은 언제나 존재했지만, 과학자와 공학자는 이를 연구하거나 새로운 나노 규모의 구조물을 만들지 못했다. 하지만 기술이 발달하면서 이를 가능하게 하는 특수하고 섬세한 도구를 개발할 수 있게 되었다.

구체적인 선수 지식

- 이 장의 학습 목표 1 참조

학생들이 가질 수 있는 어려움과 오개념

- 나노 규모의 사물과 원자를 광학 현미경으로 관찰하고 측정할 수 있다고 믿을

수 있다(Griffiths and Preston, 1992; Harrison and Treagust, 2002).

학생들이 배워야 할 것

역사를 통틀어 도구의 개발은 과학 지식의 엄청난 도약을 촉발했다. 망원경은 지구를 넘어 우주 시대를 열었고, 광학 현미경은 살아있는 유기체의 구조와 기능을 이해하는 근본적인 변화를 이끌었다. 이처럼 나노세계는 엄연히 존재함에도 불구하고 알려진 것이 거의 없었지만, 도구가 개발되면서 이 세계를 연구할 수 있게 되었다.

한 가지 예로, 단백질은 나노 규모의 물질로서 모든 유기체의 생존에 필요한 엄청나게 많은 기능을 수행해왔다. 18세기에 단백질은 특별한 특성을 가진 생물학적 물질로 알려져 있었다. 19세기 중반에 와서 과학자들은 단백질이 탄소, 질소, 수소, 산소, 그리고 소량의 인과 황으로 구성됨을 알게 되었다. 그리고 20세기 중반에 이르러서야 단백질이 아미노산의 사슬로 이루어져 있다는 사실을 밝혀냈다. 1960년대에 X-선 결정학을 통해 단백질의 구조를 원자 수준의 고해상도로 얻을 수 있었다. 단백질의 구조가 결정되자 단백질이 어떻게 기능을 하는지에 대한 엄청난 통찰력들이 생겨났다. 최근에는 저온 전자 현미경과 원자 힘 현미경 같은 새로운 도구로써 원자 크기의 해상도를 갖는 측정이 가능해졌으며, 덕분에 단백질의 구조와 기능 사이의 관계를 이해할 수 있게 되었다. 단백질의 구조와 기능에 대한 연구를 통해 과학자들은 생명을 유지하는 중요한 생화학 과정을 더 잘 이해해 가고 있다.

원자 힘 현미경, 주사 터널링 현미경 등 주사 탐침 현미경의 개발로 나노 규모에 대한 접근이 이전보다 수월해졌고 과학자와 공학자가 나노 물질을 관찰, 측정, 조작, 가공할 수 있게 되었다. 이러한 도구들은 나노과학기술 혁명의 진보 이면에 숨은 원동력이다.

이 장의 학습을 통해서 학생들은 다음을 할 수 있다.

- 특정한 도구와 기술을 사용하여 현상을 관찰, 측정할 때의 장단점을 평가할 수 있다.
- 직접 측정과 간접 측정의 차이를 설명할 수 있다.

학생들은 다음 질문을 탐색할 수 있다.

- 볼 수 없다면, 그것이 있다는 사실을 어떻게 알 수 있는가?
- 기술과 과학적 진보는 어떤 관계가 있는가?
- 새로운 도구의 발전이 물질의 구조와 거동에 대한 과학적 모델 형성에 어떤 영향을 주었는가?

이 질문들은 분야에 따라 다른 현상에 적용될 수 있다(예 생명과학에서는 단백질, DNA, 리보솜을 포함하고, 화학에서는 표면, 결정 구조를 포함할 수 있다).

또 학생들은 (1) 과학적 현상을 연구하게 하는 도구, (2) 도구로 수행한 관찰과 측정, (3) 과거와 현재 알려진 현상에 대한 모델 사이의 관계를 설명할 수 있어야 한다.

학습 목표 4

나노 규모의 구조물을 연구하고 조작하는 도구는 전기력으로 개별 원자 또는 나노 규모 입자들과 상호작용한다.

구체적인 선수 지식

학생들은 다음을 이해해야 한다.

- 제7장 〈힘과 상호작용〉의 학습 목표 1 참조
- 제6장 〈물질의 구조〉의 학습 목표 1 참조

주사 터널링 현미경의 메커니즘을 이해하기 위해 학생들은 양자 역학의 일부 개념을 알아야 한다(제8장 〈양자 효과〉의 학습 목표 1).

학생들이 가질 수 있는 어려움과 오개념

학생들은 다음과 같은 오개념을 가질 수 있다.

- 주사 탐침 현미경이 광학 현미경과 비슷한 방식으로 작동한다.
- 주사 탐침 현미경으로 생성된 이미지는 광학 현미경으로 무엇인가를 '보는 것'과 같다(Harrison and Treagust, 2002).

학생들이 배워야 할 것

주사 탐침 현미경의 개발로 과학자와 공학자는 이전에는 할 수 없었던 작은 규모에서 물질을 연구하고 조작하게 되었다. 광학 현미경이 작은 사물을 확대하여 시각의 범위를 확장한 것이라면, 주사 탐침 현미경은 촉각의 범위를 확장한 것이다. 이 현미경은 시료와 직접 상호작용하면서 표면의 이미지를 만든다. 탐침의 크기는 측정 해상도를 결정한다. 따라서, 나노 규모의 사물을 관찰하고 측정하려면 SPM의 탐침은 나노 규모 또는 그보다 작아야 한다.

가장 많이 사용되는 주사 탐침 현미경인 원자 힘 현미경과 주사 터널링 현미경은 전기력으로 시료와 상호작용하는데, 나노 규모나 원자 규모의 사물 사이에서는 중력보다 훨씬 세기가 크다. 원자 힘 현미경은 끝의 반경이 10 nm보다 뾰족한 금속 탐침을 사용하는데, 끝이 원자 하나일 수도 있다(Hembacher, Giessibl, and Mannhart, 2004). 이 탐침은 시료 표면을 주사하고 표면과 탐침 사이에 작용하는 원자 간 힘과 분자 간 힘을 검출하여 이미지를 형성한다. 따라서 원자 힘 현미경은 원자 크기의 해상도로 표면을 측정할 수 있고, 원자 크기 이하의 특징을 구별하기도 한다.

(1) 학생들이 원자 구조에 대해서 배우기 전

- 나노 규모에서 일어나는 상호작용은 전기력이 지배적이다(제7장 〈힘과 상호작용〉 참조).

(2) 학생들이 원자 구조에 대해서 배운 후

- 화학 결합을 지배하는 전기력과 시료를 관찰할 때 원자 힘 현미경이 사용하는 전기력을 관련지어 생각할 수 있다.

과학교육표준의 연결

학생들은 저학년 때부터 사람의 능력에는 한계가 있기에 도구를 사용해야 작업이 더 수월해지고 또 어떨 때는 도구를 사용해야만 한다는 사실을 배운다. 더불어 도구는 사물을 만드는 데만 사용하는 것이 아니라 사물을 더 잘 이해하기 위한 연구에도 사용한다는 사실을 알게 된다. 〈도구와 장치〉에 관련된 과학교육표준은 〈표 11.1〉에 요약되어 있다.

과학교육표준에 없는 내용

교육과정표준에서 현상을 연구할 때 도구 사용의 중요성을 논의하지만, 규모와 연결하여 명시적으로 제시하지는 않고 있다. 과학자들은 탐색에 사용할 도구로 현상의 규모를 정의하곤 하는데(예 마이크로 규모를 관찰하기 위해서는 광학 현미경이 필요), 이처럼 학생들이 규모와 연결해서 현상을 관찰할 도구를 선택하는 것이 중요하다.

도구는 과학과 기술의 진보에 중요한 역할을 함에도 과학교육표준에서는 어떤 도구가 어떠한 역할을 하는지 명시적으로 논의하지 않고 있다. 나노과학기술 분야 과학자와 교육자는 학생들이 주사 탐침 현미경으로 이미지 형성하는 방법을 배우는 것에 중점을 두고 있다(이 장의 학습 목표 4 참조). 이것을 강조한다면 다음과 같은 질문을 할 수 있다: 다른 도구의 작동법도 교육과정에 포함해야 할까? 아니면 도구와 과학기술 진보 사이의 관련성만 강조해야 할까? 이는 나노과학기술뿐만 아니라 다른 학문 영역에서도 논의가 필요한 질문들이다.

표 11.1 〈도구와 장치〉와 관련된 과학교육표준의 요약

내용 설명	표준
부분 또는 전체	
도구는 인간의 능력을 확장한다.	*Benchmarks* 8B/3 K-2, p. 188 3A/1 K-2, p. 44 6A/2 3-5, p. 129 3A/2 3-5, p. 45 3A/3 3-5, p. 45 3A/4 3-5, p. 45 *NSES* SI[a] K-4, p. 123 SI 5-8, p. 148 SI 9-12, p. 176
기술은 항상 진보하고 있고, 이는 도구의 개발에 영향을 미친다.	*Benchmarks* 3A/1 3-5, p. 45
새롭고 더 좋은 도구는 제조하는 물품의 생산 효율, 질, 양을 향상하는 데 기여한다.	*Benchmarks* 8B/1 9-12, p 191
과학과 기술 사이의 관련성	
과학과 기술은 종종 서로를 견인한다.	*Benchmarks* 3A/2 6-8, p. 46 3A/3 6-8, p. 46 3A/1 9-12, p. 47 *NSES* ST-UST[b] 9-12, p. 192

[a] Science as Inquiry
[b] Science and Technology – Understandings About Science and Technology

✚ 감사의 글

이 장을 읽고 도움이 되는 논의를 해준 César Delgado에게 저자들은 감사를 표한다.

✚ 참고문헌

American Association for the Advancement of Science (AAAS). 1993. *Benchmarks for science literacy*. New York: Oxford University Press.

Griffiths, A. K., and K. R. Preston. 1992. Grade 12 students' misconceptions relating to fundamental characteristics of atoms and molecules. *Journal for Research in Science Teaching* 29 (6): 611–628.

Harrison, A. G., and D. F. Treagust. 2002. The particulate nature of matter: Challenges in understanding the submicroscopic world. In *Chemical education: Towards research-based practice*, ed. J. K. Gilbert, O. De Jong, R. Justi, D. F. Treagust, and J. H. Van Driel. Dordrecht, The Netherlands: Kluwer Academic Publishers.

Hembacher, S., F. J. Giessibl, and J. Mannhart. 2004. Force microscopy with light-atom probes. *Science* 305: 380–383.

National Research Council (NRC). 1996. *National science education standards*. Washington, DC: NRC.

Chapter

12

모델과 시뮬레이션

빅 아이디어

> 과학자들은 모델과 시뮬레이션을 사용하여 사물, 물질, 과정, 시스템을 포함한 현상에 대한 구조, 성질, 거동을 가시화하고, 설명하고, 예측하고, 가설을 세운다. 나노 규모 사물은 극히 작고 복잡하므로 모델과 시뮬레이션은 나노 규모 현상을 연구하고 설계하는 데 유용하다.

모델과 시뮬레이션은 과학적 과정 전반에 걸쳐 사용된다. 모든 과학 분야에서 중요하므로, 학생들은 과학 교육과정 전반에 걸쳐 모델과 시뮬레이션에 관련된 지식과 기술을 익혀야 한다. 나노 규모 현상의 크기와 복잡성으로 인해 학생들이 NSE에 대한 개념적 이해를 형성하려면 모델과 시뮬레이션의 도움을 받아야 한다.

학생들은 이 빅 아이디어를 위해 두 가지 광범위한 학습 목표에 대한 이해를 키워야 한다. 유사한 학습 목표는 과학 과정의 많은 맥락에 적용될 수 있다.

이 단원을 위한 일반적인 선수 지식

학생들은 학습 목표에 공통으로 포함된 특정 지식을 갖추어야 하며, 그 내용은 다음과 같다.

- 모델은 사물, 과정, 시스템 등 특정 대상을 나타내는 표상이다.
- 모델은 대상에 접근하기 어려울 때 종종 사용된다.
- 어떤 경우에는 모델을 통해 대상의 특성을 더 잘 나타낼 수 있다.
- 모델은 대상과 반드시 비슷하게 생겨야 하는 것은 아니다.
- 실제 데이터에 대한 모델의 예측을 테스트하여 모델이 유용한지 평가한다. 필요하다면 모델이 현상을 설명하고 예측하는 것을 신뢰할 수 있을 때까지 모델을 다시 정의하고 테스트를 반복한다.

학습 목표 1

모델은 정확성과 유용성에 한계를 가진다. 나노, 분자, 원자 규모 현상의 특정 성질을 잘 드러내기 위해 만든 특정 모델이 다른 특성은 정확하게 나타내지 못할 수 있다.

구체적인 선수 지식

- 제6장 〈물질의 구조〉의 학습 목표 1 참조
- 전기력과 여러 종류의 상호작용에 대한 지식을 가져야 한다. 이 지식은 나노 규모 또는 원자 규모 모델을 평가하는 데 필요하다(제7장 〈힘과 상호작용〉의 학습 목표 1 참조).

학생들이 가질 수 있는 어려움과 오개념

학생들은 다음과 같은 오개념을 가질 수 있다.

- 모델이 실제 대상과 똑같이 생겼고 크기만 더 크거나 작다고 생각할 수 있다 (Grosslight et al., 1991; Justi and Gibert, 2002).

- 하나의 대상에 대한 정확한 모델은 하나만 존재한다고 생각할 수 있다(Grosslight et al., 1991).

학생들이 배워야 할 것

어떤 대상을 나타낼 때 다른 여러 모델이 유용할 수 있다. 각 모델이 대상의 다른 측면들을 더 정확하게 나타낼 수 있다. 모델의 사용 목적에 따라 대상의 어떤 측면을 강조하고 어떤 측면은 덜 부각할지 결정한다. 예를 들면, 분자를 놓고 볼 때 여러 가지 다른 모델이 유용하다(〈그림 12.1〉). 루이스 구조는 화학적 조성과 단일 결합, 이중 결합, 삼중 결합 등 결합의 특성을 알려준다. 공-막대 모델(ball and stick model)은 원자의 종류와 배치를 명확하게 나타내지만, 원자의 상대적인 크기나 원자 간 거리에 대해서는 알려주지 않는다. 공간 충진 모델(space-filling model)은 원자의 상대적인 크기와 거리를 잘 나타내지만, 다중 결합 등 결합 특성은 명확하지 않다. 또 더 복잡한 분자에서 원자 전체의 배열과 조성을 완전히 이해하기는 어렵다. 루이스 전자 점 구조의 경우 원자 간의 상호작용 방식은 나타낼 수 있지만 구성 원자들의 다른 물리적 특성은 나타내지 못한다.

모델과 시뮬레이션은 모든 과학 영역에 대한 이해를 발전시키는 데 중요한 역할을 한다. 주어진 현상을 연구할 때, 학생들은 다음을 수행할 수 있어야 한다.

- 모델과 시뮬레이션을 언제 사용하는 것이 유용하고, 또 왜 사용하는지 설명할 수 있다.
- 모델과 시뮬레이션이 과학과 기술의 진보에 어떠한 기여를 했는지 설명할 수 있다.

그림 12.1 일산화 탄소(CO)에 대한 여러 가지 표상. (a) 루이스 구조 (b) 루이스 전자점 구조 (c) 공-막대 구조 (d) 공간 충진 구조

- 한 대상을 나타내는 데 여러 모델을 사용하는 것이 언제 그리고 왜 유용한지 설명할 수 있다.
- 어느 대상의 여러 측면을 나타내는 모델 중 어느 것이 더 좋은지 평가하고 판단할 수 있다.
- 어떤 목적에서 주어진 대상을 나타내는 데 어떤 모델이 가장 적절한지 평가하고 판단할 수 있다.
- 모델은 언제 그리고 왜 수정이 가능한지 설명할 수 있다.

학생들이 원자 구조에 대한 모형을 알기 전이라면 교실에서 소개되는 과학적 현상과 관련하여 학습 목표 1의 주제를 생각해 볼 수 있다. 원자 구조에 대한 모형을 배운 후라면 원자나 분자뿐만 아니라 나노 규모 대상에 대해 생각해 볼 수 있다. 물질의 거동을 설명하기 위해 양자 역학 모델과 고전 모델을 비교하여 평가할 수도 있다.

학습 목표 2

물리적 모델, 컴퓨터 모델, 수학적 모델 등 다양한 모델을 사용하여 거시적, 미시적, 나노 규모에서 물질의 구조와 거동에 대해 이해하고, 예측하고, 질문을 생성한다.

구체적인 선수 지식

- 이 장의 학습 목표 1 참조
- 이 아이디어를 나노 규모 현상에 적용하기 위해 학생들은 제6장 〈물질의 구조〉의 학습 목표 1에 기술된 원자 구조를 이해해야 한다.

학생들이 가질 수 있는 어려움과 오개념

학생들은 다음과 같은 어려움을 가질 수 있다.

- 모델은 사실 그 자체를 나타낸다고 생각할 수 있다. 모델과 시뮬레이션이 과학 탐구 과정에서 기여하는 중요한 역할을 잘 이해하지 못할 수 있다(Treagust, Chittleborough, and Mamiala, 2002; Grosslight et al., 1991).
- 모델이 실제 대상보다 크거나 작을 수는 있지만 대상과 똑같이 생겼다고 생각할 수 있다(Treagust, Chittleborough, and Mamiala, 2002).
- 모델은 만져지는 것이라고 여길 수 있다. 모델이 수학이나 컴퓨터나 심벌을 사용한 형태일 수 있다는 것을 깨닫지 못할 수 있다(Grosslight et al., 1991).
- 주어진 대상에 대한 모델은 한 가지뿐이라고 생각할 수 있다(Grosslight et al., 1991).

학생들이 배워야 할 것

과학자들은 세상을 설명하기 위해 모델과 시뮬레이션의 도움을 받는다. 예를 들면, 모델과 시뮬레이션은 어느 대상의 구조 또는 기능에 대한 해석을 발전시키고, 이미 있던 대상의 기능을 향상하거나 새로운 대안을 디자인할 때의 의사결정에 도움을 준다. 모델은 여러 형태를 띨 수 있다. 모델은 만져지거나 조작할 수 있는 물리적 형태일 수도 있고, 컴퓨터를 활용한 형태이거나 정적인 형태, 동적인 형태일 수도 있다. 하나의 주어진 대상을 표상하는 모델은 여러 가지일 수 있는데, 각각은 대상의 다른 측면을 강조하거나 묘사한다. 그래서 하나의 모델은 대상의 어떤 측면을 강조할 것인지에 대한 타협점이다. 모델의 목적에 따라 모델의 형태와 유용성이 결정된다.

모델은 대상의 구조나 기능을 설명할 뿐 아니라, 그 대상이 어떻게 거동할 것인지의 예측에도 사용된다. 예를 들면, 과학자들이 새로운 구조나 시스템, 또는 과정을 만들 때 이 일이 성공할지 실패할지 예측하는 데 모델의 도움을 받을 수 있다. 모델과 시뮬레이션을 활용해서 제안한 대상이 어떻게 거동할지, 다른 반응 조건에서 어떻게 반응할지 탐색한다. 이런 방식으로 과학자와 공학자는 최종 생성물의 특성과 거동을 예측할 수 있다. 따라서 모델링과 시뮬레이션은 설계와 합성과 같은 기술 발전의 핵심적인 부분이다. 나노과학기술 영역에서 모델과 시뮬레이션을 활용하는 사례로 자기 조립 과정에서 빌딩 블록이 어떻게 상호작용하는지 예측하는 것을 들 수

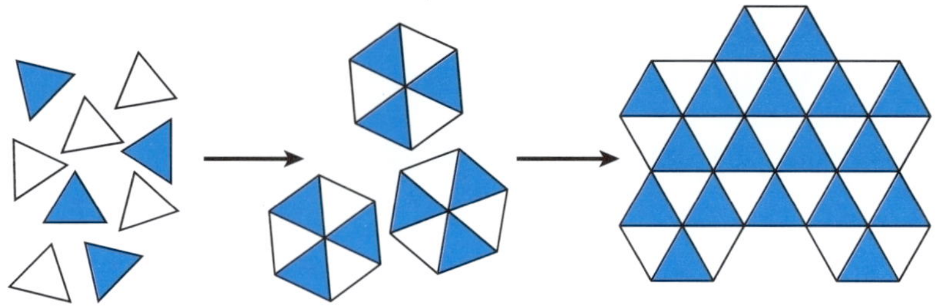

그림 12.2 자기 조립 과정의 묘사. 파란 조각은 흰 조각 옆에 있어야 하고, 흰 조각은 파란 조각 옆에 있어야 한다.

있다. 〈그림 12.2〉는 한 세트의 물질들이 자기 조립하는지를 예측하는 간단한 모델을 나타낸다.

모델은 사실과 같지 않고, 새 증거에 따라 항상 재검증되며, 새로운 지식이 적용됨에 따라 변화하고 진화한다. 다음은 과학 모델의 변화에 따른 최근 사례로서, 교실에서 논의하기 좋은 주제들이다.

- 명왕성은 최근 행성에서 왜행성으로 재분류되었다(Vedantam, 2006).
- 어떤 공룡은 온혈로 추측되는데, 이 때문에 공룡을 파충류로 분류하는 것이 옳은지 의문이 제기된다(Fisher et al., 2000).
- 전도도나 녹는점과 같은 세기 성질은 전통적으로 양에 따라 변하지 않는 특성이라고 정의되었지만, 나노 규모로 물질의 크기 또는 양이 줄어들면 세기 성질이 변한다. 따라서 물질의 거동에 대한 공인된 모델이 변한다.

학생들은 다음을 수행할 수 있어야 한다.

- 어느 대상의 여러 측면을 설명하기 위해 적절한 모델을 구성하고 선택할 수 있다. 학생들은 모델의 목적, 한계와 더불어 어떤 측면을 강조하는지, 어떤 측면은 왜 강조하지 않는지, 그리고 다소 정확하게 표상된 측면은 어디인지 등을 논의해야 한다.
- 기계, 도구, 과정 등 여러 산출물을 디자인하는 데 도움을 주는 모델을 만들고

사용할 수 있다(필요하면 적절한 시뮬레이션도 포함한다). 설계 과정에서 모델이 어떻게 중요한지 설명할 수 있어야 한다. 학생들이 판단할 때는 모델의 목적, 한계, 강조된 부분, 소홀히 다루어진 부분, 정확히 표상된 부분 등을 논의해야 한다.

과학교육표준의 연결

Benchmarks와 NSES에서 모델은 과학 문헌의 중요한 개념으로 고려된다. Benchmarks에서는 모델이 한 영역에 국한되지 않고 과학, 수학, 공학, 그 이외의 영역에까지 확장되는 '공통의 주제'로 지정한다. 마찬가지로 NSES에서 모델을 과학에서 '통합적인 개념과 과정' 중 하나로 논의한다(NRC, 1996, p. 117). 또 NSES에서는 모델을 과학과 과학 탐구의 본성에 연결하는데, 모델 또는 설명을 형성하는 것을 학생들의 학습 목표로 삼고 있다.

많은 표준들이 모델과 모델링에 연관되어 있다. 학생들은 초등학교에서 고등학교로 넘어오는 과정에서 모델이 무엇인지, 무엇에 사용하는지, 어떻게 활용하는지, 주어진 모델의 한계는 무엇인지를 알아가게 된다. '모델과 시뮬레이션'에 관련된 과학교육표준은 〈표 12.1〉에 요약되어 있다.

과학교육표준에 없는 내용

두 표준 문서 모두 모델과 모델링이 과학적 과정의 모든 측면에서 수행하는 중심적인 역할을 논의하지만, 과학 수업에서는 이 주제를 소홀히 다룬다. 예를 들면, 화학을 공부할 때는 거시적 현상, 기호적 표상, 미시적 구조의 다양한 구조 모델 사이를 자유롭게 넘나들 수 있어야 한다. 하지만 아직은 학생들이 여러 표상을 넘나들며 이해하기를 힘들어한다는 연구들이 있다(Kozma and Russel, 1997). 모델과 내용 사이의 연결을 학생들이 더욱 명확하게 할 수 있도록 모델과 관련된 영역 특이적 학습 목표가 개발되어야 한다. 모델의 사용은 나노과학기술에서 특히 중요한데, 그

기나 복잡성 때문에 나노 규모 현상에 대한 접근성이 낮기 때문이다.

교실에서는 모델과 모델링의 교육적 힘이 과소평가 되는 경향이 있다. 학생들에게는 모델을 주로 과학적 아이디어를 나타내는 표상으로 제시하는데, 이 때문에 학생들은 모델을 과학적 법칙이나 사실 등을 표현하는 방식으로, 더 나쁘게는 현상 자체로 받아들이게 된다. 하지만 모델과 시뮬레이션은 과학 과정에서 중요한 역할을 한다. 과학자는 모델과 시뮬레이션을 이용하여 넓은 범위의 대상들에 대한 구조, 물성, 거동을 가시화, 설명, 예측하고 가설을 세운다. 과학자들은 과학 과정에서 모델을 만들고 사용한다. 모델과 모델링은 과학의 본성 그 자체라 할 수 있으며, 학생들도 모델과 모델링에 대한 지식과 기술을 익혀서 나노과학기술 및 다른 과학 내용 관련 지식을 발전시킬 수 있어야 한다.

표 12.1 〈모델과 시뮬레이션〉과 관련된 과학교육표준의 요약

내용 설명	표준
모델의 사용	
모델은 현상을 학습하는 데 도움을 준다.	*Benchmarks* 11B/2 K-2, p. 268 11B/3 K-2, p. 268 11B/1 3-5, p. 268
모델을 이용하면 접근할 수 없는 현상을 다룰 수 있다.	*Benchmarks* 11B/*1* 6-8, p. 269
같은 현상을 표상하기 위해 복수의 모델이 사용될 수 있다. 사용하는 모델은 목적에 따라 다르다.	*Benchmarks* 11B/3 6-8, p. 269 9C/4 9-12, p. 225
대상을 관찰한 결과에 모델을 비교하여 모델의 유용성을 평가할 수 있다.	*Benchmarks* 11B/3 9-12, p. 270
모델의 종류	
모델은 다양한 형태로 나타난다(예 그림, 물리적인 형태, 수학적 표상). 모델은 대상과 같은 모양일 필요는 없다.	*Benchmarks* 11B/1 K-2, p. 268 11B/2 3-5, p. 268 11B/2 6-8, p. 269 9C/4 3-5, p. 223 9C/3 9-12, p. 225

[표 계속]

수학적 모델은 과학 현상을 사고할 때 가치 있는 도구이다. 다른 모델처럼 수학적 모델도 장점과 한계를 갖는다.	*Benchmarks* 2A/1 3-5, p. 27 2C/1 6-8, p. 37 2C/2 6-8, p. 37 11B/1 9-12, p. 270 9B/3 9-12, p. 220 2B/1 9-12, p. 33 2C/2 9-12, p. 38 *NSES* SI[a] 5-8, p. 145 SI 9-12, p. 175
그래프, 차트, 표는 데이터 및 관계를 나타내는 다른 방법이다. 데이터를 이해하고, 예측하고, 패턴을 찾는 데 유용할 수 있다.	*Benchmarks* 9C/3 3-5, p. 223 9B/2 3-5, p. 218 9B/3 6-8, p. 210 9C/4 6-8, p. 224 9B/4 9-12, p. 221
컴퓨터는 모델을 만들고 사용하는 역할을 한다. 모델을 컴퓨터 화면에 나타낼 때 유용하다.	*Benchmarks* 11B/2 6-8, p. 269 11B/2 9-12, p. 270
시뮬레이션	
모델과 시뮬레이션은 새 생성물을 설계할 때 유용하고, 새로운 물질 및 시스템 합성과 관련된 요인에 대한 의사결정을 할 때 도움이 된다.	*Benchmarks* 2B/1 9-12, p. 33

[a] Science as Inquiry

✚ 감사의 글

이 장을 읽고 도움이 되는 논의를 해준 Harry Short에게 저자들은 감사를 표한다.

✚ 참고문헌

American Association for the Advancement of Science (AAAS). 1993. *Benchmarks for science literacy*. New York: Oxford University Press.

Fisher, P. E., D. A. Russell, M. K. Stoskopf, R. E. Barrick, M. Hammer, and A. A. Kuzmitz. 2000. Cardiovascular evidence for an intermediate or higher metabolic rate in an ornithischian dinosaur. *Science* 288: 503–505.

Grosslight, L., C. Unger, E. Jay, and C. Smith. 1991. Understanding models and their use in science: Conceptions of middle and high school students and experts. *Journal of Research in Science Teaching* 28 (9): 799–822.

Justi, R. S., and J. K. Gilbert. 2002. Modelling, teachers' views on the nature of modelling, and implications for the education of modellers. *International Journal of Science Education* 24 (4): 369–387.

Kozma, R. B., and J. Russell. 1997. Multimedia and understanding: Expert and novice responses to different representations of chemical phenomena. *Journal of Research in Science Teaching* 34 (9): 949–968.

National Research Council (NRC). 1996. *National science education standards.* Washington, DC: National Academy Press.

Treagust, D. F., G. Chittleborough, and T. L. Mamiala. 2002. Students' understanding of the role of scientific models in learning science. *International Journal of Science Education* 24 (4): 357–368.

Vedantam, S. 2006. "For Pluto, a smaller world after all." *Washington Post*, Aug. 25.

Chapter

13

과학, 기술, 그리고 사회

빅 아이디어

과학의 진보는 사물이 어떻게, 그리고 왜 작용하는지에 대한 해설을 개발하고, 목적을 달성하거나 문제를 해결하기 위해, 또는 사회적 관심사에 던진 질문의 해답을 찾기 위해 기술을 활용하여 그 지식을 적용하는 것을 포함한다. 나노 기술은 신흥 과학이므로, 과학적 진보와 신기술 사용 방법에 대한 의사결정에 적극적으로 참여할 기회를 제공한다.

나노과학기술은 '만드는 과학'으로 학생들에게 과학의 역동성 본질을 설명하기 위해 사용할 수 있다(Samalley, 2005). 추상적이고 역사적인 방식으로 과학을 경험하는 대신, 나노과학기술을 통해 학생들은 과학자와 엔지니어의 진보와 투쟁을 실시간으로 목격할 수 있다. 학생들은 나노 기술이 대중매체에 제시된 약속에 얼마나 잘 부합하는지, 그리고 매체가 얼마나 정확하게 과학기술을 사회에 제시했는지 평가할 수 있다.

나노과학기술은 학생들에게 과학과 기술의 과정과 사회와의 관계에서 적극적인 역할을 할 수 있는 기회를 제공한다. 학생들은 나노 기술을 탑재한 제품의 구입 여부를 정보에 근거하여 결정할 수 있을 것이다. 또한 과학 및 기술 관련 정책을 정치인과 협의할 수 있으며, 신제품이 사람의 건강 혹은 환경 건강에 어떤 영향을 미치는지 평가할 수 있다.

과학기술 진보의 본질을 경험하는 것은 어떤 과학 수업에나 자연스럽게 들어맞는다. 마찬가지로 사회과학 교실에서도 과학기술과 사회의 관계가 자리 잡을 수 있다. 그러나 대부분의 7~12학년 사회과학 수업에서는 이러한 내용이 일반적으로 포함되지 않고, 포함된다고 하더라도 과학 수업에서 피상적으로 다뤄질 뿐이다.

네 가지 주요 학습 목표는 이 빅 아이디어(과학, 기술, 그리고 사회)와 관련되어 있다. 본문에 제시된 순서는 교육과정에서 이 순서대로 배워야 한다고 제안하는 것은 아니다.

이 단원을 위한 일반적인 선수 지식

학생들은 빅 아이디어와 관련된 학습 목표에 공통으로 포함된 특정 지식을 갖추어야 하며, 그 내용은 다음과 같다.

- 과학자들의 역할은 세상이 돌아가는 방식을 묘사하고, 설명하고, 추측하는 것이다.
- 공학자들은 실질적인 문제점을 해결하는 제품을 설계하고, 만들고, 분석한다.
- 과학자들이 연구하는 현상(예 물건, 생태계, 과정)은 생물학적, 물리학적, 또는 사회적이다.
- 사물이 어떻게 작용하는지 관찰함으로써 많은 것을 배울 수 있다. 때로는 의도적으로 무언가를 변화시키고 그에 따른 영향을 관찰함으로써 더 많이 배울 수 있다.
- 과학적 탐구의 결과들은 때때로 경쟁적 설명을 뒷받침할 수 있고, 다른 과학적 연구는 때때로 다른 (심지어 반대) 결론을 낳는다. 이러한 경우 차이점을 해결하기 위해 추가 조사가 수행되어야 하지만, 때로는 불확실한 조건 아래서 결정을 내려야 한다.
- 비록 과학자들이 세계에 대한 광범위한 지식을 발전시켰지만, 아직까지도 많은 것들이 발견되지 않은 채 남아있다. 그러므로 과학의 과정은 결코 끝나지 않을 것이다.

학습 목표 1

나노 규모 과학 및 공학(나노과학기술)은 과학 발전과 기술 개발의 역동적인 특성을 보여주는 예이다.

구체적인 선수 지식

일반적 선수 지식 이외는 없다.

학생들이 가질 수 있는 어려움과 오개념

학생들은 다음과 같은 오개념을 가질 수 있다.

- 과학은 과정이 아니라 사실들의 정적인 집합이다(Duschl, Scheweingruber, and Shouse,2007; Simth, 2000).
- 과학은 선형 과정이다: 모든 실험은 효과가 있다(Smith, 2000).

학생들이 배워야 할 것

과학은 정적인 사실의 집합이 아니라, 자연계의 작동 원리에 대한 지식을 쌓는 역동적인 과정이다. 성공적인 조사와 실패한 조사 모두 새로운 지식 및 질문을 생성할 수 있으므로 이 과정은 일렬로 정렬되지 않는다. 과학의 진보는 계속 진행 중인 과정이다. 예를 들어, 최근 나노 규모에서 관측되어 발견된 새로운 성질들 때문에 과학자들은 물질의 구조와 거동에 대한 모형을 수정해야만 했다. 그 과학자들은 현재 나노세계에 대한 새로운 지식을 개발 중이며 나노입자 물질들을 더 정확히 설명하기 위해 앞으로도 모형들을 수정해나갈 것이다.

> 결과! 왜 나는 수많은 결과를 얻고 있나. 맞지 않은 수천 가지 일들을 나는 알고 있다.
>
> –Thomas Edison, 1890

나노 기술은 물질의 행동에 대한 과학적 지식을 나노 단위로 응용하여 실용적인 문제를 해결하는 것이다. 설계, 제작, 모델링 및 프로토타입 제작은 공학 과정의 모든 기술 발전을 이끄는 공학 과정의 일부이다. 기술의 발전은 음식, 위생, 의료, 의사소통, 교통에의 접근성을 쉽게 했지만 때때로 예상치 못하거나 바람직하지 않은 결과를 낳기도 했다. 과학자들이 나노세계와 관련하여 수행한 새로운 발견들은 실용적인 문제들(예 약물 배달)을 해결하고 사회적 목표(예 재생 에너지)를 충족하기 위해 적용되고 있다. 나노 기술에서 발생하는 새로운 위험을 방지하기 위한 노력도 진행 중이다(예 정부 규제)(학습 목표 4 참조).

생물학, 화학, 물리학, 지구과학 등의 과학원리들은 일반적으로 과학 교과과정에서 개별적으로 다루어지는데, 실제로는 학문 간 사고가 표준이 되면서 경계가 모호해진다. 역사적으로 한 분야를 전문적으로 다루던 과학자들이 자신의 전문 지식을 다른 분야의 문제로 전환할 때 급속한 진보가 일어나곤 했다(예 생명공학). 나노과학기술은 나노 규모 현상과 물질의 연구와 생성을 대표하는 것처럼 모든 과학 분야의 원리를 통합한다.

> 학생들은 불손한 자세로 학문에 임할 필요가 있다. 그들은 알려진 것을 숭배하기 위해 온 것이 아니라 알려진 것에 의문을 제기하기 위해 여기에 있다.
>
> –Jacob Chanowski, 연대 미상

이 학습 목표의 내용은 다양한 맥락에서 적용할 수 있다. 학생들은 다음과 같은 질문들의 탐구가 가능하다.

- 물질의 구조와 거동을 설명하기 위해 개발된 모형들이 최근 들어 달라진 사례가 많은데, 이러한 모형의 변화가 의미하는 바는 무엇인가? (이 질문은 학생들이 원자 구조를 공부한 후 제기할 수 있다.)
- 과학과 기술이 어떻게 관련되어 있는가?
- 새로운 기술들로 만들어진 제품이 대체되는 제품보다 반드시 더 나은가?

학습 목표 2

과학자, 공학자, 정부 관계자, 경영인, 시민들 모두 과학기술 진보 과정들과 새로운 기술이 사회에 어떻게 통합되는지에 영향을 미치는 결정을 내린다.

구체적인 선수 지식

학생들은 아래에 제시된 의사결정에 관한 기본 지식과 기술을 가지고 있어야 한다.

- 어떤 결정이든 일반적으로 장단점을 따져봐야 한다. 선택이 항상 긍정적이기만 한 결과를 낳는 것은 아니다.
- 자원이 부족하므로 모든 사람이 원하는 것을 전부 가질 수는 없다. 그러므로 판단에 대한 혜택과 비용은 동등한 가중치를 갖지 않을 수 있다.
- 아무리 신중하게 결정을 내려도 선택의 결과를 항상 예측할 수 있는 것은 아니다.
- 상황에 따라 적절하다고 여겨지는 결정이 다를 수 있다. 사람들은 우선순위를 달리하기 때문에 다른 결정을 할 수 있다.

학생들이 가질 수 있는 어려움과 오개념

학생들은 다음과 같은 오개념을 가질 수 있다.

- 특정한 몇 명의 사람만이 과학기술을 진보시킬 수 있다고 여길 수 있다.
- 과학기술의 진보나 상용화되어 발전하는 과정에서 자신이 맡아서 할 수 있는 일이 없다고 생각할 수 있다.

학생이 배워야 할 것

기술은 우리의 기본적인 생존 욕구(즉, 음식, 의복, 주거)를 충족시키고, 소통, 운송, 의료 처치를 개선하는 역할을 한다. 이처럼 신기술의 도입은 사회의 여러 분야에 영향을 미칠 수 있는 잠재력을 가지고 있다. 그러나 기술 자체가 사회 변화를 이끌지는 않는다. 사회의 변화를 주도하는 것은 **모든** 사람이다. 정부와 기업, 기타 기관은 어떤 유형의 과학 연구를 해야 하는지 우선순위를 부여하고, 어떤 유형의 기술적 해결점들이 적용되어야 하는지 결정을 내린다. 과학자들과 공학자들은 과학적 진보 과정에서 어떤 길을 택할지 결정을 내린다. 개개인들은-소비자인 동시에 투표자로서-새로운 기술들의 기술적 진보 경로뿐만 아니라 일상생활에 미치는 영향력을 확인하고 싶어하므로 이를 충족해줄 새로운 기술이 개발된다. 나노과학기술 관련 분야에서 이러한 결정들은 현재 진행 중이다. 미국 정부는 나노과학기술을 우선시하며 나노과학기술 연구 개발을 위해 방대한 연구비를 제공하고 있다(Roco, 2001, 2004). 또한, 수요를 충족시키기 위해서는 많은 수의 나노 지식 노동자들이 필요할 것이므로 나노과학기술을 교육 우선순위에 두고 있다.

> 데이터가 없는 이론은 지식인들의 중대한 실수이다. 인간은 사실에 맞는 이론 대신 집중적으로 사실을 이론에 끼워 왜곡하기 시작한다.
>
> -Sherlock Holmes(Arthur Conan Doyle 소설의 등장인물), 1859~1930

대중매체는 흔히 나노 기술의 혜택, 새로운 적용 분야, 긍정적 약속 등을 앞다퉈 다룬다. 그러나 많은 보고서에서는 현실적이지 않은 **잠재적** 적용 분야에 초점을 맞추고 있다. 더욱이 새로운 기술이라고 해서 오래된 기술보다 항상 좋지만은 않고, 이익이 커지는 것도 아니다. 이처럼 신제품의 추가 이익은 투입된 비용(예 금전적, 개인적, 사회적, 환경적)보다 적을 수 있다. 몇몇 개인이나 집단은 신기술 도입으로 다른 사람들보다 더 많은 이익을 얻을 수 있다. 개개인과 단체 모두 정보에 입각한 결정을 내리기 위해서는 나노과학기술 관련 매체 보고서를 비판적으로 평가할 수 있는 능력을 갖추어야 한다. 개인들은 타인(예 정부, 신문, TV, 온라인 매체)의 결정에만 의존하는 대신 증거를 수집하고 고려해야 한다.

과학, 기술, 그리고 사회의 관계는 복잡하다. 이러한 관계 속에서 학생들이 자신의 역할을 심사숙고할 수 있도록 몇 가지 잠재적 질문들을 다음과 같이 제시한다.

- 기술이 내 생활에 어떤 영향을 미치는가?
- 새로운 기술이 오래된 기술보다 항상 나은가? 그 사실을 어떻게 알 수 있는가?
- 대중매체들이 제시한 과학적 결과와 기술적 진보는 과학, 기술, 사회 간의 관계

에 어떤 방식으로 어떤 영향을 미치는가?

- 정치인들과 연구 개발을 수행하는 과학자, 공학자, 기관이 내리는 나노과학기술에 관한 의사결정에 개개인은 어떤 영향을 미칠 수 있는가?
- 나노 기술과 같은 새로운 기술에 대해 어떻게 좋은 결정을 내릴 수 있는가?

학습 목표 3

과학적 진보는, 하나의 과학적 발견이나 새로운 발명일지라도 과학적 사상에 광범위한 변화를 유발하거나 사회의 많은 측면의 변화에 영향을 미칠 수 있다.

구체적인 선수 지식

학생들은 다음 내용을 이해해야 한다.

- 인간은 환경을 바꿀 도구와 기계를 만들 수 있다. 그러므로 인간은 다른 생태계와 환경에 중대한 영향을 미친다.
- 인간이 기술로 환경에 가하는 변화는 위험을 초래할 수도 있고 자연 변화 속도에 영향을 미칠 수 있다.
- 이 장의 학습 목표 1 참조

학생들이 가질 수 있는 어려움과 오개념

학생들은 다음과 같은 오개념을 가질 수 있다.

- 만약 '사람을 돕는' 직업을 갖고자 하는 학생들의 경우, 자신들의 진로가 전문 의료인, 사회복지사, 교사, 정책입안자 정도로 제한된다고 생각할 수 있다. 과학자와 기술자들도 '사람을 돕는 사람'이라는 인식을 갖지 못할 수도 있다.

- 과학자들은 답을 찾은 후에는 더 이상 탐구와 설명을 하지 않는다고 생각할 수 있다(Duschl, Schweingruber and Shouse, 2007).
- 과학자들은 사물이 어떻게 작동하는지를 정의한 방식을 절대 바꾸지 않는다고 생각할 수 있다(Duschl, Schweingruber and Shouse, 2007).

(위에 언급한 마지막 두 오개념은 과학은 역동적인 과정이 아니라 정적인 일련의 개념이라는 생각으로 거슬러 올라간다.)

학생들이 배워야 할 것

때때로 과학적 또는 기술적 진보는 과학적 지식의 큰 전환이나 도약을 이끌었다. 제임스 왓슨과 프랜시스 클라크는 로잘린드 프랭클린의 데이터를 해석하여 DNA의 이중 나선 구조 모델을 개발했다. 이 단일 모델은 유전자 정보의 저장과 복제 원리만이 아니라 궁극적으로 생명 처리의 조절, 질병 치료를 비롯한 많은 생명공학의 진보로 이어지는 길을 열었다. 양자 역학 모델의 개발은 과학자들이 세계관을 보는 관점과 연구 방식을 바꾸어 놓았다. 보이는 것이 현실의 전부가 아니라는 생각은 20세기 초반에 자연과학 분야를 넘어 철학자나 예술가의 작업에도 영향을 끼쳤다. 과학자들은 나노 규모로 관측된 물질의 새로운 성질을 설명하기 위해 양자 역학적 모델을 적용한다.

이처럼, 새로운 도구(기술)의 개발은 대부분 넓고 광범위한 과학적 진보의 방향 전환을 이끌어 새로운 세계로 접근할 수 있게 만든다. 현미경과 망원경은 보이지 않는 세계들을 열었고 우주에서 우리의 위치를 생각하는 방식에 변화를 가져왔다. 나노세계에 접근하게 해주는 주사 탐침 현미경 같은 새 도구가 개발되자 새로운 정보가 대량으로 생성되었으며, 지금도 만들어지는 중이다(자세한 논의는 제11장 〈도구와 장치〉를 참조). 이 새로운 정보는 과학자들과 기술자들이 물질의 특성과 행동에 대해 생각하는 방식을 계속해서 변화시키고 있다.

새로운 발명과 과학적 발견은 과학계를 넘어 지속적인 변화에 기여할 수 있다. 예를 들면, 에드워드(Edward Jenner)와 조나스 설크(Jonas Salk)는 각각 수천, 어쩌면 수백만 명의 사람들에게 영향을 미치는 질병에 대한 백신을 개발했다. 그들의 초기 연구 덕분에 천연두는 인류로부터 근절되었고(WHO, 1980), 소아마비는 거의 근절 단계에 접어들었다. 알렉산더 프레밍(Alexander Fleming)이 발견한 페니실린 덕에 박테리아 감염을 치료하는 다양한 항균 생물 약물을 연구하고 생산할 수 있게 되었다. 백신 개발과 마찬가지로 이러한 발견은 많은 생명을 구했다. 20세기에 접어들자 라이트 형제는 최초의 비행기를 설계하고 비행을 시도했다. 한 세기 후 비행기 여행은 멀리 떨어져 사는 사람들 간의 소통 방식에 변화를 가져왔다. 피로 판스웥스(Philo Farnsworth)는 15세 때 전자 텔레비전에 대한 계획을 개략적으로 설명했다. 그의 발명품은 엔터테인먼트 산업과 우리의 소통 방식에 변화를 가져왔고 개인용 컴퓨터(모니터)의 등장과 성장에 기여했다. 즉, 한 사람 혹은 소수 사람의 과업은 많은 개인의 삶과 가치에 영향을 줄 수 있고, 때로는 사회 전체에 영향을 주기도 한다.

새로운 과학적 지식이나 신기술이 과학적 진보와 사회 전반에 미칠 수 있는 효과는 대부분 불확실하다. 새로운 기술들의 도입이 현재 상황 혹은 경제 변화의 완만한 개선으로 한정될 수 있다(Miller et al., 2007). 최근에 발견된 나노 물질의 특성은 의학 진단과 치료, 건축자재, 에너지, 물 정수 등을 포함한 광범위한 영역과 관련된 문제를 해결하려는 과학자와 공학자 들에게 새로운 개념과 재료를 계속해서 제공하고 있다. 나노 기술이 인간의 삶의 질과 경제에 기여하리라는 예측이 지속적으로 나오고 있지만, 이러한 상상력은 과학자와 공학자의 능력을 초과한 기술에 적용되는 경우가 대부분일 뿐더러 나노과학기술은 새로운 분야이기 때문에 궁극적으로 경제와 사회 환경에 어느 정도의 영향을 미칠지는 불분명하다.

학생들이 새로운 개념, 발견, 기술과 과학적 진보와의 관계에 대해 고려하면서 던져야 할 질문들은 다음과 같다.

- 새로운 기술적 발견이 혁명적인지, 진화적인지, 혹은 점진적인지를 결정하는 것은 무엇인가?
- 혁신적인 발견은 얼마나 자주 일어나는가?
- 나노 기술은 진화적인가 혁명적인가?

새로운 개념, 발견, 또는 기술이 사회와 어떻게 관련되어 있는지 탐구할 수 있게 하는 개념의 예는 다음과 같다.

- 과학, 기술, 사회가 서로 어떻게 관련되어 있는가?
- 나노 기술의 효과는 단지 소비재 분야에서만 느낄 수 있는가?
- 나노 기술은 가정생활에 어떤 영향을 미치는가?
- 나노 기술이 ________ (예 의학적 치료, 운송, 통신)에 어떤 영향을 미치는가?
- 나노 기술의 도입에 따른 경제적 결과는 무엇인가?
- 새로운 기술이 대체되는 기술보다 항상 더 나은가? 두 기술을 비교할 때 고려해야 할 사항의 유형은 무엇인가?
- 기술이 폐지되면 무슨 일이 일어나는가?
- 어떤 종류의 제품 ________________ (예 텔레비전, 개인용 컴퓨터, 휴대폰)이 유사한 효과를 가질 수 있는가?

학습 목표 4

나노 크기의 구조물은 인간의 건강과 환경에 대한 위험과 이익의 측면에서 평가되어야 한다. 신소재이기 때문에 한동안 그 효과가 뚜렷하지 않을 수 있다.

구체적인 선수 지식

학생은 다음 사항을 이해해야 한다.

- 사건의 결과는 불확실하지만, 특정 사건이 일어날 확률은 현상을 예측하는 데 사용될 수 있다.
- 정보에 입각한 결정을 내릴 때, 사람들은 쟁점의 장단점을 따져 보기 위해 증거를 검토해야 한다.
- 증거에 기초한 추론은 결정을 정당화하기 위해 사용되어야 한다. 다른 사람

(예 정부, 신문, 텔레비전, 온라인 소스)의 결정에만 의존하지 말고 신중하게 증거를 고려하는 것이 중요하다.

- 기술들은 실용적인 문제를 해결하고 목표를 달성하기 위해 만들어졌다.
- 신기술은 장점만이 아니라 단점도 가질 수 있다. 이 장단점은 동등하게 공유되지 않을 수 있다.
- 어떤 신기술이든 설계와 구현 시에 아무리 신중하게 결정을 내리더라도 예기치 않은 문제나 이익이 발생할 가능성이 있다.

학생들이 가질 수 있는 어려움과 오개념

학생들은 다음과 같은 오개념을 가질 수 있다.

- 과학적 아이디어는 사실이기 때문에 과학자들(또는 학생)은 이러한 아이디어에 의문을 제기할 이유가 없다고 생각할 수 있다(Duschl, Schweingruber, Shouse, 2007).
- 신제품과 기술이 항상 구형 제품보다 낫다고 생각할 수 있다.
- 문제를 해결하기 위해 기술과 신제품이 개발될 때 부작용이나 부정적인 것은 없다고 생각할 수 있다.

학생들이 배워야 할 것

기술은 종종 목표를 달성하거나 관심사의 질문, 문제를 해결하기 위해 개발되는 경우가 많다. 그러나 어떤 문제를 해결해준 기술이 다른 문제를 일으킬 수 있으며, 이렇게 발생한 새로운 문제는 때때로 해결한 문제보다 더 심각할 수도 있다.

나노 규모에서의 물질의 행동에 대한 새로운 지식은 과학자들이 신기술을 창조하도록 이끌었으며, 앞으로는 더 많이 등장할 것이다. 신기술에 대해 정보에 근거한 의사결정을 내리기 위해서는 다양한 요소를 고려하며 다양한 방법으로 접근해야 한다. 이러한 요소에는 새로운 기술을 개발하고 사용하는 장단점이 포함된다. 장단점은 즉각적, 지역적, 개인적 또는 시간과 장소 모두에서 멀리 떨어져 있을 수 있다. 또한, 장점은 사회의 일부에만 이익으로 작용할 수 있다(또는 단점은 어려움을 야기할 수 있다). 새로운 기술에 관한 정보에 근거한 의사결정을 위해서는 이들 각 요소를 고려해야 한다.

나노 물질과 같은 새로운 기술이 개발될 때, 그 기술이 인간의 건강, 다른 생태계들의 건강, 환경에 어떤 영향을 미치는지 조사하는 것이 중요하다. 시스템을 조금만 변경해도 시스템 작동 방식이 크게 변경될 수 있다. 또한, 새로운 기술의 정신적인 영향이 드러나기까지 시간이 소요될 수도 있다.

위험 평가와 관련된 아이디어는 광범위한 맥락과 관련이 있다. 학생이 탐구할 수 있는 몇 가지 질문들은 다음을 포함한다.

- 나노 기술과 같은 기술이 위험하다면 그러한 위험성이 밝혀지기까지 오랜 시간이 걸리는 이유는 무엇인가?
- 우리가 새로운 나노 물질을 동물들에게 실험해야 하는 이유, 혹은 실험해서는 안 되는 이유는 무엇인가?
- 나노 물질은 생태계에 어떤 영향을 미치는가?
- FDA(Food and Drug Administration)는 새로운 기술(예 의약품 또는 장치)을 평가하기 위해 어떤 과정과 기준을 사용하고 있는가?
- 정부 기관들은 나노 크기의 물질과 기술에 대해 어떤 종류의 결정들을 내렸는가?
- 자연적인 나노입자와 공학적 나노입자가 생태계와 환경에 미치는 영향에 차이점이 있는가?
- 나노 신기술의 개발과 사용에서 누가 가장 큰 혜택을 받을 것이고, 누가 가장 높은 비용을 지불할 것인지 결정하는 것은 누구인가?
- 나노 기술의 위험 평가를 위한 자금 지원은 연구 개발 자금과 어떻게 비교되는가?

학생들은 이러한, 그리고 이외의 다른 중요한 질문들을 고려함으로써 의사결정 능력을 기를 수 있다. 특히 그들의 결론을 정당화하기 위해 증거 기반 추론을 사용하는 것은 과학적 탐구 역량을 함양하도록 도와준다.

과학교육표준의 연결

과학적 소양의 중요한 부분은 과학의 본질과 기술의 본질을 이해하는 것이다. 과학기술의 진보는 사회의 많은 측면의 진화에 영향을 미친다. 학생들은 과학, 기술, 사회의 관계를 이해하고 그 관계 속에서 시민으로서 자신들이 수행하는 역할을 파악할 수 있어야 한다. 〈표 13.1〉 요약은 이러한 중대한 아이디어와 관련된 국가 과학 표준을 정리한 것이다.

과학교육표준에 없는 내용

Benchmarks와 NSES는 나노과학기술에 대해 직접적으로 자세히 언급하지 않았지만, 과학의 본질과 과학, 기술, 사회 간의 관계에 대해 철저히 논의한다. 안타깝게도 표준 문서에 광범위한 내용이 다루어졌는데도 불구하고, 이 중요한 아이디어를 과학 교과과정에 도입하는 데에는 거의 주목하지 않았다. 아마도 과학 교사들이 이 분야의 지식에 자신이 있긴 하지만, 교실에서 사회 전반의 문제를 논의하기 위한 훈련은 부족하기 때문일 것이다(Miller 등 2007).

'나노 기술 혁명'의 중심에 선 사회의 구성원으로서, 학생들은 그 혁명의 일부가 될 수 있다. 과학자들이 새로운 현상에 직면할 때마다 기술을 어떻게 사용하는지 목격할 수 있으며, 공학자들이 습득한 지식을 바탕으로 다양한 문제를 해결하기 위해 어떻게 새로운 방법을 만들어 내는지 볼 수 있다. 학생들은 중요한 의사결정 과정에 참여할 준비가 될 때까지 이러한 적용들이 사회에 미치는 유용성과 비용 대비 효과에 관한 토론에 참여할 수 있다.

표 13.1 과학의 본성과 기술의 본성에 관련된 국가과학표준, 〈과학, 기술, 그리고 사회〉와의 관계

내용 설명	표준
과학의 본성	
과학은 동적인 과정이다.	*Benchmarks* 1B/1 K–2, p. 10 1B/3 K–2, p. 10 1B/3 3–5, p. 11 1B/4 3–5, p. 11 1A/2 6–8, p. 7 1A/3 6–8, p. 7 1A/2 9–12, p. 8 1A/3 9–2, p. 8 1B/2 9–12, p. 13 1B/6 9–12, p. 13 1B/7 9–12, p. 13 *NSES* H&NS[a] K–4, p. 141 H&NS 5–8, p. 171 H&NS 9–12, p. 201
과학자가 연구하는 아이디어, 시스템, 과정, 현상의 넓은 범주를 탐구하기 위해 다른 방법들이 이용된다.	*Benchmarks* 1B/1 3–5, p. 11 1B/1 6–8, p. 12 1B/3 9–12, p. 13 1C/4 9–12, p. 19 *NSES* SI[b] K–4, p. 123 SI 5–8, p. 148 SI 9–12, p. 176 ST[c] 9–12, p. 192
기술의 본성	
과학과 기술의 목표는 다르다. 기술은 문제를 해결하기 위해 지식을 적용한다.	*Benchmarks* 3C/2 3–5, p. 54 3A/1 3–5, p. 45 3A/4 3–5, p. 45 3A/3 6–8, p. 46 3A/1 9–12, p. 47 3A/2 9–12, p. 47 3A/3 9–12, p. 47 *NSES* ST K–4, p. 138 ST 5–8, p. 166 ST 9–12, p. 192–193
새로운 기술을 디자인하고 만들기 위해 많은 요인이 고려되어야 한다. 많은 시행착오를 거친 뒤 성공한다.	*Benchmarks* 3B/1 K–2, p. 49 3B/1 3–5, p. 49 3B/2 3–5, p. 50 3C/4 3–5, p. 55 3B/1 6–8, p. 51 3B/1 9–12, p. 52 *NSES* ST 5–8, p. 166

[표 계속]

과학, 기술, 사회 사이의 관계	
기술은 문제 해결에 집중하기 때문에 개인의 삶과 사회에 직접적인 영향을 미친다. 기술은 생존을 위한 기본적인 욕구(예 음식, 의복, 주거)에서부터 이동 및 커뮤니케이션에 이르는 우리의 삶의 많은 부분에 영향을 준다.	*Benchmarks* 3C/1 K–2, p. 54 3A/4 3–5, p. 45 3C/1 3–5, p. 54 3A/3 6–8, p. 46 3C/1 6–8, p. 55 3A/3 9–12, p. 47
과학, 기술, 사회는 서로 매우 강한 관련이 있다. 예를 들면, 과학자는 언제나 자기가 하고 싶은 연구만 할 수는 없다. 많은 경우에 사회의 필요와 도전이 연구의 방향을 이끈다. 특히, 정부나 연구비를 지원하는 단체는 과학 연구에서 우선순위를 설정한다.	*Benchmarks* 3C/1 3–5, p. 54 3C/3 3–5, p. 54 1C/3 6–8, p. 17 3A/2 6–8, p. 46 3C/4 6–8, p. 56 3C/5 6–8, p. 56 3C/7 6–8, p. 56 1C/3 9–12, p. 19 1C/8 9–12, p. 20 3C/1 9–12, p. 57 *NSES* SPSP[d] K–4, p. 140 SPSP 5–8, p. 169 SPSP 9–12. p. 199
계획 대 결과	
시스템에 새로운 것을 도입하면 시스템의 작동 방식에 예상하지 못한 영향을 가져올 수 있다. 그 영향을 매우 광범위하고 때로는 파괴적일 수도 있다.	*Benchmarks* 1C/3 K–2, p. 15 3C/5 3–5, p. 55 3C/4 9–12, p. 57 3C/5 9–12, p. 57 *NSES* SPSP K–4, p. 140 SPSP 5–8, p. 168 SPSP 9–12, p. 199
의사 결정	
모든 결정은 흔적을 남기므로, 각 요인은 신중하게 고려되어야 한다. 결정은 누군가에게는 혜택을 주고 누군가에게는 부정적인 결과를 안길 수 있다. 그 결과는 절충선이 되고, 다음 세대에 영향을 미친다.	*Benchmarks* 7E/2 K–2, p. 168 7E/3 3–5, p. 169 7D/3 3–5, p. 165 3C/6 6–8, p. 56 7D/1 6–8, p. 166 7D/2 6–8, p. 166 7D/3 6–8, p. 166 3B/2 9–12, p. 52 3C/4 9–12, p. 57 7D/1 9–12, p. 166 7D/2 9–12, p. 166 7D/3 9–12, p. 166 *NSES* SPSP K–4, p. 140 ST 5–8, p. 166 SPSP 5–8, p. 169 ST 9–12, p. 192 SPSP 9–12, p. 199

[표 계속]

새 기술의 생산과 도입은 예상하지 못하거나 파괴적인 결과를 초래할 수 있으므로, 시민으로서 위험과 혜택을 분석하는 것은 중요한 일이다.	*Benchmarks* 3C/2 K–2, p. 54 3C/5 3–5, p. 54 3B/2 6–8, p. 51 3C/5 6–8, p. 56 3B/4 9–12, p. 52 3C/3 9–12, p. 57 3C/5 9–12, p. 57 *NSES* ST 5–8, p. 166 SPSP 5–8, p. 169 SPSP 9–12, p. 199
새 기술에 모든 시민이 참여해야 한다. 문제를 해결하기 위해 개발된 기술이 새로운 문제를 일으킬 수 있다. 이런 이유에서 새 기술의 혜택과 비용을 평가해야 하고, 이에 의사결정 역량이 필요하다.	*Benchmarks* 7D/1 K–2, p. 165 7D/2 K–2, p. 165 7D/3 K–2, p. 165 7D/1 3–5, p. 165 7D/2 3–5, p. 165 3C/3 3–5, p. 54 3C/5 3–5, p. 55 3C/5 6–8, p. 56 NSES SPSP K–4, p. 141

[a] History and Nature of Science
[b] Science as Inquiry
[c] Science and Technology
[d] Science in Personal and Social Perspectives

✚ 감사의 말

이 장을 읽고 도움이 되는 논의를 해준 Clark Miller에게 저자들은 감사를 표한다.

✚ 참고문헌

Duschl, R. A., H. A. Schweingruber, and A. Shouse, eds. 2007. *Taking science to school: Learning and teaching science in grades K–8.* Washington, DC: National Academies Press.

Miller, C., D. Guston, D. Barben, J. Wetmore, C. Selin, and E. Fisher. 2007. *Nanotechnology & society: Ideas for education and public engagement.* Tempe, AZ: Center for Nanotechnology in Society

Roco, M. C. 2001. From vision to the implementation of the U.S. National Nanotechnology Initiative. *Journal of Nanoparticle Research* 3: 5–11.

Roco, M. C. 2004. The U.S. National Nanotechnology Initiative after three years (2001–2003). *Journal of Nanoparticle Research* 6: 1–10.

Smalley, R. E. 2005. Future global energy prosperity: The terawatt challenge. *MRS Bulletin* 30: 412–417.

Smith, D. C. 2000. Content and pedagogical content knowledge for elementary science teacher educators: Knowing our students. *Journal of Science Teacher Education* 11 (1): 27–46.

World Health Organization (WHO). 1980. Smallpox is dead. *World Health* (May): 3–39.

Section 03

다음 단계

Chapter 14 • 도전과 전략

Chapter

14

도전과 전략

앞서 살펴보았듯, 나노과학기술 연구는 이미 일상에서 쉽게 접할 수 있는 다양한 신제품(예 전자제품, 자외선 차단제, 화장품, 첨단 옷감으로 만든 의류)을 만들어냈다. 나노과학기술 연구는 지속 가능한 에너지, 정수, 의료 진단 및 치료 등 광범위한 사회적 문제에 초점을 맞추어 진행 중이다.

나노과학기술에 대한 사회의 의존도가 높아지고 있는 만큼, 전 세계 어린이들은 앞으로 나노과학기술 개념이 적용되는 세계에서 성장할 것이다. 소비자로서, 그들은 "이 제품을 사용하는 것이 본인이나 가족의 건강에 어떤 영향을 미칠 것인가"와 같은 질문에 대답할 필요가 있다. 유권자로서, 그들은 나노 크기의 쓰레기가 환경에 미치는 장기적인 영향은 무엇인지 생각해 볼 필요가 있다. 자신의 일상과 자녀들에게 영향을 미칠 수 있는 결정을 올바른 근거를 통해 내리기 위해서는 나노과학기술의 빅 아이디어를 확실하게 이해해야 한다.

오늘날 학생 교육의 측면에서 어떻게 배우는지에 대한 지식은 매우 발전하였다(Bransford, Brown, Coking, 1999; Linn, Eylon, 2006). 그러나 이러한 진보는 학교 환경에서 체계적으로 적용되지 않는다. 서론에서 논했듯이, 현행 교육 시스템은 나노과학기술의 진보를 이해하기에 충분한 대중적인 과학적 문헌을 만드는 데 실패하였다. 학생들은 미래의 직장에 대한 준비가 되어 있지 않다.

이 책을 통해 나노과학기술의 빅 아이디어가 현행 과학 교과과정의 격차를 메우기 위해 어떤 기반과 지침을 제공하는지 소개하였다. 여기서는 학생의 학습에 가장 직접적으로 영향을 주는 교사들에 초점을 맞추었지만, 교과과정 개발자, 연구원, 행정가, 정책입안자 들 또한 과학교육의 새로운 방향을 설정하는 것이 중요하다는 사실을 분명히 인식해야 한다.

나노과학기술 소양을 갖춘 시민양성 목표에 대한 도전

나노과학기술 소양을 갖춘 시민을 양성하는 데에는 다음과 같은 5가지 도전 과제가 따른다.

도전 1. 모든 시민을 위한 교육적 대비

과학적 소양에 대한 수요 증가를 따라잡기 위해 미국인들은 나노과학기술이 필수적인 요소인 새로운 21세기식 기술을 필요로 할 것이다. 이에 대한 증거는 어디에나 있다. 이 책이 집필되기 전 10년(2009년) 동안 휴대전화와 인터넷은 사람들의 의사소통과 정보 교환 방식을 혁신했다. 컴퓨터 기술은 직장과 더 많은 가정에서 두드러지고 있다. 나노과학기술은 이러한 개발 및 기타 개발을 지원했다.

학생들이 글로벌 기술 기반 경제에서 정보를 토대로 한 의사결정자가 되기 위해서는 7~12학년에 나노과학기술 개념을 학습해야만 한다. 젊은이들에게는 나노과학기술에 관심을 갖게 하고, 나노 기술 혁명으로 어떤 기회를 얻을지 알려줄 교사가 필요하다.

이것은 긴급한 교육 상황이다. 왜 그럴까? 과학은 빠르게 변하기 때문에 일상생활에 스며드는 기술적 진보가 반드시 교실 학습에 반영되는 것은 아니다. 시급하게 개혁을 요구하는 것이 과장하는 것처럼 보일 수도 있지만, 관련 보고서를 보면 미국 학생들이 과학과 기술에 기반을 둔 세상에서 살아갈 준비가 되어 있지 않다는 사실을 알 수 있다. 국제 평가는 미국 학생들의 과학 성적이 다른 많은 선진국 학생들보다 떨어지고 있다는 증거를 제공하며, 많은 학생이 과학 성공의 국가적 척도에 도달하지 못하고 있다.

예를 들어, 2003년 교육 진보에 대한 국가 평가에서 4학년과 8학년 미국 학생의

1/3 미만이 수학과 과학에서 숙련도 이상의 점수를 받았다. 12학년까지 미국 학생의 20%만이 숙련도 이상의 점수를 받았다. 1999년 국제수학과학연구(Schmidt, Rotberg, Siegel, 2003; NCES, 2004)에서 보고된 21개국 데이터에서 미국의 12학년 학생들은 수학에서 21개국 중 19등, 과학에서 16등을 차지했다. 미국인들이 현재 누리고 있는 경제적 번영과 삶의 질을 지속해서 보장받기 위해서는 양질의 과학, 기술, 수학(STEM) 교육에 기댄 과학기술 분야의 리더로 자리 잡아야 한다.

도전 2. 과학교육 개혁

잘 알려진 농담에 따르면, 만약 립 반 윙클이 21세기에 눈을 뜬다면, 그는 학교를 제외한 모든 것을 사실상 알아볼 수 없을 것이라고 한다. 이 나라의 교육 시스템은 과학과 기술의 변화에 보조를 맞추지 못하고 있다. 교육자들은 이러한 변화를 반영하기 위해 교재, 평가, 교육 방법뿐만 아니라 교과과정을 수정할 필요가 있다.

또한 나노과학기술(그리고 기타 신흥 과학)의 학제 간 특성으로 인해 미국 학교에서 관행적으로 지원되는 교과과정 경계선의 삭제가 필요하다. 과학교육은 전통적으로 학제 간보다는 세분화된 방식으로 제시되었다. 즉, 생물학, 화학, 물리학, 지구과학은 일반적으로 중학교 수준에서는 별도의 단원으로, 고등학교 수준에서는 별도의 과정으로 가르친다. 하지만, 예를 들어, 원자와 분자는 이러한 학문 전반에 걸친 과학의 기초이다. 간학제적인 빅 아이디어로서 물질의 입자 특성을 강조하면 이러한 학제 간 연결을 더 명확하게 만들 수 있을 것이다.

학제 간의 빅 아이디어는 학습자들이 통합된 지식 구조를 구축하고, 그들의 지식을 다양한 상황에 적용하며, 개념과 아이디어가 경계선으로 분리된 상황에서 제시될 때보다 더 깊은 개념적 이해를 개발하도록 장려한다. 결국 학교 밖의 세계에서는 주요 돌파구의 원천인 과학 실험실이 학제 간 협력팀으로 구성되는 경우가 많다.

도전 3. 어떤 나노과학기술 개념을 선택할 것인가

나노과학기술을 STEM 교육과정에 통합하기 전에 기본적인 질문에 답해야 한다. 나노과학기술 관련 주제 중 가장 중요한 것은 무엇인가? 어느 개념이 교과과정에 반영되어야 할까? 어떤 개념이 교과에 포함될 수 있을까? 어떤 학년에 특정 개념을 도입하는 것이 적절할까? 전후에 배치된 개념들을 고려하였을 때 가장 논리적으로 적절한 교육 순서는 어떻게 되는가? 나노과학기술과 관련된 새로운 아이디어는 이미 전통적인 과학 교과과정의 일부인 아이디어와 어떻게 연결되는가? 전통적인 과학 개념과 비교하여 새로운 주제의 우선순위를 어떻게 정해야 하는가?

합의 과정의 결과로 나온 이 책(과정 설명은 부록 A 참조)은 나노과학기술과 관련된 어떤 내용이 7~12학년 학습자에게 적합한지에 대한 처음 몇 가지 질문에 해답을 제시하며 시작하지만, 다른 나머지 질문들은 여전히 검토되어야 한다.

나노과학기술 개념이 미국 교실에 통합되기 위해서는 교육의 이해관계자들이 납득할 수 있는 방법으로 표현되어야 한다. 또한 새로운 나노과학기술 개념은 학교 교육과정의 기반이 되는 NSES(NRC, 1996) 및 과학 문해력 Benchmarks(AAAS, 1993)와 같은 국가 합의 문서에 기술된 목표와 동등한 것으로 인식되어야 한다. 그러나 이미 너무 많은 개념을 다루며 크기를 키운 교과과정이 과학기술 내용을 지금보다 더 피상적으로 다루지 않게 하려면 무엇을 언제 포함할지에 대한 도전적인 결정을 내려야 한다. 이는 기존 NSES과 Benchmarks를 확인하고 긴급한 상위 주제를 고려한 후 평가하고 우선순위를 지정하여 수행되어야 한다. 빅 아이디어에 집중하기를 선택하는 것은 이러한 중요한 교과과정 결정을 이끄는 한 가지 방법이다.

도전 4. 일관성 있는 과학교육과정 설계

나노과학의 빅 아이디어를 식별하는 것은 교과과정의 일관성을 구축하는 시작점일 뿐이다. 서론에서 설명한 바와 같이 **일관성**이란 학습 내용(instruction)과 평가를 연결하고 학습자가 시간에 걸쳐 통합된 이해를 개발할 수 있도록 지원하기 위해 구성된 작은 아이디어 세트를 중심으로 학습 내용을 순서화하는 모든 것을 의미한다(Schmidt, Wang, and McKnight, 2005; Shwartz et al., 2008). 학습 전문가들은 학생들이 복잡한 과학에 대한 정교한 이해를 발전시키기 위해서는 여러 분야에 걸쳐 개념과 원칙을 연관시키는 방식으로 기초적인 이해를 쌓아야 한다고 본다.

현재의 교육자료는 일반적으로 새로운 아이디어와 학생들의 선행 지식 사이의 연관성을 적절하게 강조하지 않는다(Kesidou and Roseman, 2002). 선행 지식을 기반으로 하면 학생들의 문제 해결 및 의사결정에 필요한 통합 사고력(Bransford, Brown, and Cocking, 1999; Kali, Linn, and Roseman, 2008)을 구축하는 데 도움이 된다. 이런 유형의 학습을 지원하려면 교과과정 자료에 일관성이 있어야 한다. 교과과정 자료는 학생들이 개념 간의 연결을 구축하고 통합된 이해를 할 수 있도록 개발되어야 한다.

빅 아이디어가 학생들이 12학년 교육이 끝날 때까지 도달하기를 바라는 이해를 제공하지만, 학습자들이 이 책에 설명된 이해 수준에 도달할 수 있도록 돕는 방법을 결정하기 위해 중요한 작업이 남아있다. 주어진 빅 아이디어에 대해 어떤 학습 순서, 교수법, 평가로 이루어져야 학생들이 학습 목표를 달성하는 데 도움이 되는지 고려할 필요가 있다. 그러나 교육과정 자료는 아이디어 간, 특히 학년 간 명확한 연결을 강조하는 경우가 드물어 과학교육과정을 단편적으로 만든다. 게다가, 자료들은 종종 학생들이 내용에 대한 보다 깊은 수준의 이해를 발전시키기 위해 어떤 핵심적인 학습 경험을 가질 필요가 있는지를 고려하는 대신 선언적인 방법으로 내용을 제시한다. 그 결과 학생들은 과학을 연결되지 않은 일련의 아이디어로 여기게 된다. 이러한 접근방식은 학생들이 분자 간의 힘 또는 크기에 의존한 특성처럼 근본적으로 연결을 만드는 것이 중요한 복잡한 아이디어를 이해하고자 할 때 도움이 되지 않는다.

도전 5. 교사 준비

나노과학기술을 교실에 성공적으로 도입하기 위해 교사는 관련된 교육학적 내용 지식(PCK)을 개발해야 한다. 여기서 PCK란 초등학교 7학년에서 12학년 학생들이 나노과학기술을 이해할 수 있도록 특정 개념 영역을 가르치는 방법에 대한 지식을 의미한다(Shulman, 1986). 전문 내용 지식은 PCK의 중요한 구성 요소 중 하나이다(Magnusson, Krajcik, and Borko, 1999). 안타깝게도, 경험이 많은 대부분의 교사들이 과학을 공부한 시기는 나노과학기술의 아이디어와 그것들이 설명하는 현상들이 대학 교실에 본격적으로 통합되기 전이었다. 이러한 현실을 감안할 때 나노과학기술을 가르치는 것은 한 분야를 전공했고 그 분야에서 전문 학위를 가지고 있지만 나노과학기술의 빅 아이디어에 대한 깊은 이해가 없는 중고등학교 과학 교사들에게도 도전이 될 것이다. 사실 나노 크기 물질의 새로운 특성이 발견되고 새로운 나노기술이 개발됨에 따라 과학자들은 물질의 구조와 행동에 관한 자신들의 지식을 재구성해야 했다. 이제 교사들도 같은 일을 해야 한다. 아이디어 간의 연결을 만들고 새로운 아이디어를 그들의 현재 개념 지식에 통합해야 한다.

나노과학기술을 학문 내 및 학문 간 융합되는 하나의 주제로 취급한다는 목표를 달성하기 위해 교사들은 PCK의 또 다른 측면인 새로운 교육과정 지식을 개발해야만 한다(Shulma, 1986). 교육과정 지식은 한 분야의 목표와 목적의 이해를 포함하며(Magnusson, Krajcik 및 Borko, 1999; Schulma, 1986) 개별 개념 또는 학습 목표가 전체 교육과정에 어떻게 적합한지 이해하는 것을 포함한다. 나노과학기술의 학문 간 특성 때문에 나노과학기술과 관련된 교육과정 지식은 특히 중요하다.

성공적인 교육의 핵심은 학생들이 이해할 수 있도록 가르치는 것이다(Shulman, 1986, Magnusson, Krajcik, 및 Borko, 1999). 교사들은 그들이 가르치는 과목에 따른 다양한 사례, 유사성, 현상, 활동의 통합 방법을 알아야 한다. 또한 학생들이 내용을 배우는 데 어려움을 겪을 수 있는 것뿐만 아니라 학생들이 교실에 가져올 수 있는 아이디어의 유형(오개념들 포함)을 알고 있어야 한다(Grossman, 1990).

기존 STEM 교육과정에 나노과학기술 개념 통합

이러한 목표를 달성하기 위해 7~12학년 과학교육은 어떤 모습이어야 하는가? NSES 및 Benchmarks와 같은 과학적 소양을 정의하는 합의 문서가 과학교육의 기초를 확립하는 데 중요한 역할을 하지만, 나노과학기술이 하나의 예인 새로운 과학 분야를 반드시 반영하는 것은 아니다. 이 문서들이 처음 작성되었을 때만 해도 나노 기술 혁명이 아직 초기 단계에 머물러 있었다는 이유도 있다(NSES는 1996년에 출판되었고 Benchmarks는 1993년에 출판되었다).

새로운 과학을 반영한 '실시간 문서' 작성은 세계 경제 참여에 필요한 문제해결력과 협업 능력을 강조하는 새로운 교육자료, 평가, 교사 준비 실행 및 교수 방법의 개발을 안내하는 중요한 첫걸음이다. 실제로 미국과학진보협회는 부록 A에 설명된 나노과학 워크숍 중 하나에 참여한 후 기존 학습 목표를 수정하고 최신 버전의 스트랜드 맵(AAAS, 2007)에서 나노과학기술과 관련된 새로운 학습 목표를 만들었다.

관련 질문은 나노과학기술을 **어떻게** 도입해야 하는가이다. 과거의 신흥 과학 주제는 종종 독립된 단위로서 교육되었고, 전통적인 과학 아이디어와 새로운 과학 아이디어 사이의 연계는 강조되지 않았다. 더 나은 전략은 새로운 과학 아이디어를 교과과정에 체계적으로 통합하여 그 과정에서 학제 간 교과과정을 만드는 것이다. 나노과학기술과 전통적인 수학 및 과학 사이의 연계는 단일 수업 내에서뿐만 아니라 학년 간에서도 다루어져야 한다. 이를 위해서는 학습의 핵심 원리를 지원하고 표준에 부합하는 자료가 개발되어야만 한다.

나노과학기술에 대한 합의된 학습 목표를 갖는 것은 교육 시스템의 모든 구성 요소를 조정할 수 있도록 하는 데 도움이 될 것이다. 즉, 학습 목표가 정의되고 개발되면 교육과정, 교육 및 평가가 체계적으로 조정될 수 있다. 학습 목표는 국가 평가를 주도하고, 이는 다시 자료, 자원 및 교사 교육 개발을 주도한다. 시스템의 모든 부분을 학습 목표에 맞춰 조정하면 교육 도구와 자원, 교사를 위한 교육 경험, 연구 개발 및 동일한 중요한 목표에 초점을 맞춘 정책의 개발이 촉진된다(NRC, 2001; Wilson and Berenthal, 2006). 학년 내 및 학년 간에 합리적으로 연결되어 일관성 있는 경우(Shwartz et al., 2008), 이러한 학습 목표를 기반으로 개발된 자료는 학생들이 관련 과학 개념을 철저히 이해하고 나노과학기술이 그들의 삶에서 얼마나 중요한지를 이해하는 데 도움이 될 수 있다.

또한 학습 목표는 선행 지식을 기반으로 아이디어가 구축되도록 배열되어야 한다(Bransford, Brown, and Cocking, 1999; Kali, Linn, and Roseman, 2008). 연구자와 정책입안자들은 최근에 아이디어가 서로 어떻게 구축되어 통합적인 이해를 발전시키는지에 관한 연구를 학습 진행(learning progression) 연구라고 언급하고 있다. 따라서 보다 깊고 정교한 수준의 이해를 구축하기 위한 아이디어의 순서를 학습 진행이라고 한다(Smith et al., 2006; Wilson and Berenthal, 2006). 우리는 학습 진행을 결정하고, 다양한 연령과 학년 수준에서 학생들이 무엇을 배울 수 있는지를 결정하고, 어떤 경험이 그들이 도전적인 개념을 배우는 데 가장 도움이 되는지 결정하기 위한 추가 연구가 필요하다.

미래 방향

나노과학기술의 빅 아이디어는 **어떤** 과학 내용을 가르쳐야 하는지에 대한 지침과 비전을 제공할 수 있지만, 특정 개념을 **언제** 가르쳐야 하는지를 결정하는 데는 추가 연구가 필요하다. 나노과학기술의 빅 아이디어는 다양한 영역을 가로질러 학제 간이지만, 모든 과학교육을 확실히 망라하는 것은 아니다. 큰 아이디어를 수립하고, 그 내용을 설명하고, 관련 학습 목표를 결정하는 동일한 과정은 뉴턴의 힘과 운동의 법칙, 진화 또는 특정 지질학적 과정과 같은 다른 빅 아이디어에 적용될 수 있다.

마지막 평

나노 규모 기술에 대한 사회 의존도가 높아짐에 따라, 모든 학습자가 나노과학기술의 빅 아이디어를 이해할 필요가 생겼다. 교사와 교육과정 개발자는 몇 가지 큰 아이디어에 집중함으로써 학습자가 광범위한 현상을 설명하는 핵심 아이디어를 이해하는 데 도움이 되는 교육 자료를 설계할 수 있다. 향후 연구에서는 나노과학기술의 빅 아이디어가 시간이 지남에 따라 어떻게 발전하는지, 그리고 다양한 맥락에서 이러한 아이디어를 개발할 수 있도록 모든 학생들을 지원하는 최고의 학습 환경은 무엇인지를 다루어야 한다. 미래 정책은 21세기를 위한 과학적 소양을 갖춘 시민에 대한 우리의 필요를 해결하는 연구 개발 자금이 포함되어야 한다.

✚ 참고문헌

American Association for the Advancement of Science (AAAS). 1993. *Benchmarks for science literacy.* New York: Oxford University Press.

American Association for the Advancement of Science (AAAS). 2007. *Atlas of science literacy.* Vol. 2. Washington, DC: AAAS.

Bransford, J. D., A. L. Brown, and R. Cocking, eds. 1999. *How people learn: Brain, mind, experience and school.* Washington, DC: National Academy Press.

Grossman, p. 1990. *The making of a teacher: Teacher knowledge and teacher education.* New York: Teachers College Press.

Kali, Y., M. C. Linn, and J. E. Roseman, eds. 2008. *Designing coherent science education.* New York: Teachers

College Press.

Kesidou, S., and J. E. Roseman. 2002. How well do middle school science programs measure up? Findings from Project 2061's curriculum review. *Journal of Research in Science Teaching* 39 (6): 522–549.

Linn, M. C., and B. Eylon. 2006. Science education: Integrating views of learning and instruction. In *Handbook of educational psychology*, 2nd ed., ed. P. A. Alexander and P. H. Winne. Hillsdale, NJ: Lawrence Erlbaum Associates.

Magnusson, S., J. S. Krajcik, and H. Borko. 1999. Nature, sources and development of pedagogical content knowledge for science teaching. *Examining pedagogical content knowledge: The construct and its implications for science education*, ed. J. Gess-Newsome and N. Lederman, 95–132. Dordrecht, The Netherlands: Kluwer Academic Publishers.

National Center for Education Statistics (NCES). 2004. *Highlights from the Trends in International Mathematics and Science Study*: TIMMS 2003. (NCES #2005005). Washington, DC: U.S. Government Printing Office.

National Research Council (NRC). 1996. *National science education standards*. Washington, DC: National Academy Press.

National Research Council (NRC). 2001. *Knowing what students know: The science and design of educational assessment*, ed. J. W. Pelligrino, N. Chudowsky, and R. Glaser. Washington, DC: National Academy Press.

Schmidt, W. H., I. C. Rotberg, and A. Siegel. 2003. *Too little too late: American high schools in an international context*. Washington, DC: Brookings Institution.

Schmidt, W. H., H. C. Wang, and C. C. McKnight. 2005. Curriculum coherence: An examination of US mathematics and science content standards from an international perspective. *Journal of Curriculum Studies* 37 (5): 525–559.

Shulman, L. 1986. Those who understand: Knowledge growth in teaching. *Educational Researcher* 15 (2): 4–14.

Shwartz, Y., A. Weizman, D. Fortus, J. Krajcik, and B. Reiser. 2008. The IQWST experience: Using coherence as a design principle for a middle school science curriculum. *Elementary School Journal* 109 (2): 199–219.

Smith, C. L., M. Wiser, C. W. Anderson, and J. Krajcik. 2006. Implications of research on children's learning for standards and assessment: A proposed learning progression for matter and the atomic molecular theory. *Measurement: Interdisciplinary Research and Perspectives* 14 (1 and 2): 1–98.

Wilson, M. R., and M. W. Berenthal. 2006. *Systems for state science assessment*. Washington, DC: National Academy Press.

참고문헌

Atkins, P. W. 1990. *Physical chemistry.* 4th ed. New York: W. H. Freeman.

Atkins, P. W. 1991. *Quanta: A handbook of conepts.* 2nd ed. Oxford: Oxford University Press.

Baggott, J. E. 2004. B*eyond measure: Modern physics, philosophy, and the meaning of quantum theory.* Oxford: Oxford University Press.

Birdi, K. S. 2003. *Scanning probe microscopes: Applications in science and technology.* Boca Raton, FL: CRC Press.

Brucale, M., G. Zuccheri, and B. Samori. 2006. Mastering the complexity of DNA nanostructures. *Trends in Biotechnology* 24 (5): 235–243.

Cotton, F. A., C. Lin, and C. A. Murillo. 2001. Supramolecular arrays based on dimetal building units. *Accounts of Chemical Research* 34 (10): 759–771.

Daniel, M.-C., and D. Astruc. 2004. Gold nanoparticles: Assembly, supramolecular chemistry, quantum-size-related properties, and applications toward biology, catalysis, and nanotechnology. *Chemical Reviews* 104: 293–346.

Dirac, P. A. M. 1991. *The principles of quantum mechanics, Vol. 27. The international series of monographs on physics*, ed. J. Birman, S. W. Edwards, C. H. Llewellyn Smith, and M. Rees. Oxford: Oxford University Press.

El-Sayed, M. A. 2001. Some interesting properties of metals confined in time and nanometer space of different shapes. *Accounts of Chemical Research* 34 (4): 257–264.

El-Sayed, M. A. 2004. Small is different: Shape-, size-, and composition-dependent properites of some colloidal semiconductor nanocrystals. *Accounts of Chemical Research* 37 (5): 326–333.

Feynman, R. P. 1995. *Six easy pieces*, ed. R. B. Leighton and M. Sands. New York: Basic Books.

Feynman, R. P. 1960. There's plenty of room at the bottom. *Engineering and Science* 23 (5). *www.its.caltech.edu/-feynman/plenty.html*

Glotzer, S. C., M. J. Solomon, and N. A. Kotov. 2004. Self-assembly: From nanoscale to microscale colloids. *American Institute of Chemical Engineers Journal* 50 (12): 2978–2985.

Gu, Q. F., G. Krauss, W. Steurer, F. Gramm, and A. Cervellino. 2008. Unexpected high stiffness of Ag and Au nanoparticles. *Physical Review Letters* 10 (4): 045502.

Johnson, K. L., K. Kendall, and A. D. Roberts. 1971. Surface energy and the contact of elastic solids. *Proceedings of the Royal Society of London* A 324: 301–313.

Kelly, K. L., E. Coronado, L. L. Zhao, and G. C. Schatz. 2003. The optical properties of metal nanoparticles: The influence of size, shape, and dielectric environment. *Journal of Physical Chemistry B* 107: 668–677.

Kushner, D. J. 1969. Self-assembly of biological structures. *Bacteriological Reviews* 33 (2): 302–435.

Lagae, L., and W. V. Roy. 2007. Harnessing the electron spin in nano-electronic devices. *MicroNano News* (June): 16–19.

Link, S., and M. A. El-Sayed. 2000. Shape and size dependence of radiative, non–radiative and photothermal properties of gold nanocrystals. *International Reviews in Physical Chemistry* 19 (3): 409–453.

Mott, N. F. 1968. Metal-insulator transition. *Reviews of Modern Physics* 40 (4): 677–683.

Stroscio, J. A., and D. M. Eigler. 1991. Atomic and molecular manipulation with the scanning tunneling microscope. *Science* 254: 1319–1326.

Stryer, L. 1988. *Biochemistry.* 3rd ed. New York: W. H. Freeman.

Wischnitzer, S. 1981. Introduction to *electron microscopy.* Elmsford, NY: Pergamon Press.

Wise, F. W. 2000. Lead salt quantum dots: The limit of strong quantum confinement. *Accounts of Chemical Research* 33 (11): 773–780.

부록 A

빅 아이디어의 선정 과정

과학교육표준나노과학기술 S(NSES, NRC, 1996), **과학소양기준**(Benchmarks for Science Literacy, AAAS, 1993), **미국인을 위한 과학**(Science for All Americans, Rutherford and Algen, 1990)은 과학적 소양을 가진 시민과 학교가 대중들을 지원하는 데 찬성했다. 학교는 교육과정, 수업, 평가를 국가별, 주별, 지역별 표준으로 차례차례 조정했다. 학생들의 지식은 이 기준들과 다르게 측정되고, 교사들은 학생들이 이 기준에 도달하게 할 책임이 있다. 그러나 나노과학기술 개념은 현재 이러한 국가 합의 문서에서 명확하게 드러나지 않는다. 나노 소양을 가진 대중을 만들기 위해 과학자와 교육가, 연구자 및 교육과정 개발자는 더욱 특별하게 질문해야 한다. "'**나노** 소양(**nano**-literate)'이란 무엇을 의미하는가?"

나노과학기술의 빅 아이디어: 7~12학년

2006년 6월, NSF(국가과학재단)는 국가 차원의 워크숍-캘리포니아 멘로파크(Menlo Park)에서 열린 나노과학 학습 목표 워크숍-을 개최하고, 7~12학년에게 적당한 나노과학의 '빅 아이디어' 또는 주요 개념(key concept)에 대한 합의를 도출하고 확인했다. 또한, 워크숍의 참가자들은 나노과학의 학습 목표 개발에 착수했다.

3일간의 워크숍은 NCLT(국가교수학습센터)와 SRI International의 공동 주관으로 열렸다. 워크숍에 참가한 33명의 참가자들은 나노과학과 공학 연구에 종사하는 이 분야의 대표주자들로 선택되었다(부록 B의 참가자 명단 확인).

이러한 전문가 그룹은 화학, 물리, 생물과 관련된 문제를 집중적으로 연구하는 기초과학 또는 응용과학자(공학자)들이다. 다른 참가자들은 과학 학습과 공식적, 비공식적 교육에 대한 전문지식을 가졌다. 그들은 다음과 같은 두 가지 목표를 함께 다루었다. (1) 나노과학기술에서 무엇이 '빅 아이디어'인가에 대한 합의를 도출하는 것, (2) 그러한 개념들을 미국 과학교육과정에 어떻게 도입할 것인가를 결정하는 것.

참가자들은 나노과학기술의 핵심 원리를 분명하게 확인하고, 각각의 원리가 왜 그 내용에 결정적으로 중요하다고 믿는지 판단했다. 그 후 핵심 원리 각각의 의미를 설명하고, 각각의 빅 아이디어와 관련된 7~12학년 학습 목표를 개발했다. 각각의 학습 목표를 이해하기 위한 선지식이 무엇인지 확인했고, 수업이 완료된 후에 학생들이 무엇을 알아야 하는지, 이해한 것을 적절히 표현하기 위해 무엇을 할 수 있는지 명시했다. 결국, 참가자들은 학습 목표를 NSES와 Benchmarks에 어떻게 맞출 수 있는지 결정하고, 이러한 문서에서 나노과학기술의 위치가 불안정하다는 사실을 확인하였다. 이 과정의 세부 사항은 다음과 같다.

(1) 브레인스토밍

세션 참가 전, 참가자 개인에게 나노과학기술에서 가장 중요하다고 믿는 세 가지 개념과 원리를 제안해 달라고 부탁했다. 워크숍에서는 우선 나노과학기술 분야를 이해하기 위해 가장 중요한 개념과 원리, 나노과학기술 분야의 발달에 결정적으로 중요하다고 생각하는 것들에 대해 집단 토론했다. 이 아이디어들은 참가자 간에 서로 조합, 게시, 공유되었다.

(2) 결정적인 원리와 주제 분류

일부 참가자들은 개념들을 관련된 것들끼리 분류하는 작업을 했다. 대략 12개 목록이 나왔으며, 모든 참가자는 토론을 통해 더욱 견고하게 분류했다. 잠정적으로 합의된 주제영역은 아래의 6가지이다.

- 크기와 규모
- 물질의 입자성
- 물질의 성질
- 자기 조립과 우세한 힘
- 도구와 모델링
- 기술과 사회

참가자들이 이러한 분류에 만장일치로 동의한 것은 아니었다. 사실, 토론 중 몇 가지 지점에서 논쟁이 있었다. 진행 과정 중 논쟁거리가 될 문제는 모든 사람의 견해를 고려하여 더 폭넓게 논의하기 위해 소그룹에 할당했다. 그리고 소그룹은 다시 전체 그룹에 더 집중적인 논의를 가져왔다.

(3) 빅 아이디어의 명확한 표현

우선 참가자들을 6개의 그룹으로 나눈 후 나노과학기술 분야의 이해와 진보에 결정적인 6가지 주제영역의 목록을 각 팀에 하나씩 분배했다. 각 그룹은 의도적으로 과학자, 공학자, 교육자가 섞이도록 구성했다. 그룹은 원리나 빅 아이디어로서 일반적인 주제를 명확히 표현하고, 자세히 설명하고, 그것들을 나노과학기술의 빅 아이디어라고 생각하는 근거를 들어야 했다. 이러한 과정에서 참가자들은 또한 관련 개념의 연결을 명시하고 빅 아이디어를 이해하기 위한 선수 지식을 찾았다.

나노과학의 빅 아이디어를 확인하는 것이 워크숍의 출발점이었지만, 워크숍의 목표는 나노과학을 일반적인 과학으로부터 완전히 분리하자는 것이 아니었다. 오히려 교육자와 학생들이 나노 물질을 이해하는 데 큰 괴리감을 가진다는 생각에 근거해 학생들이 나노과학기술 관련 개념을 이해하기 위해 무엇이 필요한가에 초점을 맞추었다. 이것은 나노과학기술이 최신 학문이기 때문이기도 하고, 대부분의 교사들이 배경지식으로 나노과학을 가지고 있지 않거나 교육과정상 포함되어 있지 않았기 때문이다. 국가과학표준은 마크로 규모와 마이크로 규모 개념을 나타내지만, 나노 규모는 사실상 이러한 문서에 거의 나타나지 않는다. 따라서, K-12 교육과정에 빠져있다.

소그룹은 빅 아이디어를 분명히 표현했다. 각 개념의 주요 원리와 개념을 확인하고 필요한 선수 지식이 무엇인지 확인함으로써 빅 아이디어를 명확하게 확장했다. 워크숍은 소수만 알아듣는 특수한 용어는 피하고, 학생들의 학습을 표현할 수 있는 언어로 빅 아이디어를 기술하도록 요청했다. 나노과학기술의 개념과 언어가 익숙하지 않더라도 여기에 관심을 가진 사람이라면 누구나 문서에 접근할 수 있도록 하는 것이 최종적인 목표였기 때문이다.

작업 그룹들은 전체 그룹에서 평가와 토론을 할 수 있도록 각각의 빅 아이디어에 대한 명확한 표현과 선정 근거에 대해서 발표했다. 또한 분류 단계에서 제기된 논쟁적인 사안에 대해 어떤 결정을 내렸는지도 보고했다. 이 지점에서, 비록 만장일치가 아니더라도 전체 그룹은 더욱 집중적인 토론을 통해 일반적인 합의에 도달할 수 있었다.

다음으로, 참가자들은 명시 단계에서 윤곽을 잡고 빅 아이디어를 담은 학습 목표를 개발하기 위해 작업그룹으로 돌아갔다. 일반적으로 학습 목표는 학생들이 알기를 기대하는 것, 할 수 있다고 기대하는 것, 또는 적용할 수 있는 것으로 정의한다. 다양한 학습 목표가 각각의 빅 아이디어를 위해 만들어졌다. 목표는 수년간의 학습에 걸쳐진다. 많은 과학 개념이 상호연결되어 있기에 단일 학습 목표는 다양한 빅 아이디어들과 연결될 수 있다.

(4) 학습 목표 결정

교육자들은 학습 목표가 학습설계, 교실수업과 활동, 평가에 대한 안내이므로 유용하다는 사실을 알고 있었다. 일관적이고 집중적인 학습 목표는 과학교육과정에 새로운 개념을 소개할 때 중요하다. 이에 따라 비슷한 수준별로 학년을 묶어서 학습 목표를 정하고자 했다(예를 들어, 7~8학년, 9~10학년, 11~12학년). 이 작업은 학생들이 학습 목표에 도달하기 위해 무엇을 알아야 하는지, 학생들이 지식을 어떻게 적용할 수 있어야 하는지 정확하게 표현하는 것을 포함한다. 그뿐만 아니라, 특정 빅 아이디어를 이해하고, 특정 학습 목표에 도달하기 위해 어떤 선수 지식이 필요한지 고려했다. 그룹은 또한 학생들의 대안 개념(오개념을 포함하여)과 잠재적이거나 문서에 나타난 어려움(연구 문헌에 묘사된)도 고려했다. 모든 학습 목표는 최종적으로 평가와 토론을 위해 전체 그룹에서 발표되었다.

(5) 실례가 되는 현상

과학적 연구는 사람들이 경험을 통해 알고 있는 대로 세상을 설명하기 위해 노력한다. 학생들에게 개인적으로 경험할 수 있는 현상을 제공하면 수업의 학습 목표와 과학적 탐구의 연결이라는 목표를 병행할 수 있다. 그뿐만 아니라, 학생들의 경험과 수업을 연결하는 것은 성공적인 동기 전략인 것으로 나타났다(Alexander, Jetton, and Kulikowich, 1995). 실제 세계의 현상은 수업을 위한 정착 사례(anchoring event)로 사용될 수 있고, 바라는 학습 목표를 향해 나아갈 수 있다(Singer et al., 2000).

마지막으로 워크숍 참가자들은 학생들이 어떤 빅 아이디어를 배우든 교육과정상에서 맥락을 잡기 위해 자료가 될 만한 사례 현상을 기술했다. 예를 들면, 물에서 혼자 자라는 식물은 성장에 외부의 영양 자원이 필요하지 않다. 그 실험은 빛, 이산화탄소, 물이 식물 생존의 필요조건임을 증명하기 위해 달라진다. 이와 같은 방식으로, 빅 아이디어들을 표현하는 친숙한 현상을 확인하는 것은 학생들이 나노과학을 배우는 데 도움이 된다.

(6) 빅 아이디어와 표준 학습 목표와의 연결

마지막 날, 작업 그룹은 학습 목표를 다듬고 NSES와 Benchmarks 사이의 연결을 확인하기 시작했다. 그룹들은 이 두 문서가 나노과학기술 관련 개념을 병합하기 위한 수정 방안을 제안했다. 또한 버리거나 추가되어야 할 개념들도 메모해 두었다.

(7) 워크숍 결과물의 개선

워크숍 이후에 조직된 팀 구성원들이 그 결과물-빅 아이디어, 학습 목표에 대한 진술과 학습표준과의 연결-을 수정했고, 워크숍 참가자들의 견해로 지속적인 편집이 이루어질 수 있도록 그 결과물을 위키페이지에 올렸다.

나노과학기술의 빅 아이디어: 13~16학년

2006년 6월 국가 워크숍 이후 2개월 만에, 나노과학과 공학교육(나노과학기술 E)의 NCLT 교수단 워크숍이 San Luis Obispo의 California Polytechnic 주립대학에서 열렸다. 참가자들은 13~16학년 학생들에게 어떤 빅 아이디어가 적당할지 논의했다. 17개 기관에서 온 32명의 교수진들이 워크숍에 참가했다. 참가자의 1/4은 지역 대표자들, 3/4은 4학년제 대학(four-year collegue and universities) 대표자들이었다.

이 그룹은 빅 아이디어의 최종목록을 작성했는데, 이전 워크숍에서 개발된 7~12 목록과는 다소 차이가 있었다. 최종목록은 다음과 같은 9개의 빅 아이디어로 구성되었다.

- 크기와 규모
- 표면적-대-부피 비율
- 양자 역학
- 크기 의존 성질
- 자기 조립
- 표면지배적 성질
- 도구와 장치/특성화
- 모델과 시뮬레이션
- 사회적 영향과 공교육(Wansom et al., 2009)

철저한 조사과정의 진행

뒤이은 6월과 8월 워크숍에서 7~12학년과 13~16학년을 위한 '나노과학의 빅 아이디어'는 2006년 11월 NCLT 센터 회의에서 발표되었다. NCLT의 참여자들과 공동연구자들은 빅 아이디어에 대해 논의하고 두 개념 세트 사이의 차이점을 조정했다. 토론은 이보다 분명하게 7~12학년 빅 아이디어의 세트가 완성될 수 있는지, 어떠한 개념이 제거될 수 있는지를 확인했다.

표 A.1 두 워크숍에서 확인된 나노과학기술의 핵심 원리

나노과학 학습 목표 워크숍(7~12학년)	국가교수학습센터(NCTL) 교수단 워크숍 (13~16학년)
크기와 규모	크기와 규모
물질의 성질	크기 의존 성질
물질의 입자성	
도구	도구와 장치/특성화
모델링	모델과 시뮬레이션
기술과 사회	사회적 영향/ 공교육
자기 조립	자기 조립
	표면지배적 성질
(지배적 힘)	표면적-대-부피 비율
	양자 역학

중등학교와 그 이후의 교육에서 원리가 중첩되는 부분은 〈표 A.1〉에 나타냈다.

토론이 활발하게 이어졌다. 그룹은 '지배적인 힘'이 자기 조립에 병합되기보다는 빅 아이디어로 남아야 한다는 데 동의했다. 빅 아이디어, 지배적인 힘은 상호작용의 에너지적 요소를 포함하기 위해서 나중에 '힘과 상호작용'이라는 이름으로 수정되었다. 그뿐만 아니라, 중학교와 고등학교 교사들을 위한 또 다른 워크숍에서 교사들은 학생들이 전기적 힘을 완전히 이해하기 전에 **상호작용**이라는 용어를 나노 규모 인식 사례를 소개하는 데 사용할 수 있다고 제안했다.

NCLT 참여자들은 13~16학년 목록에 있는 표면-대 부피 비율이 다른 빅 아이디어, 즉 크기와 규모 또는 물질의 크기 의존 성질, 물질의 성질 중 어느 하나의 하위로 분류되어야 한다고 결정했다. 이 책의 저자들은 궁극적으로 과학 내용과 연결되는 수학적 프레임워크를 총망라하는 크기와 규모를 선택했고, 이에 따라 크기와 규모에 표면적-대-부피 비율이 포함되었다. 마찬가지로, 표면 지배적 행동에 관련된 내용은 크기 의존 성질/물질의 성질과 힘과 상호작용에 포함되었다. 표면 지배적 성질에 대한 집중은 크기 의존성으로 이동했고, 유발 쌍극자 상호작용의 중요한 역할은 힘과 상호작용에 주로 포함되었다.

양자 역학은 빅 아이디어로 추가되었다. 양자 역학은 나노 규모에서의 행동을 예상하고 설명하는 데 사용되어야 하는 모델이다(이후 2007년 K-12 & 비공식 나노

규모 과학과 공학 워크숍에서 거의 만장일치로 7~12학년 빅 아이디어에 양자 역학을 포함시키기로 결정했다. 7~16학년 수준에서 나노 규모 현상을 설명하기 위해 중요하게 다루어지는 것은 양자 역학의 일부이기 때문에, 이 빅 아이디어는 양자 효과로 이름을 바꾸었다).

물질의 입자성은 여전히 빅 아이디어지만, 단지 7~12학년에만 해당한다. 대부분의 연구가 대학교 과정 이전에 이것을 물질의 모델로 받아들이고 제대로 이해하는 학생들이 거의 없다고 제시하고 있지만, 대학교 교육자들은 중등학교 다음 수준의 학생들이 이 빅 아이디어에 포함된 개념들을 이해할 수 있을 것이라고 말한다(예를 들면, Nakhleh, 1992; Harrison and Treagust, 2002; Calik and Ayas, 2005). 이 책에서는 물질 조직의 다른 수준-원자, 분자, 나노 규모 조합체-을 더 잘 아우르기 위해 빅 아이디어 '물질의 구조'로 개명했다. 남아있는 빅 아이디어를 위한 학습 목표는 7~16학년 학생들을 위한 것이다. 7~12학년 학생들을 위한 최종 합의는 다음과 같은 9가지 빅 아이디어였다.

- 크기와 규모
- 물질의 구조
- 힘과 상호작용
- 양자 역학
- 크기 의존 성질
- 자기 조립
- 도구와 장치
- 모델과 시뮬레이션
- 과학, 기술, 그리고 사회

이러한 논의를 기본으로, 고등학교 교육자뿐만 아니라 나노과학기술 공동체 멤버들에 의해 문서의 초안이 구성되고, 편집되고, 검열도 이루어졌다. 동시에, 이 문서는 사전 워크숍에서 참가자들이 검토할 수 있도록 우편발송되었다.

최종 합의의 수립

이윽고 2007년 1월에 세 개의 워크숍으로부터 도출된 빅 아이디어에 대한 합의가 발표됐고, 워싱턴 DC에서 열린 나노과학재단의 K-12 & 비공식 교육 나노 규모 과학 & 공학 교육 워크숍에서 논의되었다. 승인된 빅 아이디어의 결과로 이 책이 출간되었다.

✚ 참고문헌

Alexander, P. A., T. J. Jetton, and J. M. Kulikowich. 1995. Interrelationship of knowledge, interest, and recall: Assessing a model of domain learning. *Journal of Educational Psychology* 87 (4): 559–575.

American Association for the Advancement of Science (AAAS). 1993. *Benchmarks for science literacy*. New York: Oxford University Press.

Çalik, M., and A. Ayas. 2005. A comparison of level of understanding of eighth-grade students and science student teachers related to selected chemistry concepts. *Journal of Research in Science Teaching* 42 (6): 638–337.

Harrison, A. G., and D. F. Treagust. 2002. The particulate nature of matter: Challenges in understanding the submicroscopic world. In *Chemical education: Towards research-based practice*, ed. J. K. Gilbert, O. De Jong, R. Justi, D. F. Treagust, and J. H. Van Driel. Dordrecht, The Netherlands: Kluwer Academic Publishers.

Nakhleh, M. B. 1992. Why some students don't learn chemistry. *Journal of Chemical Education* 69 (3): 191–196.

National Research Council (NRC). 1996. *National science education standards*. Washington DC: National Academy Press.

Rutherford, J. J., and A. Algren. 1990. *Science for all Americans*. New York: Oxford University Press.

Singer, J., R. W. Marx, J. Krajcik, and J. C. Chambers. 2000. Constructing extended inquiry projects: Curriculum materials for science education reform. *Educational Psychologist* 35 (3): 165–178.

Wansom, S., T. O. Mason, M. C. Hersam, D. Drane, G. Light, R. Cormia, S. Y. Stevens, and G. Bodner. 2009. A rubric for post-secondary degree programs in nanoscience and nanotechnology. *International Journal for Engineering Education* 25 (3): 615–627.

부록 B

2006년 6월 14~16일 개최된 나노과학 학습 목표 워크숍 참가자들

SRI International, Melno Park, 캘리포니아[26]

- Carl Batt, Cornell University (nanobiotechnology)
- Marcy Berding, SRI International (nanoscience)
- George Bodner, Purdue University (chemistry)
- S. Raj Chaudhury, Auburn University (physics, science education)
- W. Richard Chung, San Jose State University (materials science)
- Kyle Cole, Stanford University (Center for Probing the Nanoscale)
- Brian Coppola, University of Michigan (chemistry, chemistry education)
- Robert Cormia, Foothill-DeAnza Community College (engineering)
- Vivian Dang, Boeing Corporation (engineering)
- Denise Drane, Northwestern University (education and evaluation)
- Ramez Elgammal, University of Michigan (nano-engineering)
- Stephen Fonash, Penn State (engineering; director, NSF Nanotechnology
- Advanced Technology Education Center)
- Jenny Gardner, Oregon Museum of Science and Industry (informal education)
- Steve Getty, BSCS (science curriculum development)
- Robert Gibbs, National Science Foundation (program officer)
- Nick Giordano, Purdue University (physics)
- Marni Goldman, Stanford University (chemistry)
- Sherry Hsi, Exploratorium (Nanoscale Informal Science Education [NISE] Network; informal education)

26 이 워크숍은 National Center for Learning and Teaching in Nan Science and Engineering과 SRI International이 공동으로 실시하고 National Science Foundation이 재정적인 지원을 했다.

- Erik Jakobsson, University of Illinois at Urbana-Champaign (nanobiotechnology)
- Jill Johnson, Exploratorium (informal education)
- Barry Kluger-Bell, Exploratorium (informal education)
- Gregory Light, Northwestern University (education and evaluation)
- Carmen Lilley, University of Illinois at Chicago (engineering)
- George Lisensky, Beloit College (chemistry)
- Thomas Mason, Northwestern University (materials science)
- Christine Morrow, McREL (NanoLeap)
- Jo Ellen Roseman, American Association for the Advancement of Science (national standards)
- Maureen Scharberg, San Jose State University (chemistry education)
- Dennis Smithenry, Stanford University (chemistry, science education)
- Carole Stearns, National Science Foundation (retired program officer)
- Robert Tinker, Concord Consortium (computational chemistry)
- Jonathan Trent, NASA (nanobiotechnology)
- Thomas Tretter, University of Louisville (size and scale)

위원회 및 기자단

- SRI International
  - Patricia Schank (technology; science education)
  - Nora Sabelli (computational chemistry; science education)
  - Tina Sanford (chemistry teacher; educational research)
  - Anders Rosenquist (science education)

- University of Michigan
  - César Delgado (science education)
  - Joseph Krajcik (science education)
  - Christopher Quintana (technology; science education)
  - Shawn Stevens (biophysical chemistry; science education)
  - LeeAnn Sutherland (literacy)
  - Molly Yunker (science education)

부록 C

대체 가능한 생산 전략

자기 조립이 나노구조물, 재료, 시스템을 효과적이고 정확하게 조립하는 전략이라 하더라도, 이 책은 자기 조립이 **유일한** 방법이거나 항상 최선의 방법이라고 제안하지 않는다.

자기 조립 과정에는 약간의 제약이 있다. 예를 들면, 자기 조립으로 제조된 생산물의 구조는 상대적으로 약한 편이다. 그뿐만 아니라, 조립 과정에서 아주 작은 변화만 나타나도 생산물이 변할 가능성이 있다. 마찬가지로 자기 조립 과정에서 미세한 조절을 하는 것이 어렵기 때문에 생산물이 조금이라도 변하면 조립 과정을 상당히 바꿔야 하는 경우가 많다. 그러나 이 책이 쓰이고 있는 현재(2009), 이러한 제약과 상관없이 과학자들과 공학자들은 자기 조립이 나노과학기술 분야 내에서 충분히 중요한 개념이라고 믿고 있다. 이러한 위치에도 불구하고, 나노 규모 구조물을 조립하는 대안적인 방법이 존재함을 주목해야 한다.

자기 조립은 작은 빌딩 블록을 조합하여 더 크고, 더 복잡한 생산물을 만드는 보텀업 방식의 조립이다. 그것은 잠재적으로 나노 생산물을 제조하는 다양한 방법 중 하나이다. 현재 나노 규모 생산물을 제조하는 몇 가지 보텀업, 탑다운 방식이 있다(이러한 제조 방법의 대부분은 너무 전문적이어서 7~12 교실에 소개할 수 없다).

〈표 C.1〉에 나노 생산물을 만드는 몇 가지 대안적인 접근방법을 요약했다. 이러한 접근은 자기 조립처럼 도구와 장치, 힘과 상호작용, 물질의 구조를 포함하는 다른 빅 아이디어들과 연결된다. 새로운 도구와 장치의 개발로 나노 물체와 재료의 조작이 더 효과적이고 정확해지고, 기타 다른 조립과정은 자기 조립으로 합쳐질 것이다.

표 C.1 나노 규모 생산물의 조립을 위한 자기 조립의 몇 가지 대안들

석판인쇄(리소그래피)	
사진석판인쇄 • 표면을 덮어서 얇은 필름(기질/포토레지스트)에 패턴을 형상하기 위해 빛을 사용한다. • 전자공학을 사용한다. • 정확도: ~5 nm	
스캐닝 프로브 인쇄 • 리소그래피 과정에서 표면을 수정하기 위한 프로브 팁을 사용한다.	
딥-펜 나노리소그래피 • 탑-다운 또는 보텀-업 과정 • 스캐닝 프로브 리소그래피 방법. 프로브의 끝이 '잉크'를 찍어서 표면에서 이동된다. • 나노배열 생산 • 정확도: ~15 nm	리소그래피 과정의 일반적인 예는 〈그림 2.4〉 참조
부드러운 리소그래피 • 표면 위에 패턴을 운반하기 위해서 '도장'을 사용한다.	
원자 리소그래피 • 레이저 빛을 이용하여 설계된 패턴에서 원자의 축적을 포함한다. • 정확도: ~10 nm	
전자-빔-유발 과정[a]	
전자-빔-유도된 축적 • 전자빔은 표면에 위치한 전구체의 축적을 시작한다. • 남아있는 종은 표면에서 축적된 왼쪽 뒤이다. • 반응은 지엽적이고, 오직 전자빔이 흡수된 종을 때릴 때만 일어난다.	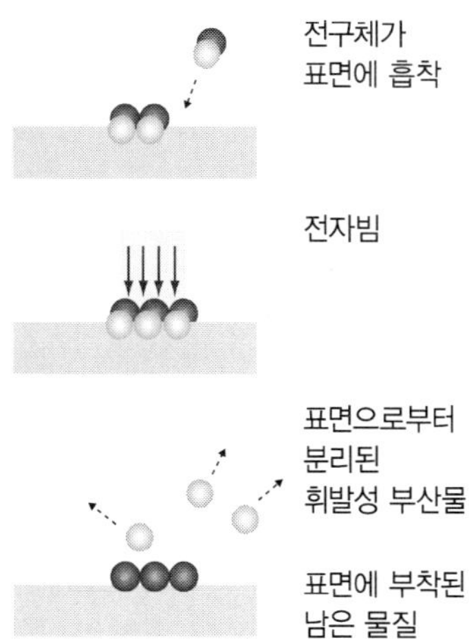

[표 계속]

집중된 전자-빔-유발 에칭(동판화)

- 화학 반응이 표면 원자와 전자빔에서 온 표면에 흡착된 전구체 사이에서 일어남
- 반응은 전자빔이 흡착된 종을 때리는 곳에서 일어나서 지역적이다.

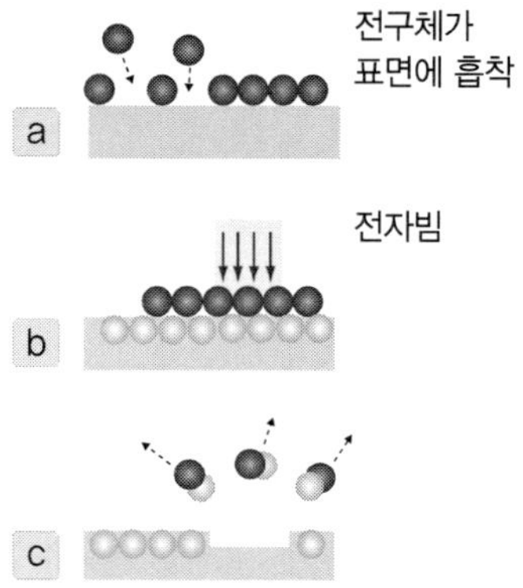

원자층 에피택시[27] / 퇴적[b]

- 기질 표면에서 단결정화된 층이 축적되는 것을 포함한다.
- 각각의 층은 단일 전자 두께이고 표면 아래의 결정 구조를 택한다.
- 두께의 원자-수준 제어를 제공한다.
- 동종의 표면이나 설계된 패턴화된 표면을 얻기 위해 사용될 수 있다(패턴화된 원자층 에피택시 또는 PALE).

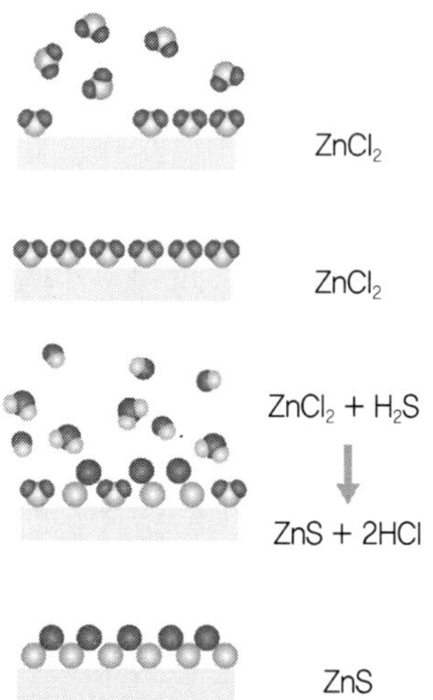

메카노 합성[28, c]

- 화학 반응의 생산물을 조절하기 위해 기계적으로 통제한다.

위치적 제어 메카노 합성

- 정확하게 정의된 위치에서 개별 원자나 분자가 위치한 스캐닝 프로브 현미경 SPM의 팁을 사용한다.

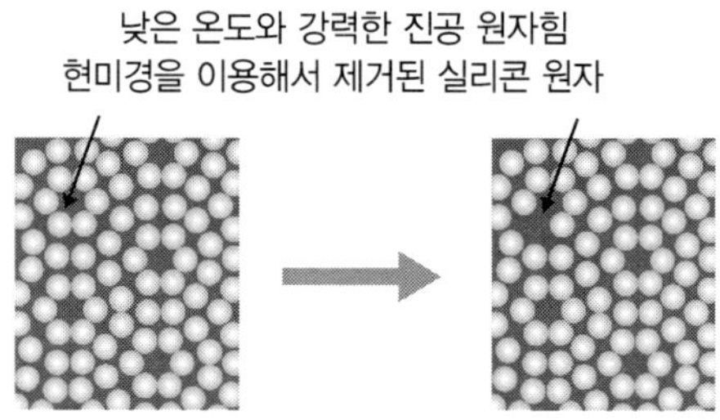

[표 계속]

---

27 에피택시: 어떤 결정이 다른 결정의 표면에서 특정한 방위 관계를 취하면서 성장하는 일(네이버 영어사전)

28 원자 힘 현미경을 이용해서 개별 분자의 직접적인 조작하는 것(네이버 영영사전 윅셔너리)

스캐닝 프로브 팁– 직접적인 조작	
• 원자나 분자의 위치에 스캐닝 프로브 현미경의 팁을 사용한다.	3장 〈도구와 장치〉 예 참조

[a] Randolph, Fowlkes, and Rack, 2006에서 인용한 그림
[b] Ritala and Leskela, 1999에서 인용한 그림
[c] Oyabu 등 2003에서 인용한 그림

나노과학기술에 대한 도전은 원자적 정확성으로 거시적 생산물을 효과적으로 제작하는 것이다. 그러므로 이러한 수준의 제어는 자연적인 물리, 생물 시스템에서만 나타난다. 자연의 생물 시스템과 같은 수준으로 정확하게 물질을 제어할 수 있는 인간 공학자의 능력이 나노 기술 혁명의 중심에 놓여있다.

✚ 참고문헌

Oyabu, N., Ó. Custance, I. Yi, and S. Morita. 2003. Mechanical vertical manipulation of selected single atoms by soft nanoindentation using near contact atomic force microscopy. *Physical Review Letters* 90 (176): 102.

Randolph, S. J., J. D. Fowlkes, and P. D. Rack. 2006. Focused, nanoscale electron-beam-induced deposition and etching. *Critical Reviews in Solid State and Materials Sciences* 31: 55–89.

Ritala, M., and M. Leskelä. 1999. Atomic layer epitaxy–A valuable tool for nanotechnology? *Nanotechnology* 10: 19–24.

저자에 관해서

Shawn Y. Stevens

미시간 대학교 교육학교 연구원이며, 학생과 교사의 학습 향상과 평가를 연구한다. NCLT 나노과학기술과 공동으로 나노과학과 관련된 물질의 성질에 대한 학습 향상을 개발하고 있다. 그뿐만 아니라, 과학 수업을 위해서 신입 초등학교 교사가 어떻게 교육학적 내용 지식을 발달시키는지에 대해 특성화하고 있다. 이 작업은 과학교육과정 자료 센터가 후원했다.

산업분야에서 몇 년간 일한 후, 미시간 대학교 대학원으로 돌아와서 화학에서 박사학위를 받았다. 졸업 연구에서는 단백질·DNA 인지에 집중하여 생명공학기술 회사의 형성을 이끄는 납화합물을 생산했다. 박사 후 연구원으로 과학교육을 선택하기 전, 자연계 분자 기계의 작용과 구조 사이의 관계를 밝혔다.

LeeAnn M. Sutherland

미시간 대학 교육학교 과학연구보조원으로 청소년 교육 전문가이다. 수년간 과학분야 학습과 교양을 중점적으로 연구했다. IQWST(Investigatiing and Questioning our World through Science and Technology project; 과학과 기술을 통한 주변 세계 질문과 연구)의 co-principal이다. 국가 과학재단의 후원을 받은 이 프로젝트의 목표는 중학교 과학교육과정에서 생물, 화학, 지구과학, 물리 분야 핵심 개념을 통합하고 6, 7, 8학년 단위로 조정하기 위한 표준화된 기준을 만드는 것이다. IQWST 교육과정에서 학생들은 현상들을 경험한다. 그리고 교실 과학을 친숙한 일상의 경험과 연결한다.

동료들과 함께 과학에 대해 생각하고 쓰고 읽은 대로 학생들의 이해를 적용하고 확장한다. Northwestern 대학과 이스라엘 Rehovot의 Weizmann 과학협회의 연구원들과의 공동연구에서 과학수업과 수행을 병합하는 데 집중했다.

2002년 미시간대학에서 언어, 문화 교양 박사학위를 받기 전에 미시간대학 문학, 과학, 예술학교에서 강의했다. 그 이전에는 미시간지역 교외, 도시지역 고등학교 영어 교사였다. 프로젝트에 대한 웹사이트는 http://hice.org와 http://hice.org/IQWST이며, 이메일은 lsutherl@umich.edu이다.

Joseph S. Krajcik

미시간 대학 교육대학학과장이며, 과학교육 교수이다. 다른 과학 교사들과 함께 학생들이 중요한 지적 의문을 품고서 학습 기술을 생산적 도구로 사용하거나 학습 목표를 포함하는 해결책을 찾아나가는 교실을 만들고자 노력하고 있다. 이러한 복잡한 학습을 수행하기 위해 교사들이 처하는 어려움에 대해 해결방안을 찾고, 이 환경에서 학생들의 깊은 이해를 위한 방안을 탐구하고 있다.

국가과학재단의 후원으로 노스웨스턴 대학과 AAAS, 이스라엘 Rehovot의 Weizmann 과학협회 연구원과의 공동연구에서, 중학교 과학교육의 다음 세대를 시험하고 개발하고 설계하는 프로젝트에서 의장을 맡았다.

AAAS 회원이면서 1999년 NRCS 의장으로 일했다. IDEA, 미시간 대학의 hi-ce 센터의 공동 책임자이다. 또한 나노과학기술 국가 학습교육센터의 공동연구원이다.

1986년 Iowa 대학에서 과학교육 박사학위를 받기 전, 위스콘신 주 Milwaukee에서 7년간 고등학교 화학을 가르쳤다. 그의 홈페이지는 www.umich.edu/~krajcik이며, 프로젝트 웹사이트는 http://hice.org, http://hice.org/IQWST이다.

찾아보기

역자 소개

정대홍

서울대학교 화학 박사(1999) / 서울대학교 화학교육과 교수

서울대학교 사범대학 화학교육과 교수로서, 나노과학 연구와 학교 현장과학과 관련된 활동을 하고 있다. 지난 20년간 한국현장과학교육학회에서 과학교사와 활동하면서 연구 현장과 교실 현장의 간극을 좁히고 연결하는 역할을 하고 있다.

우현승

서울대학교 화학교육 석사(2014) / 풍동고등학교 교사

경기도 풍동고등학교 화학 교사로서, 과학을 좋아하는 학생들에게 체험형 수업과 교과서 밖 과학 콘텐츠를 가르치는 것을 좋아한다. 교육청 영재수업과 학교 실험동아리를 운영하며 나노과학을 소개한 것을 계기로 학생 수준의 나노과학 학습 콘텐츠를 개발하는 연구에 관심을 가지게 되었다.

손미현

서울대학교 과학교육 박사(2020) / 서울대학교 책임연구원

서울대학교 미래혁신연구원 책임연구원으로 활동하고 있고, 서울대학교 대학원 AI융합교육학과에서 강의를 맡고 있다. 2022 개정 교육과정 추진위원회 및 총론 연구를 수행하였고, 과학과 교육과정 관련 연구와 AI 및 첨단과학 융합 탐구 연구를 수행하였다.

신남수

펜실베니아주립대학교 교육공학 박사(1998) / 미시간주립대학교 교수

학습과학 연구자로 실생활 문제 탐구 해결에 필요한 개념 이해와 복합 사고력 증진을 위한 학습 환경 연구 활동을 하고 있다. 모든 학생의 학습 지원을 목표로, 학습자의 사전 지식과 경험, 학습 진행도, 학습 스타일, 선호도 및 필요에 따라 새로운 정보의 획득을 관리할 수 있는 인지적 지원과 개별화된 자료 개발 연구를 중점적으로 진행하고 있다.

나노 과학에 관심 있는 모든 이들을 위한 안내서

나노세계로 보는 과학의 빅 아이디어

저　　자　Shawn Y. Stevens · LeeAnn M. Sutherland · Joseph S. Krajcik
역　　자　정대홍 · 우현승 · 손미현 · 신남수
발 행 인　김지영
발 행 처　자유아카데미
주　　소　경기도 파주시 회동길 37-42
　　　　　파주출판도시
전　　화　031-955-1321
팩　　스　031-955-1322
홈페이지　www.freeaca.com
전자우편　main@freeaca.com (대표)
　　　　　editor@freeaca.com (편집)
　　　　　crm@freeaca.com (영업)
등　　록　제406-2003-017호, 1980. 7. 12
제1판1쇄　2023년 4월 28일 발행

ISBN 979-11-5808-436-3 93430